深层碳酸盐岩缝洞型油藏新一代数值模拟技术

康志江　张冬丽　张　允　赵艳艳　著

中国石化出版社

图书在版编目(CIP)数据

深层碳酸盐岩缝洞型油藏新一代数值模拟技术／康志江等著. — 北京 ：中国石化出版社，2022.4
ISBN 978-7-5114-6615-0

Ⅰ. ①深… Ⅱ. ①康… Ⅲ. ①碳酸盐岩油气藏-数值模拟-研究 Ⅳ. ①TE344

中国版本图书馆 CIP 数据核字(2022)第 044017 号

中国石化出版社出版发行
地址:北京市东城区安定门外大街 58 号
邮编:100011 电话:(010)57512500
发行部电话:(010)57512575
http://www.sinopec-press.com
E-mail:press@ sinopec.com
北京柏力行彩印有限公司印刷
全国各地新华书店经销
*
787×1092 毫米 16 开本 14.25 印张 342 千字
2022 年 6 月第 1 版 2022 年 6 月第 1 次印刷
定价:118.00 元

前言

　　塔河油田是我国发现的储量规模最大的海相碳酸盐岩油藏，探明石油地质储量 $13.2×10^8 t$。

　　自 2007 年至 2013 年，在国家"973 计划"与"十一五""十二五"国家重大专项的支持下，已经形成了一系列缝洞型开发关键技术。

　　自 2013 年至 2020 年，经过"十二五""十三五"持续攻关，又在油藏描述、地质建模、数值模拟、注水注气提高采收率和配套工程技术方面取得了重要进展。在缝洞型油藏数值模拟技术方面，完成了由基础理论和方法到成熟应用这个历程的转变；在数学模型方面，在黑油模型的基础上增加了组分模型，在渗流—流动模拟基础上发展了流动—温度—应力多场耦合模拟；在数值解法方面，采用高效的数值模拟方程求解技术和 CPU 并行技术，可以完成千万网格级别的模拟；为了明确注采井间的流线和注水波及情况，增加了缝洞型油藏流线追踪技术，且形成了缝洞型油藏前后处理一体化平台。本书是缝洞型油藏开发关键技术数值模拟方面的成果集成。

　　本书共分为 6 章：第 1 章介绍缝洞型油藏组分模型的建立，包括相平衡计算和算例的测试应用；第 2 章介绍流体渗流—温度—应力多场耦合数值模拟模型的建立和求解；第 3 章介绍千万网格模拟技术，包括 CPU 并行求解技术、非线性方程组解法改进技术；第 4 章介绍高效油藏数值模拟线性方程组求解技术；第 5 章介绍缝洞型油藏流线数值模拟技术；第 6 章介绍缝洞型油藏前后处理一体化平台及所形成的模拟软件的相关应用。

　　本书编写过程中得到了中国石化科技部、石油勘探开发研究院、西北油田分公司领导和专家的大力支持及帮助，中国石化首席专家计秉玉给予了悉心指导与鼎力帮助，在此一并感谢。

本书由康志江统一设计和定稿，第 1 章由张允、邸元执笔，第 2 章由马翠玉、邸元执笔，第 3 章由张冬丽、张可倪执笔，第 4 章由张冬丽、冯春生执笔，第 5 章由赵艳艳、芮洪兴执笔，第 6 章由崔书岳、张力执笔。

由于编者水平有限，文中如有不妥之处，敬请批评指正。

目录

1 缝洞型油藏组分模型数值模拟

1.1 多组分渗流系统的物理过程假设

为了实现对多组分渗流过程的模拟，我们假设储层流体是一个油、气和液三相流体系统，其中油相和气相由多种烃组分混合而成，油气相中还允许一些其他气体的存在，比如 CO_2 和 N_2。程序假定水和油、气两相流体仅存在于伴生相中，即油和气不溶于水，而油气相中没有水组分。根据温压条件以及组分含量的不同，除水之外其他组分可以气相和油相形式存在，两相之间可互相转换，瞬间达到相平衡状态，即油组分以油相的形式存在，气组分以气相的形式存在。两个组分会发生物质交换，即气组分会溶解到油相，油组分也会挥发为气相。KarstSim 允许用户设定液或油相为牛顿流体或非牛顿流体。若水被当成牛顿流体处理，则水的黏度不变且具不可压缩性。油和气的密度及黏度是相压力、温度以及组分含量的函数。气相一般按牛顿流体处理。KarstSim 假设非牛顿流体的流动符合幂律、宾汉流体等流变模型，黏度随着剪切速率和孔隙流速的变化而变化。流体可以是达西或非达西流，如果是达西流，将采用多相流达西定律进行计算；如果是非达西流，程序将采用 Forchheimer 渗透定律进行计算。组分模型的流体性质是由储层的温压条件、组分含量以及各组分的 EOS 状态方程参数确定的。

KarstSim 目前只能模拟孔隙/裂缝介质系统的等温过程，即不考虑热交换，但考虑温度对流体性质的影响。每相的流动与压力关系遵循达西定律等不同的运动定律，受相对渗透率函数、重力和毛管力等控制。程序假设各相流体的相对渗透率和毛细压是相饱和度的函数，与流体组分无关。程序可应用于一维、二维或三维的各向异性的非均质孔隙裂缝系统。

除了 H_2O 是任何模拟中的默认组分外，KarstSim 需要定义所有其他组分，目前允许多达 20 个组分的模拟。这些组分可以是实际烃组分或拟组分(pseudo-components)，每个组分都需提供 EOS 中所需的参数。碳氢组分(HC 组分)包含给定系统中除水(H_2O)以外的所有组分，包括 CO_2 和非冷凝性气体(如 H_2S)以及所有形式烃组分[例如 CH_4(C_1)等]。组分总数 N_K 是"HC 组分"的数量 N_{HC} 加 1(H_2O)。

定义组分性质的参数包括临界温度、临界压力、偏心因子、等张比容、摩尔质量和临界体积(L/mol)。另外，混合流体性质时还需要提供各组分摩尔分数以及各组分间的二元联系数。

1.2 控制方程

对于一个包含油、气、液多种物质成分的三相流体等温系统，任意流动区域的组分(κ)物质平衡方程如下所示：

$$\frac{\mathrm{d}}{\mathrm{d}t} \int_{V_n} M^\kappa \mathrm{d}V = \int_{\Gamma_n} F^\kappa \cdot n \mathrm{d}\Gamma + \int_{V_n} q_v^\kappa \mathrm{d}V \tag{1-1}$$

式中，第一项为累积项；第二项为通量；第三项为源和汇。对于质量守恒，质量累积项和组分通量分别如式(1-2)和式(1-3)所示。

$$M^\kappa = \phi \sum_{\beta=1}^{NPH} S_\beta \rho_\beta X_\beta^\kappa \tag{1-2}$$

$$F^\kappa = \sum_\beta X_\beta^\kappa \rho_\beta u_\beta \tag{1-3}$$

式(1-3)中的 u_β 是相 β 的达西速度，根据达西定律可得式(1-4)。β 相($\beta=g$ 为气，$=w$ 为水，$=o$ 为油)的流动服从多相流达西定律：

$$u_\beta = -\frac{kk_{r\beta}}{\mu_\beta}(\nabla P_\beta - \rho_\beta \mathrm{g} \nabla D) \tag{1-4}$$

式中，ρ_β 为 β 相在油藏条件下的密度；ϕ 为油层的有效孔隙度；μ_β 为 β 相的黏度；S_β 为 β 相的饱和度；P_β 是 β 相的压力；q_k 为地层 k 组分每单位体积汇点/源点项；g 为重力加速度；k 为储层的绝对渗透率；$k_{r\beta}$ 为 β 相的相对渗透率；D 为深度。

如果是非达西流，即由下面 Forchheimer 方程计算得到 u_β。

$$u_\beta + \alpha \rho_\beta \frac{kk_{r\beta}}{\mu_\beta} u_\beta^2 = -\frac{kk_{r\beta}}{\mu_\beta}(\nabla P_\beta - \rho_\beta \mathrm{g} \nabla D) \tag{1-5}$$

式中，是 α 是非达西系数。

1.3 本构关系

三相质量守恒的控制方程需要本构方程的补充，本构方程描述了牛顿流体和非牛顿流体通过孔隙介质的多相流动应满足的条件。KarstSim 中考虑了如下几个方面的本构关系。

1.3.1 饱和度约束

三种流体相在任意时刻的孔隙中均满足如下约束条件：

$$S_w + S_o + S_g = 1 \tag{1-6}$$

1.3.2　毛管压力函数

毛管压力是因虹吸现象造成的，数值上等于两相界面处的压力差。在油藏中，通常水的润湿性大于油，气体润湿性最小。油、水、气三相系统中的任意两相界面处的毛管压力关系如下：

$$P_{cnw}=P_n-P_w \tag{1-7}$$

式中，P_{cnw} 是在三相系统中的任意两相界面的毛管力，当两相界面为气—水界面时，它仅和含水饱和度 S_w 有关；当两相界面为气—油界面或油—水界面时，它和含水饱和度 S_w 及含油饱和度 S_o 均有关。

程序中毛管压力函数可通过岩性以表格形式输入，此外，KarstSim 包含了修正 Parker 等（1987 年）的毛管力函数，该函数假设两相界面的毛管力与有效饱和度及界面张力有关。

1.3.3　相对渗透率函数

考虑相对渗透率函数仅与流体饱和度有关，且模拟非牛顿流体流动时的流动特征不受非牛顿特征的影响。相对渗透率描述如下：

水相：
$$k_{rw}=k_{rw}(S_w) \tag{1-8}$$

油相：
$$k_{ro}=k_{ro}(S_w,\ S_g) \tag{1-9}$$

气相：
$$k_{rg}=k_{rg}(S_g) \tag{1-10}$$

在 KarstSim 中，三相相对渗透率数据可通过输入岩性以表格形式输入，也可以采用内部定义的 Brook-Corey 函数或 van Genuchten 函数进行计算。如果采用表格输入，油的相对渗透率根据 Stone Ⅱ方法（Aziz 和 Settari，1979）确定，如下式所示：

$$k_{ro}=k_{ro}^{*\,wo}\left[\left(\frac{k_{ro}^{wo}}{k_{ro}^{*\,wo}}+k_{rw}\right)\left(\frac{k_{ro}^{og}}{k_{ro}^{*\,wo}}+k_{rg}\right)-(k_{rw}+k_{rg})\right] \tag{1-11}$$

式中，$k_{ro}^{*\,wo}$ 为在油水两相系统中残余水饱和度处的油相相对渗透率值；k_{ro}^{wo} 为在油水两相系统中的油相相对渗透率；k_{ro}^{og} 为在油气两相系统中油相相对渗透率。

1.4　相平衡计算

1.4.1　油气两相的相平衡计算

根据热力学定律，当油气两相达到平衡时，满足三个基本条件：

（1）油气两相的温度都相等；

（2）油气两相的压力都相等；

（3）油气两相中任一组分的逸度都相等。

该方法利用 Peng-Robinson 状态方程和 Rachford-Rice 方程进行相态平衡的求解。利用 Gibbs 自由能最小化来进行稳定性分析。具体方法如下：

通过温度、压力及组分临界性质的输入，利用 Wilson 公式估算各组分的初始 K 值：

$$K^i = \frac{P_{ci}}{P} \exp\left[5.373(1+\omega_i)\left(1-\frac{T_{ci}}{T}\right) \right] \tag{1-12}$$

式中，T 和 P 分别为油藏的温度和压力；P_{ci}，T_{ci} 和 w_i 分别为组分 i 的临界压力、临界温度和偏心因子。

对于一个含有 N_c 个组分的系统，当系统达到平衡时，各组分的逸度相等，满足如下方程：

$$f_L^i(T,\ P,\ x_i) = f_V^i(T,\ P,\ y_i) \quad (i=1,\ \cdots,\ N_c) \tag{1-13}$$

$$\sum_{i=1}^{Nc} x_i = \sum_{i=1}^{Nc} y_i = 1 \tag{1-14}$$

$$Fz_i = x_i L + y_i V \quad (i=1,\ \cdots,\ N_c) \tag{1-15}$$

$$\sum_{i=1}^{Nc} \frac{(K_i-1)z_i}{1+(V/F)(K_i-1)} = 0 \tag{1-16}$$

式中，f^i 为组分 i 的逸度；z_i 为系统中组分 i 的摩尔分数；x_i 和 y_i 分别为组分 i 在液相和气相中的摩尔分数；F 为总摩尔数；L 和 V 分别为液相和气相的摩尔数。

组分的平衡常数 K^i 由 $K^i = \phi_L^i/\phi_V^i$ 计算得到。其中 $\phi_{L/V}^i$ 为组分 i 在液相或气相中的逸度系数。其中，逸度系数通过 Peng-Robinson 状态方程求得：

$$P = \frac{RT}{V_m-b} - \frac{a\alpha}{V_m^2+2bV_m-b^2} \tag{1-17}$$

式中，V_m 为组分 i 的摩尔体积。利用 Van der Waals 混合定律来计算式中的参数 a 和 b：

$$a = \sum_{i=1}^{Nc}\sum_{j=1}^{Nc} x_i x_j \left[(1-k_{ij})\sqrt{a_i a_j} \right] \tag{1-18}$$

$$b = \sum_{i=1}^{Nc} x_i b_i \tag{1-19}$$

式中，k_{ij} 为组分 i 和 j 的二元交互作用系数。

根据压缩因子 Z 与压力 P 间的关系：

$$Z = \frac{PV_m}{RT} \tag{1-20}$$

根据式（1-20），式（1-17）可做如下变化，

$$Z^3 - (1-B)Z^2 + (A-2B-3B^2)Z - (AB-B^2-B^3) = 0 \tag{1-21}$$

式中，$A = \dfrac{a\alpha P}{R^2 T^2}$，$B = \dfrac{bP}{RT}$。方程解的较大值为气相的压缩因子，较小值为液相的压缩因子。

得到压缩因子 Z 后，组分的逸度系数分别由式（1-22）来计算：

$$\ln\phi^i = \frac{b_i}{b}(Z - 1) - \ln(Z - B) -$$

$$\frac{A}{2\sqrt{2}B}\left(\frac{2\sum_{i=1}^{N_c} x_j(1 - k_{ij})\sqrt{a_i a_j}}{a} - \frac{b_i}{b}\right)\ln\left(\frac{Z + (\sqrt{2} + 1)B}{Z - (\sqrt{2} - 1)B}\right)$$

$$(1-22)$$

计算中，采用 Newton-Raphson 迭代法求解非线性方程组。图 1-1 给出了该方法的具体流程。

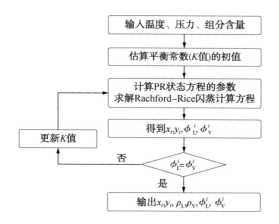

图 1-1　闪蒸计算方法计算相态平衡问题的流程图

1.4.2　油气水三相相平衡的 Gibbs 自由能最小化计算方法

根据热力学第二定律，Gibbs 自由能最小是系统达到平衡状态的充分必要条件。Gibbs 于 1875 年提出化学势 μ 的概念，由于其数值很难确定，因此 Lewis 提出逸度 f 这一物理量，用以等价 μ。

对于一个多相多组分系统，Gibbs 自由能

$$G = \sum_{k=1}^{\pi} \sum_{i=1}^{C} n_{ik}\mu_{ik} \qquad (1-23)$$

式中，μ_{ik} 为组分 i 在 k 相中的化学势；n_{ik} 为 k 相中组分 i 的摩尔数；π、C 分别表示系统中相的总数和组分数。

设 r 为参考相，且假定参考相在体系平衡时一定存在，有

$$G = \sum_{k=1}^{\pi} \sum_{i=1}^{C} n_{ik}\mu_{ik} + \sum_{\substack{k=1 \\ k \neq r}}^{\pi} \sum_{i=1}^{C} n_{ik}(\mu_{ik} - \mu_{ir}) \tag{1-24}$$

式中，μ_{ir} 为组分 i 在参考相 r 中的化学势。

k 相的相分数由下式计算：

$$\alpha_k = \sum_{i=1}^{C} n_{ik}/n_i \quad (k=1, \cdots, \pi; k \neq r) \tag{1-25}$$

式中，n_t 为体系物质总的摩尔数，即：

$$n_t = \sum_{i=1}^{C} \sum_{k=1}^{\pi} n_{ik} \tag{1-26}$$

参考相 r 的相分数可表示为：

$$\alpha_r = 1 - \sum_{\substack{k=1 \\ k \neq r}}^{\pi} \alpha_k \tag{1-27}$$

利用以上约束条件，通过定义拉格朗日函数 G^*，使得 Gibbs 自由能最小化问题转化为求 G^* 的极值问题。

$$G^* = G + \sum_{\substack{k=1 \\ k \neq r}}^{\pi} \lambda_k (\alpha_k - \sum_{i=1}^{C} n_{ik}/n_t) \tag{1-28}$$

式中，λ_k 为拉格朗日乘数。

为得到 G^* 函数的驻点，要求：

$$\frac{\partial G^*}{\partial n_{ik}} = 0 \quad (i=1, \cdots, C; k=1, \cdots, \pi; k \neq r) \tag{1-29}$$

$$\frac{\partial G^*}{\partial \lambda_k} = 0 \quad (k=1, \cdots, \pi; k \neq r) \tag{1-30}$$

由式（1-29）可得：

$$\lambda_k/n_t = \mu_{ik} - \mu_{ir} = RT\ln(f_{ik}/f_{ir}) \quad (i=1, \cdots, C; k=1, \cdots, \pi; k \neq r) \tag{1-31}$$

式中，f_{ik}、f_{ir} 分别为组分 i 在 k、r 相中的逸度；R 为普适气体常数。对于相中所有组分，λ_k 的值均相同，并且通过 λ_k 可以确定系统中相的稳定性。

系统 Gibbs 自由能最小时应满足式（1-32）的条件：

$$\frac{\partial G^*}{\partial \alpha_k} = \lambda_k \quad (k=1, \cdots, \pi; k \neq r) \tag{1-32}$$

由式（1-32）可知，若求得 λ_k 为一负数，则随着 α_k 的增加，G^* 的值可进一步降低；如果 $\alpha_k > 0$（k 相存在）时，系统 Gibbs 自由能只有在 $\lambda_k = 0$ 时才能达到最小。于是 α_k 和 λ_k 的关系可以写成下式：

$$\alpha_k \lambda_k = 0 \quad (k=1, \cdots, \pi; k \neq r) \tag{1-33}$$

计算时按照下式判断某一相在系统平衡时是否存在：

$$\frac{f_{ir}}{f_{ik}} = \begin{cases} 1 & (k\ \text{相存在}) \\ <1 & (k\ \text{相不存在}) \end{cases} \tag{1-34}$$

设 $K_{i,kr}$ 为组分 i 的逸度系数比：

$$K_{i,kr} = \frac{\phi_{ir}}{\phi_{ik}} \tag{1-35}$$

式中，ϕ_{ik}、ϕ_{ir} 分别为组分 i 在 k、r 相中的逸度系数。

由逸度系数的定义，式（1-35）可表示为：

$$K_{i,kr} = \frac{\phi_{ir}}{\phi_{ik}} = \frac{x_{ik}}{x_{ir}}\frac{f_{ir}}{f_{ik}} = \frac{x_{ik}}{x_{ir}}\exp\left[-\ln\frac{f_{ik}}{f_{ir}}\right] \quad (i=1,\ \cdots,\ C;\ k=1,\ \cdots,\ \pi) \tag{1-36}$$

式中，x_{ik}、x_{ir} 表示组分 i 在 k 相、r 相中的摩尔分数。当多相多组分系统处于平衡状态时，$K_{i,kr}$ 即是组分 i 的 k-r 相平衡常数。

引入 Gupta 和 Ballard 的相稳定性变量 θ_k 来反映系统稳定性，即：

$$\theta_k = \ln\frac{f_{ir}}{f_{ik}} \quad (k=1,\ \cdots,\ \pi) \tag{1-37}$$

可得：

$$x_{ik} = K_{i,kr}x_{ir}\mathrm{e}^{\theta_k} \quad (i=1,\ \cdots,\ C;\ k=1,\ \cdots\pi;\ k\neq r) \tag{1-38}$$

因此，式（1-33）可以写成：

$$\alpha_k\theta_k = 0 \quad (k=1,\ \cdots\pi;\ k\neq r) \tag{1-39}$$

由质量守恒定律可得：

$$\alpha_r x_{ir} + \sum_{\substack{k=1 \\ k\neq r}}^{\pi}\alpha_k x_{ik} = z_i \quad (i=1,\ \cdots,\ C) \tag{1-40}$$

式中，z_i 为系统中组分 i 的摩尔分数。

将式（1-27）和式（1-38）代入式（1-40），可得：

$$x_{ir} = \frac{z_i}{1 + \sum_{\substack{k=1 \\ k\neq r}}^{\pi}\alpha_k(K_{i,kr}\mathrm{e}^{\theta_k-1})} \quad (i=1,\ \cdots,\ C) \tag{1-41}$$

又由式（1-38），可得：

$$x_{ik} = \frac{z_i K_{i,kr}\mathrm{e}^{\theta_k}}{1 + \sum_{\substack{j=1 \\ j\neq r}}^{\pi}\alpha_j(K_{i,jr}\mathrm{e}^{\theta_j} - 1)} \quad (i=1,\ \cdots,\ C;\ k=1,\ \cdots,\ \pi;\ k\neq r)$$

$$\tag{1-42}$$

对于任意组分 i，有：

$$\sum_{i=1}^{C} x_{ik} = 1 \quad (k = 1, \cdots, \pi) \tag{1-43}$$

将式(1-41)代入式(1-43)，可得目标函数 E_k：

$$E_k = \sum_{i=1}^{C} \frac{z_i K_{i,\,kr} e^{\theta_k}}{1 + \sum_{\substack{j=1 \\ j \neq r}}^{\pi} \alpha_j (K_{i,\,jr} e^{\theta_j} - 1)} - 1 = 0 \quad (k = 1, \cdots, \pi) \tag{1-44}$$

利用式(1-40)，目标函数 E_k 可写作：

$$E_k = \sum_{i=1}^{C} \frac{z(K_{i,\,kr} e^{\theta_k} - 1)}{1 + \sum_{\substack{j=1 \\ j \neq r}}^{\pi} \alpha_j (K_{i,\,jr} e^{\theta_j} - 1)} \quad (k = 1, \cdots, \pi) \tag{1-45}$$

由式(1-39)可得另一目标函数为：

$$F_k = \frac{\alpha_k \theta_k}{\alpha_k + \theta_k} = 0 \tag{1-46}$$

将式(1-41)可写成如下目标函数：

$$D_{ik} = x_{ik} \left[1 + \sum_{\substack{j=1 \\ j \neq r}}^{\pi} \alpha_j (K_{i,\,jr} e^{\theta_j} - 1) \right] - z_i K_{i,\,kr} e^{\theta_k} = 0 \tag{1-47}$$

$$(i = 1, \cdots, C; \ k = 1, \cdots, \pi; \ k \neq r)$$

于是，求 G^* 最小值的问题最终转化为联立求解目标函数 D_{ik}、E_k、F_k 构成的方程组的问题。

当体系温度和压力不变时，式(1-43)、式(1-44)和式(1-45)可采用式(1-46)的 Newton-Raphson 法求解。

$$\begin{bmatrix} \dfrac{\partial E_k}{\partial \alpha_k} & \dfrac{\partial E_k}{\partial \theta_k} & \dfrac{\partial E_k}{\partial x_{ik}} \\[2mm] \dfrac{\partial F_k}{\partial \alpha_k} & \dfrac{\partial F_k}{\partial \theta_k} & \dfrac{\partial F_k}{\partial x_{ik}} \\[2mm] \dfrac{\partial D_k}{\partial \alpha_k} & \dfrac{\partial D_k}{\partial \theta_k} & \dfrac{\partial D_k}{\partial x_{ik}} \end{bmatrix}_p \begin{bmatrix} \Delta \alpha_k \\ \Delta \theta_k \\ \Delta x_{ik} \end{bmatrix}_{p+1} = - \begin{bmatrix} E_k \\ F_k \\ D_{ik} \end{bmatrix}_p \tag{1-48}$$

$$(i = 1, \cdots, C-1; \ k = 1, \cdots, \pi; \ k \neq r)$$

式中，$\Delta \alpha_k$、$\Delta \theta_k$ 和 Δx_{ik} 为主变量的增量向量；下标 p 为 Newton-Raphson 迭代步数。

由于多相多组分体系相平衡的非线性较强，按式(1-46)迭代计算时，各组分 x_{ik} 初值的选取对计算速度影响较大。Wilson 公式计算简单方便，烃类体系通常都采用它来计算各组分的气油平衡常数。本文采用 Wilson 关系来估算烃类各组分气油平衡常数 $K_{i,\,go}$ 值的初始值，从而计算 x_{ik} 的初值。

$$K_{i,go} = \frac{x_{ig}}{x_{io}}$$

$$= \frac{P_{ci}}{P} \exp\left[5.373(1+\omega_i)\left(1-\frac{T_{ci}}{T}\right)\right]$$

(1-49)

式中，T_{ci}、P_{ci}、ω_i 分别为组分 i 的临界温度、临界压力和偏心因子。

1.4.3 油水两相组分构成对渗流特性的影响

根据前述的多相多组分流体相平衡理论，编制相应的相平衡计算程序，并分析超深油藏高温高压情况下烷烃溶于水相、油水两相组分构成对渗流特性的影响。Gibbs 自由能最小化法的编程实现如图 1-2 所示。

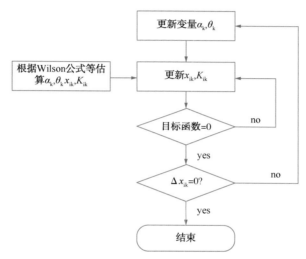

图 1-2　多相多组分流体相平衡程序流程图

采用拉格朗日乘数法，将相分数和组分摩尔分数约束方程引入到多相多组分体系 Gibbs 自由能最小化表达式中，通过相稳定性变量和组分质量守恒方程，构建目标函数，组分气油平衡常数初值采用 Wilson 公式计算，状态方程采用 SRK 方程，通过运用 Newton-Raphson 迭代法求解 Gibbs 自由能最小(体系相平衡)时各相的组成。

油相的 PVT 性质，采用 Soave-Redlich-Kwong(SRK)状态方程来描述；

烃类纯组分的 SRK 方程：

$$Z^3-(1-B)Z^2+(A-2B-3B^2)Z-(AB-B^2-B^3)=0 \qquad (1-50)$$

其中：

$$A=\frac{a\alpha P}{R^2 T^2},\quad B=\frac{bP}{RT}$$

$$a=\frac{0.42748R^2T_c^2}{P_c}\left[1+(0.48+1.574\omega-0.176\omega^2)(1-[T/T_c]^{1/2})\right]^2$$

$$b=\frac{0.08664RT_c}{P_c}$$

油水界面毛管力应用 Young–Laplace 方程进行计算：

$$p_{cow} = \frac{2\sigma\cos\theta}{r} \qquad (1-51)$$

式中，p_{cow} 为油水界面毛管力；σ 为油水界面的界面张力，可利用 Macleod–Sugden 公式进行计算：

$$\sigma = \left[\sum_{i=1}^{N_c} (\rho_o [P]_i x_i - \rho_w [P]_i w_i) \right]^4 \qquad (1-52)$$

式中，σ 为界面张力；ρ_o 为油相密度；ρ_w 为水相密度；$[P]_i$ 为组分 i 的等张比容；x_i 为组分 i 在油相中的摩尔分数；w_i 为组分 i 在水相中的摩尔分数；N_c 为组分数。

采用毛管束模型，将岩石孔隙假设为由一系列等长度、不等直径的毛管构成。

由 Poiseuille 定律可知，流体通过半径为 r_i 的毛细管的流量为：

$$q_i = \frac{\pi r_i^4 \Delta p}{8\mu L} \qquad (1-53)$$

式中，q_i 为在压差下通过半径为 r_i 的毛细管的流量；Δp 为毛细管两端压差；μ 为流体黏度；L 为岩样长度；r_i 为毛管半径。

半径为 r_i 的单根毛细管的体积为：

$$V_i = \pi r_i^2 L \qquad (1-54)$$

由毛细管力公式得：

$$r_i = \frac{2\sigma\cos\theta}{p_{cow}} \qquad (1-55)$$

将式(1-54)和式(1-55)代入式(1-53)，可得流体通过半径为 r_i 的毛细管的流量为：

$$q_i = \frac{\pi r_i^2 r_i^2 \Delta p}{8\mu L} = \frac{\Delta p}{8\mu L} \frac{V_i}{L} \frac{4(\sigma\cos\theta)^2}{p_{ci}^2} = \frac{(\sigma\cos\theta)^2 \Delta p V_i}{2\mu L^2 p_{ci}^2} \qquad (1-56)$$

假设岩石孔隙由 n 根不等直径得毛细管组成，则其总流量为：

$$Q = \sum_{i=1}^{n} q_i = \frac{(\sigma\cos\theta)^2 \Delta p}{2\mu L^2} \sum_{i=1}^{n} \frac{V_i}{p_{ci}^2} \qquad (1-57)$$

由达西定律得：

$$k = \frac{(\sigma\cos\theta)^2}{2AL} \sum_{i=1}^{n} \frac{V_i}{p_{ci}^2} \qquad (1-58)$$

式中，k 为岩石绝对渗透率；σ 为两相流体间得界面张力；A 为岩石截面积。

由 $S_i = V_i / V_p$ 和 $V_p = AL\phi$ 得：

$$k = \frac{(\sigma\cos\theta)^2}{2AL} V_p \sum_{i=1}^{n} \frac{S_i}{p_{ci}^2} = \frac{(\sigma\cos\theta)^2 \phi}{2} \sum_{i=1}^{n} \frac{S_i}{p_{ci}^2} \qquad (1-59)$$

式中，V_i 为任一毛细管孔道体积；V_p 为所有毛细管孔道体积；S_i 为某毛细管孔道在总毛细管系统中得饱和度。

考虑理想岩石与真实岩石的差别，引入校正系数 λ（或岩性系数），绝对渗透率的积分形式为：

$$k = 0.5 \, (\sigma\cos\theta)^2 \phi\lambda \int_0^1 \frac{\mathrm{d}S}{p_c^2} \tag{1-60}$$

润湿相和非润湿相的流量分别为：

$$Q_{\text{wet}} = \frac{(\sigma\cos\theta)^2 \Delta p}{2\mu_{\text{wet}} L^2} \sum_{r=0}^{r_i} \frac{V_i}{p_{ci}^2} \tag{1-61}$$

$$Q_{n\text{wet}} = \frac{(\sigma\cos\theta)^2 \Delta p}{2\mu_{n\text{wet}} L^2} \sum_{r=r_i}^{r_{\max}} \frac{V_i}{p_{ci}^2} \tag{1-62}$$

由达西定律进一步可得润湿相和非润湿相得有效渗透率分别为：

$$k_{\text{wet}} = \frac{(\sigma\cos\theta)^2}{2AL} \sum_{r=0}^{r_i} \frac{V_i}{p_{ci}^2} = \frac{(\sigma\cos\theta)^2 \phi}{2} \sum_{S=0}^{S_{\text{wet}}} \frac{S_i}{p_{ci}^2} \tag{1-63}$$

$$k_{n\text{wet}} = \frac{(\sigma\cos\theta)^2}{2AL} \sum_{r=r_i}^{r_{\max}} \frac{V_i}{p_{ci}^2} = \frac{(\sigma\cos\theta)^2 \phi}{2} \sum_{S=S_{\text{wet}}}^{1} \frac{S_i}{p_{ci}^2} \tag{1-64}$$

由式（1-60）和式（1-63）代入式（1-64）可得球的油水两相相对渗透率公式为：

$$k_{r\text{wet}} = \frac{\displaystyle\int_0^{S_{\text{wet}}} \frac{\mathrm{d}S}{p_c^2}}{\displaystyle\int_0^1 \frac{\mathrm{d}S}{p_c^2}} \tag{1-65}$$

$$k_{rn\text{wet}} = \frac{\displaystyle\int_{S_{\text{wet}}}^1 \frac{\mathrm{d}S}{p_c^2}}{\displaystyle\int_0^1 \frac{\mathrm{d}S}{p_c^2}} \tag{1-66}$$

对塔河油田 TK632 井进行计算，研究组分组成对油水界面张力、毛管力和相对渗透率的影响。根据塔河油田 TK632 井流体分析报告，原油物性参数如表 1-1 所示。

表 1-1 原油和水相的物性参数

组　分	临界温度/K	临界压力/bar	偏心因子	等比张容	摩尔质量/（g/mol）	临界体积/（L/mol）	组分含量/mol
CH_4	190.6	45.4	0.008	77	16.04	0.099	0.3
C2~C4	363.3	42.54	0.1432	145.2	42.82	0.197	0.1
C5~C7	511.56	33.76	0.2474	250	83.74	0.3338	0.05
C8~C9	579.34	30.91	0.2861	306	105.91	0.4062	0.05
C10+	986.74	16.78	0.6869	686.3	392.57	1.5902	0.3
H_2O	647.3	217.6	0.344	52	18.02	0.056	0.2

应用 Gibbs 自由能最小化原理计算了三种不同温度压力条件下的 CH_4 在水中的溶解度，计算结果如表 1-2 所示。

表 1-2　三种不同温度压力下的 CH_4 在水中的溶解度计算结果

温度 $T/℃$	压力 P/MPa	CH_4 在水中的摩尔分数 $w_{CH_4}/\%$
120	100	0.27365
120	80	0.25858
70	15	0.15076

当 CH_4 在水中的溶解度分别为 0.15076% mol/mol、0.25858% mol/mol 和 0.27365% mol/mol 时，应用 Macleod-Sugden 公式计算油水界面张力，计算结果如图 1-3 所示；通过 Young-Laplace 方程计算油水界面毛管力，计算结果如图 1-4 所示；由毛细管压力法计算油水相对渗透率，计算结果如图 1-5 所示。

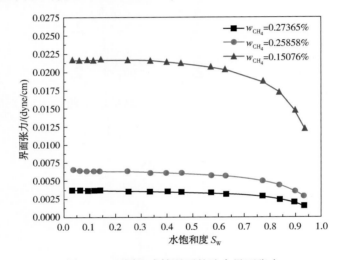

图 1-3　不同组成情况下的油水界面张力

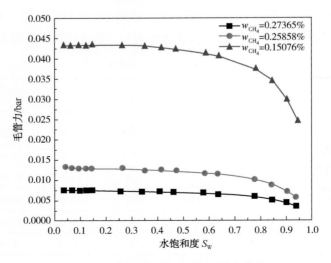

图 1-4　不同组成情况下的毛管力曲线

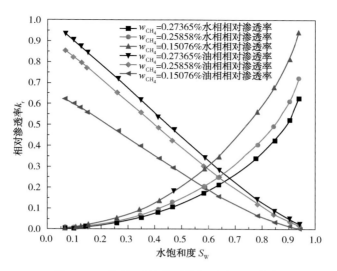

图1-5　不同组成情况下的相对渗透率曲线

由图1-3可知，随着CH_4在水中的溶解度的增加，油水界面张力显著减小，降低50%左右。由图1-4可知，随着CH_4在水中的溶解度的增加，油水界面毛管力显著减小，降低50%左右。由图1-5可知，随着CH_4在水中的溶解度的增加，水相相对渗透率增大幅度较慢，而油相相对渗透率增大幅度较快，表明油相的流动能力增强。且CH_4在水中的溶解度较低情况下的相渗曲线的两相流动区域逐渐变宽。由图1-3~图1-5可知，油藏烃组分在水中的溶解度的增加，会导致油水界面张力减小，毛管力减小，进而影响油水两相相对渗透率的变化，使得油水两相的流动能力增强。

1.5　热力学参数和其他次要变量计算

KarstSim使用基于Peng-Robinson(PR)EOS热力学性质进行计算，PR方程如式(1-67)所示：

$$Z^3-(1-B)Z^2+(A-2B-3B^2)Z-(AB-B^2-B^3)=0 \qquad (1-67)$$

该方程用于计算气相或油相的压缩系数Z。对于一个纯组分，已知参数如临界压力(P_c)，临界温度(T_c)和偏心因子(ω)情况下，二元相互作用系数A和B是压力和温度的函数；对于多组分混合流体，A和B取决于组分含量。二元相互作用系数可以从相关文献中获得，通过程序输入。其他需要的参数，如分子量、临界参数、偏心因子和理想气体的比热系数等也可从文献取得，作为输入文件的一部分。

式(1-67)具有多个根，根据最小根(Z_b)与最大根(Z_a)之间的无量纲自由能之差［如式(1-68)所示］，使用稳定性标准(Nghiem和Li，1989年)来选择稳定Z。

$$dG=Z_a-Z_b+\ln\left(\frac{Z_b-B}{Z_a-B}\right)+\frac{A}{B(\delta_2-\delta_1)}\ln\left[\left(\frac{Z_b+\delta_2 B}{Z_a+\delta_2 B}\right)\right]\left(\frac{Z_a+\delta_1 B}{Z_b+\delta_1 B}\right) \qquad (1-68)$$

式中，$\delta_1 = 1+\sqrt{2}$，$\delta_2 = 1-\sqrt{2}$。如果 $dG>0$，则选择 Z_b；反之选择 Z_a。但如果先验已知相态，则将为油相选择最小的根，而为气相选择最大根。

求得 Z 后，气相或油相密度可按下式计算：

$$\rho = \frac{P}{ZRT} \tag{1-69}$$

在 KarstSim 中，水的黏度被认为是个常数，通过输入给定。

流体的黏度可根据流动性计算得到，它等于流动性 f_u 的倒数（Davidson，1993 年）。f_u 是各组分的黏度的混合结果，见式（1-70）。

$$\mu_u = \frac{1}{f_u} \tag{1-70}$$

$$f_u = \sum_{i=1}^{Nu} \sum_{j=1}^{Nu} \frac{\theta_i \theta_j E_{i,j}^A}{\sqrt{\mu_i \mu_j}} \tag{1-71}$$

式中，Nu 为组分数；μ_i 为第 i 个组分的黏度，根据 Arrhenius 型方程式计算得出（为简单起见，略去下标"i"）。

$$\mu = \mu_0 \left[1 + \alpha (P - P_0) \right] \exp\left(\frac{E_p}{RT} \right) \tag{1-72}$$

式中，μ_0 为参考黏度；P_0 为参考压力；α 为压力系数；E_p 为"活化能"。

式（1-71）中的 θ_i 项是分子量平均摩尔分数，由第 i 个组分的摩尔分数 x_i 和分子量 M_i 的所够成的函数计算得出，均衡因子 $E_{i,j}$ 计算见式（1-74），经验参数 A 一般取 0.375（Davidson，1993 年）。

$$\theta_i = \frac{x_i \sqrt{M_i}}{\sum_{i=1}^{Nu} x_i M_i} \tag{1-73}$$

$$E_{i,j} = \frac{2\sqrt{M_i M_j}}{M_i + M_j} \tag{1-74}$$

水的密度可以根据该相标准条件下的密度和地层体积因子计算得到：

$$\rho_w = \frac{(\rho_w)_{STC}}{B_w} \tag{1-75}$$

式中，B_w 为水相的地层体积因子；$(\rho_w)_{STC}$ 为水相在标准条件（地表条件）下的密度。

$$B_w = \frac{(v_w)_{RC}}{(v_w)_{STC}} \tag{1-76}$$

式中，$(v_w)_{RC}$ 为在油藏条件下给定质量的水相的体积；$(v_w)_{STC}$ 为在标准条件下相同质量的水相体积。

在 KarstSim 中，认为岩石的有效孔隙度受储层的温度压力变化影响，它是与油藏压力 P 和温度 T 有关的函数，如下式所示：

$$\phi = \phi^o \left[1 + C_r (P - P^o) - C_T (T - T^o) \right] \tag{1-77}$$

式中，ϕ^o 为在相对压力 P^o 和相对温度 T^o 下的地层有效孔隙度；C_T 为地层岩石的热膨胀系数。

另外，气相和油相的体积饱和度可以按下式计算：

$$S_g = \frac{a_g^* V_g}{a_g^* V_g + (1-a_g^*) V_o}(1-S_a)$$

$$S_o = \frac{(1-a_g^*) V_o}{a_g^* V_g + (1-a_g^*) V_o}(1-S_a)$$

$$(1-78)$$

式中，V_g 和 V_o 分别为气相和油相的摩尔体积，m^3/mol，根据混合物的密度计算得出；在不考虑水和油、气相之间相溶性的情况下，$a_g^* = a_g$；S_a 为水相饱和度，它是主变量，可直接方程求解得到。

1.6 数值求解方法

1.6.1 质量守恒方程的数值离散化

KarstSim 程序利用有限体积法（Narasimhan 和 Witherspoon，1976 年）对连续性方程进行空间离散，用一系列积分有限差分方程去表达油、气、水的物质平衡方程；利用全隐式的稳定性和时间步长较长的特点，或利用自适应隐式方法（AIM）可以加快模拟和降低空间存储要求的特点去求解这些离散非线性方程，对于简单的问题，也可以采用隐式压力显式饱和度（IMPES）方法，以提高计算速度；一般通过确定有限子域或网格块的属性来描述流体和岩石的热力学性质；通过有限差分逼近法来计算通过连通网格块表面部分的质量流量；应用牛顿-拉弗森迭代程序求解这些离散的非线性的有限差分物质平衡方程。

用积分有限差分方法把质量守恒方程（1-79）进行空间离散化，用向后差分方法实现该方程的时间离散化，首先把质量守恒方程写成差分形式：

$$\frac{\mathrm{d}M_n^\kappa}{\mathrm{d}t} = \frac{1}{V_n}\sum_m A_{nm}F_{nm}^\kappa + q_n^\kappa \qquad (1-79)$$

其离散形式为：

$$R_n^{\kappa,\,k+1} = M_n^{\kappa,\,k+1} - M_n^{\kappa,\,k}\frac{\Delta t}{V_n}\left(\sum_m A_{nm}F_{nm}^{\kappa,\,k+1} + V_n q_n^{\kappa,\,k+1}\right)$$
$$= 0 \qquad (1-80)$$

1.6.2 数值求解方法

应用牛顿—莱甫森迭代法去求解一个流动系统的每个组分的质量守恒方程，每个单元都有 N_K（总组分数）成分的物质平衡方程，表现为 $N_K \times N$ 个耦合非线性方程（N 为模型网格数）。每个单元有 N_K 个主变量需要求解，主变量可根据流体系统的特性进行设定。

根据这 N_K 个主要变量，利用牛顿-拉弗森迭代方法得到：

$$R_i^{\kappa,\,n+1}(x_{k,\,p+1}) = R_i^{\kappa,\,n+1}(x_{k,\,p}) + \sum_k \frac{\partial R_i^{\kappa,\,n+1}(x_{k,\,p})}{\partial x_k}[x_{k,\,p+1} - x_{k,\,p}] = 0$$

$$(1-81)$$

式中，$\kappa = 1,\,\cdots,\,N_K$，分别为 N_K 个组分；指数 $k = 1,\,\cdots,\,N_K$ 分别为 N_K 个主要变量；p 为迭代点。式(1-82)如下所示：

$$\sum_k \frac{\partial R_i^{\kappa,\,n+1}(x_{k,\,p})}{\partial x_k}(\delta x_{k,\,p+1}) = - R_i^{\kappa,\,n+1}(x_{k,\,p})$$

$$(k = 1,\,\cdots,\,N_K;\quad i = 1,\,2,\,\cdots,\,N)$$

$$(1-82)$$

迭代中产生的主要变量的增量如下式表达：

$$\delta x_{k,p+1} = x_{k,p+1} - x_{k,p}$$

$$(1-83)$$

方程(1-82)代表 $N_K \times N$ 个未知 $\delta x_{k,p+1}$ 的一系列 $N_K \times N$ 个线性方程。

通过数值方法建立式(1-83)中的雅可比矩阵，最后得到的线性方程系统可选用不同的迭代法去求解。

1.6.3　主变量的选择

主变量的选择对于提高求解这些方程的效率有很大的影响，目前版本主变量设计如表1-3所示。KarstSim 根据系统的相态不同选用不同的主变量，基本上分为单相和多相两类，总共有7种可能的组合。单相情况包含纯水相（A）、气相（G）或油相（O），多相情况包括水相和气相（A+G）、气相和油相（G+O）、水相和油相（A+O）或三相（A+G+O）。

表 1-3　KarstSim 使用的主要变量

相　态			主变量			
类别	PID	实际相态	1	2	$3 \sim N_{HC}+1$	$N_{HC}+2$
单相	1	气（G）	P_g	S_a	z_i	T
	2	水（A）	P_w			
	3	油（O）	P_o			
多相	2	水和气（A+G）	P_g	S_a+10		
	4	水和油（A+O）	P_o			
	6	气和油（G+O）				
	7	三相（A+G+O）				

主变量的数量是灵活的，取决于给定系统中涉及的总组分（$N_K = N_{HC}+1$）的数量。温度 T 虽然列为主变量，但由于目前版本考虑的是等温系统，内部并不求解，只需作为初始条件读入，在计算相平衡即热力学参数时要用到。第一个主变量是压力，

如果系统有油，取油压作为第一个主变量；如果没有油，就以气压作为第一个主变量；如果没有油和气，第一个主变量就是水压，第二个主变量总是水的饱和度（Sa），但在多相情况下系统取水的饱和度加 10 作为主变量。$Sa+10$ 作为主变量仅在程序内部使用，主要是为了识别单相和多相，用户只要输入 Sa 即可。在程序内部的相态从单相变为多相时，第二个主变量由 Sa 切换为 $Sa+10$。主变量 z_i 是碳氢混合物（HC，不包括水）中第 i 种 HC 组分的摩尔分数，该混合物可能处于气、油或气+油相中。

$$z_i = \frac{\text{mole}_i^{\text{HC}}}{\sum_{k=1}^{N_{\text{HC}}} \text{mole}_k^{\text{HC}}} \tag{1-84}$$

如表 1-3 所示，总共需要 $N_{\text{HC}}-1$ 个主变量来描述 HC 混合物的组成。$N_{\text{HC}}-1$ 个主变量中未包含的第 N_{HC} 组分，其摩尔分数 z_{NHC} 等于 1 减去其他组分分量的总和。

1.7 算法测试与应用

1.7.1 组分相分配及热物理性质的验证

1）C1-nC4-C10 混合物

组分模型计算中的关键过程之一是正确进行闪蒸计算，包括计算油、气成分之间的溶解和混合物性质的相关变化（例如密度和黏度），以及确定不同相之间组分分布的分配系数（通常称为 K 值）。

为了验证模型闪蒸计算结果的正确性，我们设计了一个简单的模型，这个模型由 20 个独立网格组成的，每个网格之间没有链接，温度都为 160℉（71.1℃），但每个网格中压力条件及油气的总摩尔组分组成是不同的，本模型考虑了 3 个烃组分。

第一个测试模型为 C1（CH_4），nC4（C_4H_{10}）和 C10（$C_{10}H_{22}$）三个组分，用于调查烃类混合物（C1-nC4-C10）的相分配及其性质。

通过多组数据的计算，计算结果图 1-6 给出了 KarstSim 计算的 K 值与 Sage 和 Lacey（1950）的测量数据的比较，如图所示，两组数据的吻合程度很好。表 1-4 中列出一例具体计算结果 K 值与实验值的比较。另外，表 1-5 中显示了该例 KarstSim 计算的压缩系数数据和 McCain（1990）文献中观测数据的比较，两者之间高度一致性。

表 1-4　在 6.89MPa 和 71.1℃下烃类混合物（C1-nC4-C10）的摩尔分数及 K 值的比较

组分	总摩尔分数	油摩尔分数		气摩尔分数		K 值	
		实验值	KarstSim 计算值	实验值	KarstSim 计算值	实验值	KarstSim 计算值
C1	0.5301	0.242	0.23979	0.963	0.9587	3.97934	3.99787
nC	0.1055	0.152	0.15036	0.036	0.0393	0.23684	0.26113
C10	0.3644	0.606	0.60978	0.0021	0.0021	0.00347	0.00342

表 1-5　在 6.89MPa 和 71.1℃下烃类混合物（C1-nC4-C10）的相压缩系数的比较

相　态	油	气
KarstSim 计算结果	0.3923	0.9030
McCain（1990）	0.3922	0.9051

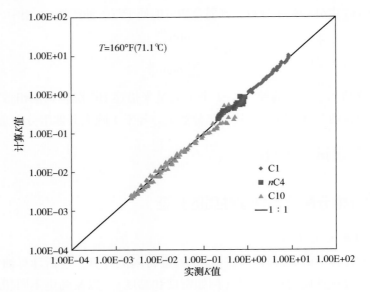

图 1-6　在不同压力（2.76~34.5MPa）及组成 $[x n\mathrm{C}4/(x n\mathrm{C}4+x\mathrm{C}10)=0\sim1]$ 下，烃类混合物（C1-nC4-C10）由 KarstSim 计算得出的 K 值与实测数据 （Sage 和 Lacey，1950，Table 5-XIV）的比较

2）CO_2-nC4-C10 混合物

采用上一节同样的模型，但组分为 CO_2，nC4（C_4H_{10}）和 C10（$C_{10}H_{22}$）三个组分的混合，用于调查 CO_2 与烃类混合物（C1-nC4-C10）的相分配及其性质。CO_2 在油的溶解是 CO_2-EOR 的主要过程。我们在表 1-6 中列出了测试问题中使用的二元联系数。模拟中三个组分的总摩尔分量分别为 CO_2（0.902），nC4（0.059）和 C10（0.039）。

表 1-6　测试问题中使用的二元联系数

	CO_2	nC4	C10
CO_2	0.0000E+00	8.6292E-02	9.7866E-02
nC4	8.6292E-02	0.0000E+00	3.3693E-08
C10	9.7866E-02	3.3693E-08	0.0000E+00

图 1-7 显示模型计算得到的油相和气相在不同压力下的密度与文献 Nagarajan 等 （1990）中提供的相密度试验观测值进行比较，两者拟合的非常好。

3）实际油藏多组分混合物

通过比对 KarstSim 计算结果与实际数据（Li 等，2016）来验证 KarstSim 代码可以正确地模拟相分配以及油气的流动特性。测试采用 1.1 节中提到无链接的网格模型。

根据文献（Li 等，2016），实验中使用的油来自中国胜利油田某油藏。表 1-7 给出了在储层条件下测得的主要成分。重（C9+）组分的摩尔质量为 264.07g/mol，其他各个组分的主要参数包括临界温度、临界压力、偏心因子、等张比容、摩尔质量和临界体积等，按常规文献中提供的值给定。重组分 C9+的参数按表 1-8 给出，在计算过程中我们对 C9+参数做了一些校对调整。

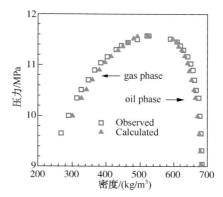

图 1-7　在 71.1℃ 和不同压力下（9.03～11.6MPa）CO_2-nC4-C10 混合物的相密度值与 Nagarajan 等（1990）的相密度测试值的比较

表 1-7　在储层条件下（65℃和 20MPa）的测试油成分

组　分	摩尔分数/%	组　分	摩尔分数/%
N_2	2.748	C5	4.03
CO_2	0.407	C6	3.69
C1	12.826	C7	3.612
C2	4.139	C8	3.975
C3	7.498	C9+	52.046
C4	5.027	总和	100.0

表 1-8　计算中使用的重组分（C9+）的拟合参数

参　数	取　值	参　数	取　值
临界温度/K	730.0	等张比容	686.3
临界压力/bar	1.6606	临界体积/（L/mol）	1.2922
偏心因子	0.7717		

图 1-8 给出了在 65°C，各种压力（0.1～45.15MPa）下，KarstSim 计算的油密度与测得的油密度（Li 等，2016）的比较。而图 1-9 显示了 KarstSim 计算的油黏度与在相同的条件下所测得的黏度的比较。结果表明，KarstSim 可以很好地模拟油密度和黏度，包含在低压（例如 0.1MPa）下的脱气油的油密度和黏度。

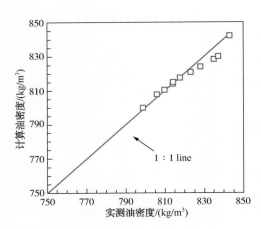

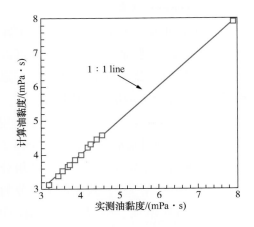

图 1-8 计算出的油密度与
实测数据的比较

图 1-9 计算出的油黏度与
实测数据的比较

1.7.2 一维三相流模拟比对验证

我们通过这个例子比对 KarstSim 组分模型计算结果与 CMG 的 GEM 组分模拟器计算结果。这个模型考虑了一个大小为 609.6m×30.48m×6.096m 的具有恒定产量的储层。这个储层在水平剖分为 5 个网格（每个 60.96m×30.48m×6.096m），如图 1-10 所示。

| GRID1 | GRID2 | GRID3 | GRID4 | GRID5 |

图 1-10 一维模型网格剖分示意图

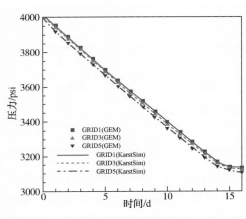

图 1-11 KarstSim（线）和 GEM（符号）
在不同网格单元的模拟压力响应

模型的初始条件是压力为 4002.63psi（27.6MPa）和温度为 160℉（71.1℃），储层中流体饱和度分别为油（$S_o = 0.8$）和水（$S_a = 0.2$）。油成分为 C1（摩尔分数 = 0.5301），$nC4$（0.1055）和 C10（0.3644）。生产井位于 GRID5 网格，以每天 15.9m³ 总液量进行抽取生产。

用 KarstSim 和 GEM 模拟结果比对见图 1-11～图 1-13。图中显示结果基本一致。模型详细情况和 GEM 相关模拟结果的详细说明，请参见文献 Jamili（2010）。

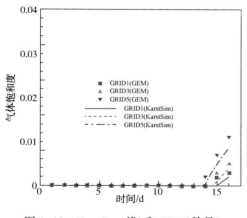

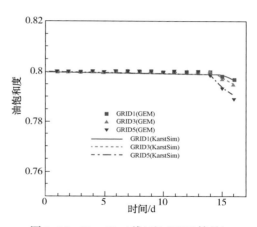

图 1-12 KarstSim(线)和 GEM(符号)
在不同网格单元的模拟气体饱和度

图 1-13 KarstSim(线)和 GEM(符号)
在不同网格单元的模拟油饱和度

1.7.3 五点井网算例

五点井网案例常被用来检验模拟器涉及抽汲井、注入井相关问题时数值方法的有效性。该案例实验室结果和数值模拟结果(Gaucher 和 Lindley，1960；Coats 等，1967；Wu 等，1994)被包括 KarstSim 在内的多个模拟器所验证对比，具有一定验证对比价值，我们把这个案例改造为一个注 CO_2 提高采收率的组分模型，实现注气组分模拟，作为模型建立和计算的示例。

1)网格剖分及参数赋值

如图 1-14 所示，模拟区域(图中阴影部分)为五点井网方式布井域的四分之一，注入井和抽汲井呈对角线分布。模拟区域范围大小为 142.2m×142.2m×6.1m，根据积分有限差分法将模拟区域剖分成 10×10×5 三维网格，总共 500 个网格，其中 $\Delta x = \Delta y = 14.22$m，$\Delta z = 1.22$m。

在 Coats 等(1967)和 Wu 等(1994)文献中给出了详细的输入参数，如表 1-9模型组分参数，表 1-10 给出了组

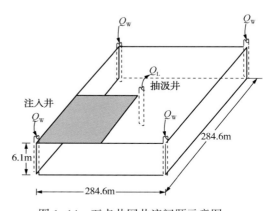

图 1-14 五点井网井流问题示意图

分间的二元联系数。其他模型的关键参数由表 1-11 给出。地层假设均质各向同性。

岩石类型参数如图 1-15 所示，模型包含两类地层，其中"rock1"表示地层，"rock2"表示井孔单元，ROCKS 数据块中列出液相和气体相对渗透率和毛细压力参数。模型的组分简化为四个组分 C1，C4+、CO_2 和水。表 1-9 给出主要组分参数。

表 1-9　模型组分参数

参　数	C1	C4+	CO₂
临界温度/K	190	511.56	304.2
临界压力/bar	46	34.21	73.78
偏心因子	0.008	0.247	0.225
等张比容	77	250.0	78.0
摩尔质量/(g/mol)	16.4	83.74	44.01
临界体积/(L/mol)	0.099	0.3338	0.094

表 1-10　组分间的二元联系数

联系数	C1	C4+	CO₂
C1	0	0.0242	0.1030
C4+	0.0242	0	0.1413
CO₂	0.1030	0.1413	0

表 1-11　五点井网案例模型参数

参　数	数　值	单　位
孔隙度	$\phi = 0.30$	—
岩石密度	$\rho_s = 2600$	kg/m³
标准油密度	$\rho_o = 800$	kg/m³
渗透率	$K = 1.0 \times 10^{-13}$	m²
注 CO_2 速率	$q = 0.1$	kg/s
残余气饱和度	$S_{wir} = 0.00$	—
残余油饱和度	$S_{oir} = 0.00$	—

```
1    ********** msflow 3-d 5-spot well problem **********
2    ROCKS----1----*----2----*----3----*----4----*----5----*----6----*----7----*----8
3    rock1   2    2600.00        .30 100.e-15  100.e-15  100.e-15      2.51      920.
4        4.5e-10
5        3        0.000E+00 0.000E-01 0.000E-01 1.000E+00
6        3        2.000E-01
7        7    9
8    2.000E-01 0.000E+00 1.000E+00
9    4.000E-01 2.000E-03 5.000E-01
10   5.000E-01 8.000E-03 2.500E-01
11   5.500E-01 2.000E-02 1.400E-01
12   6.000E-01 8.000E-02 7.000E-02
13   7.000E-01 4.000E-01 2.000E-02
14   8.000E-01 1.000E+00 0.000E+00
15   0.000E+00 0.000E+00 1.000E+00 0.000E+00 0.000E+00
16   1.000E-01 0.000E+00 7.000E-01 0.000E+00 0.000E+00
17   2.000E-01 5.000E-02 4.800E-01 0.000E+00 0.000E+00
18   3.000E-01 1.300E-01 3.000E-01 0.000E+00 0.000E+00
19   4.000E-01 2.100E-01 1.800E-01 0.000E+00 0.000E+00
20   5.000E-01 3.200E-01 1.100E-01 0.000E+00 0.000E+00
21   6.000E-01 4.500E-01 6.000E-02 0.000E+00 0.000E+00
22   7.000E-01 6.800E-01 2.000E-02 0.000E+00 0.000E+00
23   8.000E-01 1.000E+00 0.000E+00 0.000E+00 0.000E+00
```

图 1-15　地层参数输入

```
24   rock2    2    2600.00         .30 100.e-15 100.e-15 100.e-15         2.51      920.
25      4.5e-10
26         3    0.000E+00 0.000E-01 0.000E-01 1.000E+00
27         3    2.000E-01
28         7    9
29   2.000E-01 0.000E+00 1.000E+00
30   4.000E-01 2.000E-03 5.000E-01
31   5.000E-01 8.000E-03 2.500E-01
32   5.500E-01 2.000E-02 1.400E-01
33   6.000E-01 8.000E-02 7.000E-02
34   7.000E-01 4.000E-01 2.000E-02
35   8.000E-01 1.000E+00 0.000E+00
36   0.000E+00 0.000E+00 1.000E+00 0.000E+00 0.000E+00
37   1.000E-01 0.000E+00 7.000E-01 0.000E+00 0.000E+00
38   2.000E-01 5.000E-02 4.800E-01 0.000E+00 0.000E+00
39   3.000E-01 1.300E-01 3.000E-01 0.000E+00 0.000E+00
40   4.000E-01 2.100E-01 1.800E-01 0.000E+00 0.000E+00
41   5.000E-01 3.200E-01 1.100E-01 0.000E+00 0.000E+00
42   6.000E-01 4.500E-01 6.000E-02 0.000E+00 0.000E+00
43   7.000E-01 6.800E-01 2.000E-02 0.000E+00 0.000E+00
44   8.000E-01 1.000E+00 0.000E+00 0.000E+00 0.000E+00
```

图 1-15　地层参数输入(续)

网格单元和链接数据如图 1-16 所示，单元"WEL 1"代表注入井，注入井采用恒定的注入 CO_2 速率。井单元"WEL 1"与地层最下方两个单元"A41 1"和"A51 1"连通。"WEL 2"代表抽汲井，和地层网格的最下方两个单元连通，采用定量抽汲或者采用 $1.0×10^{50}$ 大体积因子确保恒定压力进行低压抽汲。

```
117   ELEME
118   A11 1         rock10.2467E+030.0000E+00       0.7112E+010.7112E+01-.6096E+00
119   A21 1         rock10.2467E+030.0000E+00       0.7112E+010.7112E+01-.1829E+01
120   A31 1         rock10.2467E+030.0000E+00       0.7112E+010.7112E+01-.3048E+01
121   A41 1         rock10.2467E+030.0000E+00       0.7112E+010.7112E+01-.4267E+01
122   A51 1         rock10.2467E+030.2023E+03       0.7112E+010.7112E+01-.5486E+01
123   WEL 1         rock2 1.000E+000.2023E+03       0.0000E+000.0000E+01-.5486E+01
124   A12 1         rock10.2467E+030.2023E+03       0.7112E+010.2134E+02-.6096E+00
125   A22 1         rock10.2467E+030.0000E+00       0.7112E+010.2134E+02-.1829E+01
126   A32 1         rock10.2467E+030.0000E+00       0.7112E+010.2134E+02-.3048E+01
127   A42 1         rock10.2467E+030.0000E+00       0.7112E+010.2134E+02-.4267E+01


621   CONNE
622   A11 1A11 2                   10.7112E+010.7112E+010.1734E+02
623   A11 1A12 1                   20.7112E+010.7112E+010.1734E+020.0000E+00
624   A11 1A21 1                   30.6096E+000.6096E+000.2023E+030.1000E+01
625   A21 1A21 2                   10.7112E+010.7112E+010.1734E+02
626   A21 1A22 1                   20.7112E+010.7112E+010.1734E+020.0000E+00
627   A21 1A31 1                   30.6096E+000.6096E+000.2023E+030.1000E+01
628   A31 1A31 2                   10.7112E+010.7112E+010.1734E+02
629   A31 1A32 1                   20.7112E+010.7112E+010.1734E+020.0000E+00
630   A31 1A41 1                   30.6096E+000.6096E+000.2023E+030.1000E+01
631   A41 1A41 2                   10.7112E+010.7112E+010.1734E+02
632   A41 1A42 1                   20.7112E+010.7112E+010.1734E+020.0000E+00
633   A41 1A51 1                   30.6096E+000.6096E+000.2023E+030.1000E+01
634   A51 1A51 2                   10.7112E+010.7112E+010.1734E+02
635   A41 1WEL 1                   10.7112E+010.7112E+01 .2485E+02
636   A51 1WEL 1                   10.7112E+010.7112E+01 .2485E+02
637   A51 1A52 1                   20.7112E+010.7112E+010.1734E+020.0000E+00
```

图 1-16　部分网格单元和链接

2）计算参数

模型计算参数如图 1-17 所示，模拟时长 $3.1536×10^8$ s（约 10 年），初始时间步长 $1.0×10^{-2}$ s，最大时间步长 $8.64×10^4$ s，牛顿迭代收敛标准为相对质量误差小于 0.001（1/1000）绝对质量误差小于 1。

```
36   PARAM----1----*----2----*----3----*----4----*----5----*----6----*----7----*----8
37      49900    99991010100000010004000050000
38         3.15569E08        -1. 8.640E04A1 48         9.81
39      1.E-1
40      1.E-3    1.E00
41               200.e5            10.20             0.001   0.999   75.
```

图 1-17　模拟计算参数

3）初始、边界条件

储层初始条件是20MPa的压力，温度为75℃，含油率80%，水饱和度为20%，储层中C1的摩尔分数为0.1其他都为C4+，地层为恒温75℃。模型上下界面和四周都是无流量边界。测试实例考虑以下四种生产方式作为对比：

（1）不注入CO_2，恒定压力抽取；即注入井的注入量为0kg/s，抽汲井为恒定压力(0.1MPa)抽取10年；

（2）不注入CO_2，定量抽取；即注入井的注入量为0kg/s，抽汲井为定量(0.01kg/s)抽取，抽取时长为1年(由于模型范围较小，采用小流量和相对短的时间模拟，相对较大流量和时间都会在无气体注入的时候造成井底压力过低，无法抽取)；

（3）注入CO_2，恒定压力抽取；即注入井的注入量为0.1kg/s，抽汲井为恒定压力(0.1MPa)抽取10年；

（4）注入CO_2，定量抽取；即注入井的注入量0.1kg/s，抽汲井为定量(0.1kg/s)抽取10年。

4）模拟结果分析

以（4）为例，在模拟10年后，模拟区域的压力分布和油饱和度如图1-18、图1-19所示。从图中可以明显看出在注入井WEL 1和抽汲井WEL 2之间形成了压力由高到低的压力差，一方面是由于定量注入CO_2，另一方面是由于定量采油。图1-19显示油饱和度的分布，越靠近抽汲井，其饱和度越高。

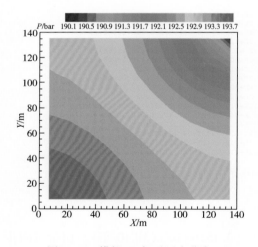

图1-18　模拟10年后压力分布

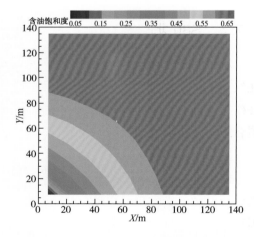

图1-19　模拟10年后油饱和度分布

图1-20所示的是（2）～（4）种情况下储层中剩余油储量，由模型输出的Mass Balance数据计算得到这三种方案下油的1年开采量分别为314361kg、4875152kg、5988232kg。由图和数据可以得出，注入CO_2可有效保持储层压力、提高采收率。

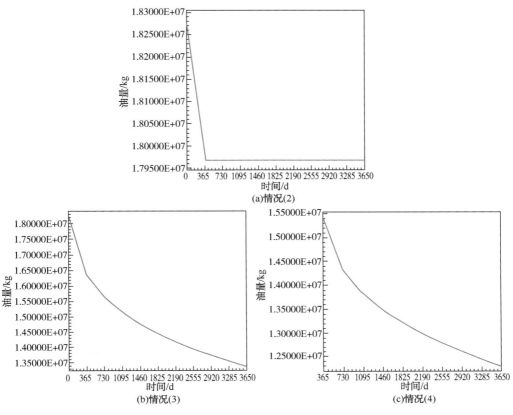

图 1-20　模拟 10 年储层油量变化

1.7.4　S80 北案例

本案例基于 S80 地质模型，以组分模型为基础，采用数值模拟的方法分析不同注气方案对开发效果的影响。S80 北模型共有 67587 活跃网格，153940 有效链接。在模型区域内先后有 14 口井进行生产活动，有定流量、定井底流压、注水和注气等混合式井工作制生产方式。

1）流体物性拟合

考虑到氮气对原油性质的影响，采用组分模型进行模拟计算。原油高压物性报告中流体的组成较多，这样容易使模型更加不收敛，减慢了模拟计算的速度，所以需要把组分进行劈分和重组。这里将氮气独立作为一种组分，然后按照各组分的摩尔分数相近，物理性质相似的原理，把分子量相近的组分进行重组，共划分为 7 个拟组分，各组分摩尔组成见表 1-12。

流体状态方式是组分模型计算的关键，根据已往的分析，得到一组可靠的组分参数，这些分析采用 Peng-Robinson 状态方程，通过室内的等组分膨胀实验、差异分析实验，拟合在油藏温度和压力下的油、气的物理性质，来确定平衡方程的相关系数。使用 TK632 井的实验数据，拟合饱和压力为 14MPa，与实测的 13.8MPa 基本吻合。并且流体密度、黏度、体积系数等参数也都拟合的较好，当时的拟合结果如图 1-21 所示，我们采用拟合得到的参数作为组分模型输入参数直接用于模拟计算。

表 1-12　拟组分摩尔成分

组　分	摩尔分数/%	质量分数/%	摩尔质量/(g/mol)
N_2	1.54	0.21783	28.013
CO_2	27.82	2.2536	16.043
C2+	15.1	3.6585	47.982
C6+	11.29	6.1557	107.98
C11+	16.398	16.07	194.07
C20+	15.633	27.382	346.88
C36+	12.218	44.263	717.44

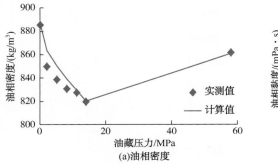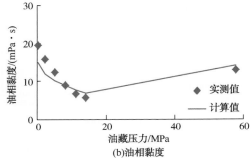

图 1-21　油气相主要参数拟合结果图

2）模型设计

考虑到西部地区气源及工艺技术，塔河油田注入气体选用氮气。通过对井流物的分析，塔河奥陶系油藏原油 C7+组分占 55%，原油密度大、地面黏度高，原始油层条件为 58MPa，124℃，在原油开采过程中没有反凝析现象，拟合的油气的物理性质，用于模型计算。以往研究塔河油田注气吞吐的机理主要有三点。

（1）塔河原油在油藏条件下注氮气为非混相。

（2）氮气重力分异，形成气顶，依靠自身膨胀能驱油。氮气与原油密度差异大，在重力的作用下容易形成气顶。

（3）注气后原油黏度下降，原油体积膨胀，增加油的流动性。

注气吞吐受到以上三个机理的共同作用，但是氮气在原油中的溶解度较小，对原油的膨胀和降黏作用有限，仅起辅助作用。注气吞吐最主要的驱油机理为氮气重力分异形成气顶的膨胀能。

本区块早期生产没有注气活动，为了节省模拟时间，我们把整个生产历史分为两个阶段，第一阶段由于没有注气活动，我们采用黑油模型进行模拟，第二阶段把黑油模拟结果作为组分模拟的初始条件，模拟注气过程。为了实现黑油模型和组分模型连续模拟，我们需要把黑油模型输出的主变量转换为组分模型的主变量。黑油模型输出的主变量包含油压(P_o)，油饱和度(S_o)，气饱和度(S_g)，由于本例黑油模型没有考虑油中的气组分，所有网格 $S_g = 0.0$。三相情况下组分模型的主变量为 P_o、$S_w + 10.0$、z_1、z_2、$\cdots$、z_6、T，等温模拟的温度为 124℃。因此转换后组分模型每个网格的初始条件应该为：P_o、$S_w + 10$、0.0154、0.2782、0.151、0.1129、0.16398、0.15633、124.0 组分模型的输入和黑油模型基本一致，只是组分模型必须增加一个关键词"COMPO"，在这个关键词下面输入所有烃(拟)组分的名字、临界温度、临界压力、偏心因子、等张比容、摩尔质量、和临界体积，以及组分间的二元联系数等参数。生产井的输入与黑油模型保持一致，但组分模型还允许以某一组分的抽注作为生产方式。另外，组分模型的模型网格、储层岩性参数、边界条件以及其他计算参数与黑油模型都是一样的，因此我们直接采用已有 S80 北的黑油模型输入文件通过简单修改，就可以进行组分模型计算。

3）模拟计算

本模型每个网格需要求解 8 个方程，因此计算速度要远比黑油模型慢，我们利用一台 PC 电脑对这个模型进行模拟计算，所用的 PC 安装有一颗 Ryzen 2700X 8 核 CPU，内存为 16GB 内存，计算中采用 16 超线程，选用 OPENMP 共享内存并行计算方案，采用全隐式模拟计算，线性方程求解选用 AMGCL 库，用 ILU0 预条件方法。一年模拟计算耗时约为 1.0h。

4）结果讨论

模拟计算注气一年后的储层的油压分布、饱和度的分布、气体饱和度的分布，与黑油模型比较，可判断结果合理。

2 流体渗流—温度—应力 多场耦合数值模拟

2.1 流体渗流—温度—应力多场耦合问题的基本控制方程

渗流—温度—应力多场耦合问题中，渗流场、应力场与温度场三者两两之间均存在着耦合相互作用。只有对多物理场之间的耦合相互作用进行综合考虑，才能够完整地建立深层高温高压油藏的数学模型。渗流—温度—应力多场耦合问题的控制方程由质量守恒方程、能量守恒方程与力学平衡方程三部分组成。

对于质量守恒方程与能量守恒方程，存在守恒方程通式：

$$\frac{\partial M}{\partial t} = \nabla \cdot \vec{F} + q \tag{2-1}$$

式中，M 为单位体积的质量或能量；$\vec{F}$ 为质量或热量的流量；q 为单位体积的源汇量。

2.1.1 质量守恒方程

对于质量守恒方程，采用黑油模型的假定，分别对油、水、气三组分进行建立。对于 β 组分，单位体积的质量项为：

$$M_\beta = \phi S_\beta \rho_\beta \tag{2-2}$$

式中，ϕ 为孔隙度；S_β 为 β 相的饱和度；ρ_β 为 β 相的密度。

质量的流量项根据达西定律可得：

$$\vec{F}_\beta = -k \frac{k_{r\beta} \rho_\beta}{\mu_\beta} (\nabla P_\beta - \rho_\beta g \nabla D) \tag{2-3}$$

式中，k 为渗透率；$k_{r\beta}$ 为 β 相的相对渗透率；μ_β 为 β 相的黏度，P_β 为 β 相的压力；g 为重力加速度；D 为深度。

将式（2-2）与式（2-3）代入守恒方程通式（2-1），可以得到 β 组分的质量守恒方程为：

$$\frac{\partial(\phi S_\beta \rho_\beta)}{\partial t} = -\nabla \cdot \left[k \frac{k_{r\beta} \rho_\beta}{\mu_\beta} (\nabla P_\beta - \rho_\beta \nabla D) \right] + q_\beta \tag{2-4}$$

对于油组分：

$$\frac{\partial(\phi S_{\text{o}}\bar{\rho}_{\text{o}})}{\partial t} = -\nabla \cdot \left[k \frac{k_{ro}\bar{\rho}_{\text{o}}}{\mu_{\text{o}}}(\nabla P_{\text{o}} - \rho_{\text{o}}\nabla D) \right] + q_{\text{o}} \tag{2-5}$$

对于水组分：

$$\frac{\partial(\phi S_{\text{w}}\rho_{\text{w}})}{\partial t} = -\nabla \cdot \left[k \frac{k_{rw}\rho_{\text{w}}}{\mu_{\text{w}}}(\nabla P_{\text{w}} - \rho_{\text{w}}\nabla D) \right] + q_{\text{w}} \tag{2-6}$$

对于气组分：

$$\frac{\partial(\phi S_{\text{o}}\bar{\rho}_{dg} + \phi S_{\text{g}}\bar{\rho}_{\text{g}})}{\partial t}$$

$$= -\nabla \cdot \left[k \frac{k_{ro}\bar{\rho}_{dg}}{\mu_{\text{o}}}(\nabla P_{\text{o}} - \rho_{\text{o}}\nabla D) + k \frac{k_{rg}\rho_{\text{g}}}{\mu_{\text{g}}}(\nabla P_{\text{g}} - \rho_{\text{g}}\nabla D) \right] + q_{\text{g}} \tag{2-7}$$

式中，$\bar{\rho}_{dg}$ 为溶解气的密度。

2.1.2 能量守恒方程

对于能量守恒方程，单位体积的能量项为：

$$M_T = (1-\phi)\rho_R C_R T + \phi \sum_{\beta} S_{\beta} \rho_{\beta} u_{\beta} \tag{2-8}$$

式中，ρ_R 为岩石的密度；C_R 为岩石的比热；T 为温度；u_{β} 为 β 相的比内能。

热量的流量由热传导项与热对流项两部分组成：

$$\vec{F}_T = -K\nabla T + \sum_{\beta} h_{\beta}\vec{F}_{\beta} \tag{2-9}$$

式中，K 为热传导系数；h_{β} 为 β 相的比焓。

将式（2-8）与式（2-9）代入守恒方程通式（2-1），可得到能量守恒方程为：

$$\frac{\partial\left[(1-\phi)\rho_R C_R T + \phi \sum_{\beta} S_{\beta} \rho_{\beta} u_{\beta}\right]}{\partial t} = \nabla \cdot \left[-K\nabla T + \sum_{\beta} h_{\beta}\vec{F}_{\beta} \right] + q_T \tag{2-10}$$

2.1.3 力学平衡方程

力学平衡方程的建立从微分单元体出发，分别对岩石固体骨架与岩石孔隙内的流体建立各自的微分平衡方程：

$$(1-\phi)\rho^s \ddot{u}_i^s - R_i = \frac{\partial \sigma_{ij}^s}{\partial x_j}(1-\phi)\rho^s b_i \tag{2-11}$$

$$\phi\rho^f \ddot{u}_i^f + R_i = \frac{\partial \sigma_{ij}^f}{\partial x_j} + \phi\rho^f b_i \tag{2-12}$$

式中，ρ^s 为固体骨架密度；ρ^f 为孔隙流体密度；$\ddot{u}_i^s$ 为固体骨架加速度；$\ddot{u}_i^f$ 流体加速度；σ_{ij}^s 为固体骨架应力张量；σ_{ij}^f 为流体应力张量；R_i 为固体骨架与流体间的相互作用项；b_i 为体积力。

将平衡方程式（2-11）与式（2-12）相加，并假定固体骨架与孔隙流体间的相对加速度可以忽略不计，可以得到孔隙介质总体的平衡方程为：

$$\rho \ddot{u}_i^s = \frac{\partial \sigma_{ij}}{\partial x_j} + \rho b_i \tag{2-13}$$

式中，$\rho = (1-\phi)\rho^s + \phi\rho^f$ 为孔隙介质的平均密度；$\sigma_{ij} = \sigma_{ij}^s + \sigma_{ij}^f$ 为孔隙介质的总应力张量。

2.1.4 辅助方程与物性参数更新

在黑油模型中，主要的辅助方程包括饱和度约束方程：

$$S_g + S_o + S_w = 1 \tag{2-14}$$

及毛细管力方程：

$$P_{cgo} = P_g - P_o = f(S_g) \tag{2-15}$$

$$P_{cow} = P_o - P_w = f(S_w) \tag{2-16}$$

式中，P_{cgo} 为油气间的毛细管力；P_{cow} 为油水间的毛细管力。

在渗流—温度—应力多场耦合计算中，质量守恒方程、能量守恒方程与力学平衡方程三者两两之间均存在着耦合相互作用。由于耦合相互作用的存在，在求解渗流—温度—应力多场耦合问题的过程中，需要实时对计算中出现的物性参数进行更新。物性参数的更新主要包括由应力场变化引起的动态孔渗参数与由温度场变化引起的动态流体黏度两部分。

由应力场变化引起的动态孔渗参数具体是指，油气藏的工程作用（如油气开采、水驱气驱等）将会导致储层孔隙压力变化，引起岩层应力的重新分布和有效应力的改变，使得储层固体骨架发生变形，从而影响孔隙度、渗透率等物性参数，进而又反过来影响孔隙压力的分布及孔隙流体的流动，又称为油藏的流固耦合效应，或称压敏效应。在渗流—温度—应力多场耦合问题中，由于温度场的存在，动态的孔渗参数将不同于一般的流固耦合问题。由于温度的变化导致了岩石骨架发生了额外的热变形，从而导致孔隙度、渗透率等的动态模型中还需要考虑温度的影响。

对于渗流—温度—应力多场耦合问题，由应力场变化引起的动态孔隙度、渗透率模型可以采用理论模型或经验公式。理论模型为：

$$\phi = \phi_0 + \left(\frac{1}{K_b} - \frac{1+\phi_0}{K_s}\right)(p-p_0) - \left(\frac{1}{K_b} - \frac{1}{K_s}\right)(\sigma_m - \sigma_m^0) - 3(1-\phi_0)\beta_T(T-T_0) \tag{2-17}$$

$$k = \frac{k_0}{1-\varepsilon_v}\left(\frac{\phi}{\phi_0}\right)^3 \tag{2-18}$$

式中，K_b 为体压缩模量；K_s 为固体骨架压缩模量；σ_m 为体应力；β_T 为线膨胀系数；ε_v 为体应变。经验公式为：

$$\phi = \phi_r + (\phi_0 - \phi_r)\exp(-a\sigma_m') \tag{2-19}$$

$$k = k_0 \exp\left[c\left(\frac{\phi}{\phi_0} - 1 \right) \right] \tag{2-20}$$

式中，ϕ_r 为残余孔隙度；$\sigma'_m = \sigma_m - \alpha p - 3\beta_T K_b (T - T_0)$ 为体有效应力；α 为 Biot 系数；a、c 为实验测定的参数。

毛细管力的动态模型采用 Leverett 公式：

$$P_c = p_{c0} \frac{\sqrt{k_0 / \phi_0}}{\sqrt{k / \phi}} \tag{2-21}$$

此外，温度的变化将对流体的黏度造成直接影响，即为由温度场变化引起的动态流体黏度，其经验公式的一般形式为：

$$\ln \mu = A + \frac{B}{T} + CT + DT^2 \tag{2-22}$$

式中，A、B、C、D 为实验测定的参数。

2.2 裂缝型岩体的应力—应变本构关系

在多裂缝嵌入模型中，对基质采用结构化的网格剖分，对裂缝采取离散处理和显性的描述，并采用非结构化的网格剖分，通过将裂缝网络嵌入至基质的结构化网格中，分别计算各个基质单元—基质单元、裂缝单元—裂缝单元、基质单元—裂缝单元之间的连接关系与传导率，建立整个裂缝型油藏内单元的流动关系并进行计算。

在多裂缝嵌入模型的基础上开展多场耦合的多裂缝嵌入模型数值模拟的关键在于，对裂缝型岩体应力—应变本构关系的确定及对裂缝的孔隙度、渗透率等物性参数的动态更新方法。

对裂缝型岩体的应力—应变性状的描述方法可以分为离散模型与等效均匀模型两种。在离散模型中，考虑到基质岩块与裂缝的变形特性不同及裂缝在岩体中的位置排列，对裂缝与基质岩体分别进行离散考虑。在离散模型中，裂缝型岩体变形情况的计算精度可以尽可能地接近真实情况，但此方法的计算费用很高，且需要对基质进行非结构化的网格划分，无法与多裂缝嵌入模型下的渗流计算相适应。

在等效均匀模型中，将含有裂缝的基质岩块看作一种均匀的连续介质，采用一种等效的应力—应变本构关系描述裂缝型岩体在应力下的总体变形，之后通过对总体的变形量进行分解分别得到裂缝与基质的变形情况。等效均匀模型无须对裂缝进行离散考虑，计算效率较高，且允许对基质岩块进行结构化的网格划分，适用于在多裂缝嵌入模型流固耦合数值模拟中对裂缝型岩体的应力—应变本构关系进行描述。

假定基质材料与裂缝材料弹性各向同性，已知基质与裂缝的弹性材料参数，可以通过基质的体积含量 α 与裂缝的体积含量 β 来确定等效均匀模型中裂缝型岩体的弹性材料参数。由体积含量的定义，有：

$$\alpha + \beta = 1 \tag{2-23}$$

由于裂缝的走向任意，为方便进行推导，以裂缝的法向为 z 轴建立本地坐标系 $Oxyz$。

如图 2-1 所示，在本地坐标系 $Oxyz$ 中分别考虑各类荷载进行应力应变分析可以得到裂缝型岩体总体的应力、应变张量各分量与基质及裂缝材料各自的应力、应变张量各分量间的关系。

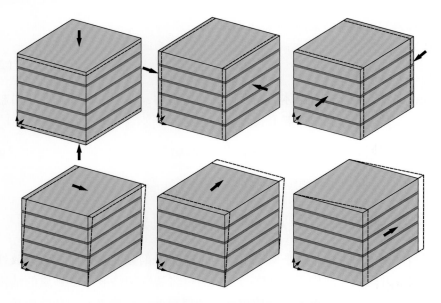

图 2-1　裂缝型岩体在各类荷载下的变形情况

　　对于应变张量，有：

$$\begin{cases} \varepsilon_x = \varepsilon_{Mx} \\ \varepsilon_y = \varepsilon_{My} \\ \varepsilon_z = \alpha\varepsilon_{Mz} + \beta\varepsilon_{Fz} \\ \gamma_{xy} = \gamma_{Mxy} \\ \gamma_{yz} = \alpha\gamma_{Myz} + \beta\gamma_{Fyz} \\ \gamma_{zx} = \alpha\gamma_{Myx} + \beta\gamma_{Fzx} \end{cases} \tag{2-24}$$

式中，ε 代表正应变；γ 代表剪应变；下标 M 代表基质；下标 F 代表裂缝。

　　对于应力张量，有：

$$\begin{cases} \sigma_x = \alpha\sigma_{Mx} \\ \sigma_y = \alpha\sigma_{My} \\ \sigma_x = \sigma_{Mz} = \sigma_{Fz} \\ \tau_{xy} = \alpha\tau_{Mxy} \\ \tau_{yz} = \tau_{Myz} = \tau_{Fyz} \\ \tau_{zx} = \tau_{Mzx} = \tau_{Fzx} \end{cases} \tag{2-25}$$

式中，σ 为正应力；τ 为剪应力。

其中，对平行于裂缝面的正应力与剪应力加载，有：

$$\sigma_x = \alpha\sigma_{Mx} + \beta\sigma_{Fx} = \alpha E_M \varepsilon_{Mx} + \beta E_F \varepsilon_{Fx} \quad (2-26)$$

$$\sigma_y = \alpha\sigma_{My} + \beta\sigma_{Fy} = \alpha E_M \varepsilon_{My} + \beta E_F \varepsilon_{Fy} \quad (2-27)$$

$$\tau_{xy} = \alpha\tau_{Mxy} + \beta\tau_{Fxy} = \alpha G_M \tau_{Mxy} + \beta E_F \tau_{Fxy} \quad (2-28)$$

式中，E 为弹性模量；$G = \dfrac{E}{2(1+\nu)}$ 为剪切模量；ν 为泊松比。由于裂缝的体积相对于基质岩块通常很小，且裂缝的材料性质与基质相比往往很软，因此可以认为 $\alpha \gg \beta$、$E_M \gg E_F$、$G_M \gg G_F$。故上述三式中的后一项都可以忽略，即裂缝此时实际上不参与应力传递。故在本模型中，认为裂缝无法承受平行于其平面的正应力与剪应力。

在弹性各向同性材料的假定下，基质与裂缝材料各自的应力—应变本构关系已知：

$$
\begin{pmatrix} \varepsilon_{Mx} \\ \varepsilon_{My} \\ \varepsilon_{Mz} \\ \gamma_{Mxy} \\ \gamma_{Myz} \\ \gamma_{Mxx} \end{pmatrix} =
\begin{bmatrix}
\dfrac{1}{E_M} & -\dfrac{v_M}{E_M} & -\dfrac{v_M}{E_M} & 0 & 0 & 0 \\
-\dfrac{v_M}{E_M} & \dfrac{1}{E_M} & -\dfrac{v_M}{E_M} & 0 & 0 & 0 \\
-\dfrac{v_M}{E_M} & -\dfrac{v_M}{E_M} & \dfrac{1}{E_M} & 0 & 0 & 0 \\
0 & 0 & 0 & \dfrac{1}{G_M} & 0 & 0 \\
0 & 0 & 0 & 0 & \dfrac{1}{G_M} & 0 \\
0 & 0 & 0 & 0 & 0 & \dfrac{1}{G_M}
\end{bmatrix}
\begin{pmatrix} \sigma_{Mx} \\ \sigma_{My} \\ \sigma_{Mz} \\ \tau_{Mxy} \\ \tau_{Myz} \\ \tau_{Mzx} \end{pmatrix} =
\begin{bmatrix} C_M \end{bmatrix}
\begin{pmatrix} \sigma_{Mxx} \\ \sigma_{My} \\ \sigma_{Mz} \\ \tau_{Mxy} \\ \tau_{Myz} \\ \tau_{Mxx} \end{pmatrix} \quad (2-29)
$$

$$
\begin{pmatrix} \varepsilon_{Fx} \\ \varepsilon_{Fy} \\ \varepsilon_{Fz} \\ \gamma_{Fxy} \\ \gamma_{Fyz} \\ \gamma_{Fxx} \end{pmatrix} =
\begin{bmatrix}
0 & 0 & 0 & 0 & 0 & 0 \\
0 & 0 & 0 & 0 & 0 & 0 \\
0 & 0 & \dfrac{1}{E_{\mathrm{oed}F}} & 0 & 0 & 0 \\
0 & 0 & 0 & 0 & 0 & 0 \\
0 & 0 & 0 & 0 & \dfrac{1}{G_F} & 0 \\
0 & 0 & 0 & 0 & 0 & \dfrac{1}{G_F}
\end{bmatrix}
\begin{pmatrix} \sigma_{Fx} \\ \sigma_{Fy} \\ \sigma_{Fz} \\ \tau_{Fxy} \\ \tau_{Fyz} \\ \tau_{Fzx} \end{pmatrix} =
\begin{bmatrix} C_F \end{bmatrix}
\begin{pmatrix} \sigma_{Fx} \\ \sigma_{Fy} \\ \sigma_{Fz} \\ \tau_{Fxy} \\ \tau_{Fyz} \\ \tau_{Fzx} \end{pmatrix} \quad (2-30)
$$

式中，$E_{oedF} = \dfrac{1-\nu_F}{1-\nu_F-2\nu_F^2} E_F$ 为侧限条件下的裂缝压缩模量；C 为柔度矩阵。

根据式（2-24）、式（2-25）、式（2-29）、式（2-30）可以得到裂缝型岩体的整体应力—应变本构关系：

$$
\begin{pmatrix} \varepsilon_x \\ \varepsilon_y \\ \varepsilon_z \\ \gamma_{xy} \\ \gamma_{yz} \\ \gamma_{zx} \end{pmatrix} = \begin{bmatrix} \dfrac{1}{\alpha E_M} & -\dfrac{v_M}{\alpha E_M} & -\dfrac{v_M}{E_M} & 0 & 0 & 0 \\[2mm] -\dfrac{v_M}{\alpha E_M} & \dfrac{1}{\alpha E_M} & -\dfrac{v_M}{E_M} & 0 & 0 & 0 \\[2mm] -\dfrac{v_M}{E_M} & -\dfrac{v_M}{E_M} & \dfrac{\alpha}{E_M}+\dfrac{\beta}{E_{\mathrm{oedF}}} & 0 & 0 & 0 \\[2mm] 0 & 0 & 0 & \dfrac{1}{\alpha G_M} & 0 & 0 \\[2mm] 0 & 0 & 0 & 0 & \dfrac{\alpha}{G_M}+\dfrac{\beta}{G_F} & 0 \\[2mm] 0 & 0 & 0 & 0 & 0 & \dfrac{\alpha}{G_M}+\dfrac{\beta}{G_F} \end{bmatrix} \begin{pmatrix} \sigma_x \\ \sigma_y \\ \sigma_z \\ \tau_{xy} \\ \tau_{yz} \\ \tau_{zx} \end{pmatrix} = [C] \begin{pmatrix} \sigma_x \\ \sigma_y \\ \sigma_z \\ \tau_{xy} \\ \tau_{yz} \\ \tau_{zx} \end{pmatrix}
$$

$$
(2-31)
$$

写为柔度矩阵的形式,即为:

$$
[C] = \frac{1}{\alpha}[P][C_M][P] + \beta[C_F] \tag{2-32}
$$

其中:

$$
[P] = \begin{bmatrix} 1 & 0 & 0 & 0 & 0 & 0 \\ 0 & 1 & 0 & 0 & 0 & 0 \\ 0 & 0 & \alpha & 0 & 0 & 0 \\ 0 & 0 & 0 & 1 & 0 & 0 \\ 0 & 0 & 0 & 0 & \alpha & 0 \\ 0 & 0 & 0 & 0 & 0 & \alpha \end{bmatrix} \tag{2-33}
$$

2.3 流体渗流—温度—应力多场耦合的 FEM-FVM 混合离散方法

渗流—温度—应力多场耦合问题的控制方程包括质量守恒方程、应力平衡方程与热量守恒方程,需要分别为三类控制方程寻找合适的数值离散方法进行离散,为之后对控制方程进行编程求解做好准备。

在数值离散方法上,有限体积法(FVM)网格划分灵活,计算效率高且具有局部守恒性,非常适合守恒方程的求解;而有限单元法(FEM)在处理守恒方程时需要对压力与温度提供插值函数,难以严格保证局部守恒。但对于平衡方程的求解,有限单元法计算精度较好,适用性强,且对网格与边界的要求较少,而有限体积法在计算平衡方程时精度不足。因此,如果单独采用有限体积法或者单独采用有限单元法求解耦合方程,就会遇到不够精确或编程难度和工作量较大的问题。

结合有限体积法与有限单元法在守恒方程与平衡方程求解上各自的优势,对渗流—温度—应力多场耦合问题中的质量守恒方程与热量守恒方程采用有限体积法进行离散，对力学平衡方程采用有限元法进行离散(见图 2-2)。

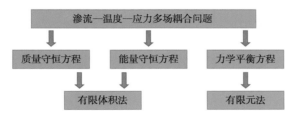

图 2-2　渗流—温度—应力多场耦合问题的离散方法

2.3.1　质量守恒方程与能量守恒方程的 FVM 离散

对于质量守恒方程与能量守恒方程的通式(2-1)，在单元内取积分形式得到：

$$\frac{\mathrm{d}}{\mathrm{d}t} \int_{V_n} M \mathrm{d}V_n = \int_{\Gamma_n} \vec{F} \cdot \vec{n} \mathrm{d}\Gamma_n + \int_{V_n} q \mathrm{d}V_n \tag{2-34}$$

式中，V_n 为 n 单元的体积；Γ_n 为 n 单元的边界；$\vec{n}$ 为边界上的法向向量。

对式(2-34)采用高斯定理进行改写：

$$\frac{\mathrm{d}}{\mathrm{d}t} \int_{V_n} M \mathrm{d}V_n = \sum_m A_{nm} F_{nm} + \int_{V_n} q \mathrm{d}V_n \tag{2-35}$$

式中，m 为 n 单元的边(面)。空间离散与单元间的流动项如图 2-3 所示。

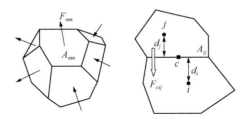

图 2-3　空间离散与单元间的流动项

对式(2-35)在时间域上采用一阶隐式差分：

$$\left[M_i^{n+1} - M_i^n \right] \frac{V_i}{\Delta t} = \sum_{j \in \eta_i} F_{ij}^{n+1} + Q_i^{n+1} \tag{2-36}$$

式中，上标 $n+1$ 为当前时间步；n 为上一时间步；η_i 为与 i 单元有链接的所有单元的集合。

式(2-36)为守恒方程离散格式通式。对于黑油模型中的油、水、气三组分质量守恒方程，根据式(2-36)分别得到其有限体积法(FVM)离散格式。

对于油组分：

$$\left(\left[\varphi S_o \bar{\rho}_o \right]_i^{n+1} - \left[\varphi S_o \bar{\rho}_o \right]_i^n \right) \frac{V_i}{\Delta t} = \sum_{j \in \eta_i} A_{ij} \left(\bar{\rho}_o \lambda_o \right)_{ij+1/2}^{n+1} \gamma_{ij} \left[\psi_{oj}^{n+1} - \psi_{oi}^{n+1} \right] + Q_{oi}^{n+1}$$

$$\tag{2-37}$$

对于水组分：

$$([\varphi S_\beta \bar{\rho}_w]_i^{n+1} - [\varphi S_w \bar{\rho}_w]_i^n)\frac{V_i}{\Delta t} = \sum_{j\in\eta_i} A_{ij}(\bar{\rho}_w\lambda_w)_{ij+1/2}^{n+1}\gamma_{ij}[\psi_{wj}^{n+1} - \psi_{wi}^{n+1}] + Q_{wi}^{n+1}$$

$$(2-38)$$

对于气组分：

$$([\phi S_o\bar{\rho}_{dg} + \phi S_g\rho_g]_i^{n+1} - [\phi S_o\bar{\rho}_{dg} + \phi S_g\rho_g]_i^n)\frac{V_i}{\Delta t}$$

$$= \sum_{j\in n_i} A_{ij}(\bar{\rho}_{dg}\lambda_o)_{ij+1/2}^{n+1}\gamma_{ij}[\psi_{oj}^{n+1} - \psi_{oi}^{n+1}] +$$

$$\sum_{j\in n_i} A_{ij}(\rho_g\lambda_g)_{ij+1/2}^{n+1}\gamma_{ij}[\psi_{gj}^{n+1} - \psi_{gi}^{n+1}] + Q_{gi}^{n+1}$$

$$(2-39)$$

式中，$\lambda_\beta = k_{r\beta}/\mu_\beta$ 表示 β 相的流度；下标 $ij+1/2$ 为 i 单元与 j 单元的加权平均；$\gamma_{ij} = k_{ij}/(d_i+d_j)$ 为传导系数；$\psi_{\beta i} = P_{\beta i} - \rho_\beta g D_i$ 为 i 单元 β 相的势。

根据守恒方程离散格式通式（2-36），能量守恒方程（2-10）的 FVM 离散格式为：

$$\left\{\left[(1-\phi)\rho_R C_R T + \phi\sum_\beta S_\beta\rho_\beta u_\beta\right]_i^{n+1} - \left[(1-\phi)\rho_R C_R T + \phi\sum_\beta S_\beta\rho_\beta u_\beta\right]_i^n\right\}\frac{V_i}{\Delta t}$$

$$= \sum_{j\in\eta_i} K_{ij}[T_j^{n+1} - T_i^{n+1}] + \sum_{j\in\eta_i}\sum_\beta h_\beta A_{ij}(\rho_\beta\lambda_\beta)_{ij+1/2}^{n+1}\gamma_{ij}(\psi_{\beta j}^{n+1} - \psi_{\beta i}^{n+1}) + Q_{Ti}^{n+1}$$

$$(2-40)$$

2.3.2　力学平衡方程的 FEM 离散

对于力学平衡方程式（2-13），首先引入 Terzaghi 有效应力公式，对于渗流—应力耦合问题，有效应力的表达式为：

$$\sigma_{ij}' = \sigma_{ij} - \alpha P\delta_{ij} \qquad (2-41)$$

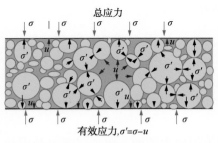

图 2-4　有效应力与总应力

式中，$\alpha = (K_s - k_B)/K_s$，为 Biot 系数，K_s 为固体骨架变形模量；K_b 为体变形模量；δ_{ij} 为 Kronecker 符号。图 2-4 所示为有效应力与总应力示意图。

在渗流—温度—应力多场耦合问题中，由于温度场的存在，有效应力公式将与式（2-41）不同。在温度变化的作用下，岩石固体骨架将发生热变形，因此渗流—温度—应力多场耦合问题中，岩石的体应变除了有效应力造成的力学变形外，还将包含温度变化造成的热变形：

$$\varepsilon_v = \frac{\sigma_m - \alpha P}{K_b} - 3\beta_T(T - T_0) \qquad (2-42)$$

因此，对于渗流—温度—应力多场耦合问题，有效应力公式中也应考虑热应力的影响：

$$\sigma'_{ij} = \sigma_{ij} - \alpha P\delta_{ij} - 3K_b\beta_T(T-T_0)\delta_{ij} \qquad (2-43)$$

对 FEM(有限单元法)单元，根据力学平衡方程式(2-13)，由虚功原理有：

$$\int_V \left(\rho\ddot{u}_i^s - \frac{\partial\sigma_{ij}}{\partial x_j} - \rho b_i\right)\delta u_i^s \mathrm{d}V = 0 \qquad (2-44)$$

式中，δu_i^s 为虚位移，且在位移边界上满足 $\delta u_i^s = 0$，在应力边界上，有：

$$\int_{S_t}(\overline{T}_i - \sigma_{ij}n_j)\delta u_i^s \mathrm{d}S = 0 \qquad (2-45)$$

根据高斯定理及有效应力式(2-43)对式(2-44)进行改写，得到平衡方程的弱形式：

$$\int_V \rho\ddot{u}_i^s\delta u_i^s \mathrm{d}V + \int_V \sigma'_{ij}\delta\varepsilon_{ij}^s \mathrm{d}V - \int_V p\delta\varepsilon_{ii}^s \mathrm{d}V - \int_V 3K_b\beta_T(T-T_0)\delta\varepsilon_{ii}^s \mathrm{d}V \qquad (2-46)$$
$$= \int_V \rho b_i\delta u_i^s \mathrm{d}V + \int_{S_t} \overline{T}_i\delta u_i^s \mathrm{d}S$$

对平衡方程弱形式进行进一步简化，由于虚位移的任意性，将两端的虚位移向量约去，并在两端约去初始状态以及自重的影响，可以得到在空间域内离散后的平衡方程：

$$[M]\{\ddot{u}_N\} + [C]\{\dot{u}_N\} + [K]\{\Delta u_N\} - \{K_v\}P_d - 3K_b\beta_T\{K_v\}(T-T_0) = \{F_d\} - \{R_d\}_{|t}$$
$$(2-47)$$

式中，$[M] = \int_V \rho[N]^T\mathrm{d}V$ 为质量矩阵；$[C]$ 为阻尼矩阵；$[K] = \int_V [B]^T[D][B]\mathrm{d}V$ 为刚度矩阵；$\{K_v\} = \int_V [B_v]\mathrm{d}V$ 为体刚度向量；$P_d = P - P_0$ 为超静孔隙压力；$\{F_d\}$ 为荷载相对初始状态增量；$\{R_d\}_{|t} = \int_V [B]^T(\{\sigma'\}_{|t} - \{\sigma'\}_{|t=0})\mathrm{d}V$，为残余项。

对于静力问题，式(2-47)可以简化为：

$$[K]\{\Delta u_N\} - \{K_v\}P_d - 3K_b\beta_T\{K_v\}(T-T_0) = \{F_d\} - \{R_d\}_{|t} \qquad (2-48)$$

在时间域离散得到 FEM 离散后的力学平衡方程：

$$[K]^{n+1}\{\Delta u_N\}^{n+1} = \{F_d\}^{n+1} - \{R_d\}^n + b\{K_v\}P_d + 3K_b\beta_T\{K_v\}(T-T_0) \qquad (2-49)$$

2.3.3　多场耦合的 FEM-FVM 混合方法

在实际油藏中，力学平衡方程的计算区域与质量及能量守恒方程的计算区域并不相同。现实中的储层常常是在位于地下某两个不透水的地层之间，真正需要进行质量守恒方程求解的只有储层的区域。由于储层与不透水层间不存在对流传热过程，能量守恒方程也可以仅在储层的区域进行求解，但由于生产过程中储层岩石应力场的变化会波及储层的上覆盖层和下部地层，力学平衡方程的求解不能仅局限于储层的区域。因此，质量守恒方程与能量守恒方程的计算区域只是力学平衡方程计算区域的一部分。由于应力场波及范围巨大，完整应力计算网格数庞大，计算负担较重。

为了减少计算量，目前的研究中普遍采用一系列假设以简化计算区域，将储层以外的区域假设为外加荷载并且假设其不变，然而实际上储层之外的区域同样会因为储层内的渗流发生应力场的变化。这种处理方式无法对整个应力场波及区域求解，造成了一定的计算误差。

渗流—温度—应力多场耦合问题的 FEM-FVM 混合方法中，对力学平衡方程与质量及能量守恒方程在求解时采用不同的网格划分，对质量及能量守恒方程采用 FVM 细网格离散，对力学平衡方程采用 FEM 粗网格离散(见图 2-5)。

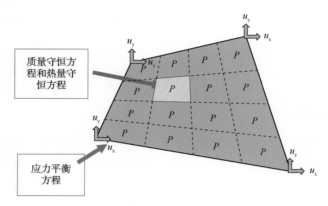

图 2-5　FEM-FVM 混合方法的粗网格与细网格

多场耦合问题的 FEM-FVM 混合方法，在对力学平衡方程采用粗网格减少计算负担的同时，对于储层内的渗流过程计算保持了精细的网格尺度，在保证计算精度的同时减小了整体问题的计算负担。

2.4　质量守恒方程与能量守恒方程的隐式求解

对于离散后的渗流—温度—应力多场耦合问题的控制方程，严格的计算求解需要联立 3 类控制方程，并进行统一的全隐式求解。采用全隐式的求解方式能够获得最为精确的计算结果，且具有最好的收敛性，但由于渗流—温度—应力多场耦合问题的主变量个数大、控制方程数量多，全隐式的数值求解存在着计算量大、计算效低的问题。对于实际缝洞型油藏来说，渗流—温度—应力多场耦合模型更复杂、非线性更强，全隐式解法计算量十分巨大，难以应用于实际工程问题的模拟计算。

为了适应对于实际工程问题进行渗流—温度—应力多场耦合计算的需求，开发了高效的半隐式的数值计算方法：在每一时间步中先对部分控制方程隐式求解，之后根据隐式求解的计算结果对其余的控制方程进行显式求解。

在 3 类控制方程中，热量守恒方程的主变量仅有温度 1 项，计算负担最小；质量守恒方程的方程个数根据储层流体的描述模型不同而改变，在黑油模型下主变量仅有 3 项，在组分模型下主变量个数由拟组分个数决定，在选取组分数较少的情况下计算负担也较小；平衡方程通过有限元法来进行求解，有限元法下平衡方程的主变量为每个节点的位移向量，由于进行力学平衡计算时节点数量往往较多且节点自由度数较大，力学平衡方程通常是三类控制方程中计算负担最大的一类。

由于平衡方程的方程数量最大，且平衡方程的计算结果主要为渗流过程的计算提供动态的孔渗物性参数以获得更加精确的计算结果，可以适当放松平衡方程的计算精度。因此可以采用隐式求解质量守恒方程及热量守恒方程、显式求解平衡方程的半隐式计算方法。

下面将黑油模型油、水、气组分离散后的质量守恒方程式(2-5)、式(2-6)与式(2-7)，改写为残差格式。

对于油组分：

$$R_i^{o,\,n+1} = (\left[\varphi S_o \bar{\rho}_o\right]_i^{n+1} - \left[\varphi S_o \bar{\rho}_o\right]_i^n)\frac{V_i}{\Delta t} - \sum_{j \in \eta_i} A_{ij}(\bar{\rho}_o \lambda_o)_{ij+1/2}^{n+1} \gamma_{ij}[\psi_{oj}^{n+1} - \psi_{oi}^{n+1}] - Q_{oi}^{n+1}$$

(2-50)

对于水组分：

$$R_i^{w,\,n+1} = (\left[\varphi S_\beta \bar{\rho}_w\right]_i^{n+1} - \left[\varphi S_w \bar{\rho}_w\right]_i^n)\frac{V_i}{\Delta t} - \sum_{j \in \eta_i} A_{ij}(\bar{\rho}_w \lambda_w)_{ij+1/2}^{n+1} \gamma_{ij}[\psi_{wj}^{n+1} - \psi_{wi}^{n+1}] - Q_{wi}^{n+1}$$

(2-51)

对于气组分：

$$R_i^{g,\,n+1} = (\left[\phi S_o \bar{\rho}_{dg} + \phi S_g \rho_g\right]_i^{n+1} - \left[\phi S_o \bar{\rho}_{dg} + \phi S_g \rho_g\right]_i^n)\frac{V_i}{\Delta t} -$$
$$\sum_{j \in \eta_i} A_{ij}(\bar{\rho}_{dg} \lambda_o)_{ij+1/2}^{n+1} \gamma_{ij}[\psi_{oj}^{n+1} - \psi_{oi}^{n+1}] -$$
$$\sum_{j \in \eta_i} A_{ij}(\rho_g \lambda_g)_{ij+1/2}^{n+1} \gamma_{ij}[\psi_{gj}^{n+1} - \psi_{gi}^{n+1}] - Q_{gi}^{n+1}$$

(2-52)

将离散后的能量守恒方程式(2-40)改写为残差形式可得：

$$R_i^{T,\,n+1} = \left(\left[(1-\phi)\rho_R C_R T + \phi \sum_\beta S_\beta \rho_\beta u_\beta\right]_i^{n+1} -\right.$$
$$\left.\left[(1-\phi)\rho_R C_R T + \phi \sum_\beta S_\beta \rho_\beta u_\beta\right]_i^n\right)\frac{V_i}{\Delta t} -$$
$$\sum_{j = \eta_i} K_{ij}[T_j^{n+1} - T_i^{n+1}] - \sum_{j = \eta_i} \sum_\beta h_\beta A_{ij}(\rho_\beta \lambda_\beta)_{ij+1/2}^{n+1} \gamma_{ij}[\psi_{\beta j}^{n+1} - \psi_{\beta i}^{n+1}] - Q_{Ti}^{n+1}$$

(2-53)

对式(2-5)、式(2-6)、式(2-7)与式(2-8)进行泰勒展开，并忽略高阶项，有：

$$R_i^{\beta,\,n+1}(x_{k,\,p+1}) \approx R_i^{\beta,\,n+1}(x_{k,\,p}) + \sum_k \frac{\partial R_i^{\beta,\,n+1}}{\partial x_k}\Big|_p (x_{k,\,p+1} - x_{k,\,p}) = 0 \quad (2-54)$$

式中，$p+1$ 为当前迭代步；p 为上一迭代步；k 为主变量；$\beta = o$，w，g；T 为组分质量守恒方程或能量守恒方程。

式(2-54)采用 Newton-Raphson 迭代法进行隐式求解：

$$\sum_k \frac{\partial R_i^{\beta,\,n+1}}{\partial x_k}\bigg|_p (x_{k,\,p+1} - x_{k,\,p}) = -R_i^{\beta,\,n+1}(x_{k,\,p}) \tag{2-55}$$

对线性方程组进行求解时，采用现代迭代法如广义极小残差法、正交极小化方法、共轭梯度平方法、共轭梯度稳定法等进行加速求解。可供使用的求解方法包括：MA28，稀疏矩阵直接求解法；DSLUBC，双共轭梯度求解法；DSLUCS，Lanczos 类型的双共轭梯度求解法；DSLUGM，广义最小残差预处理共轭梯度求解法；DLUSTB，稳定的双共轭梯度求解法；LUBAND，带状直接求解法。

2.5 力学平衡方程的显式求解

对于力学平衡方程的求解采用显式的求解方法。在每个时间步隐式求解质量守恒方程与能量守恒方程过程结束后，根据质量守恒方程的计算结果可以得到等效孔隙压力：

$$P = P_o S_o + P_w S_w + P_g S_g \tag{2-56}$$

将等效孔隙压力 P 与单元温度 T 代入离散后的力学平衡方程(2-49)进行显式求解。利用求解得到的有限元节点位移向量 $\{u_N\}$，可以进一步计算得到应力场与应变场。

通过应力场与应变场的计算结果实现对物性参数的更新，并代入下一时间步的质量守恒方程与能量守恒方程的隐式计算中。

2.6 流体渗流—温度—应力多场耦合问题的求解

渗流—温度—应力多场耦合问题的半隐式求解流程由图 2-6 所示。

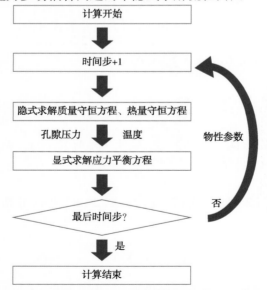

图 2-6　渗流—温度—应力多场耦合问题的求解流程

通过以下多场耦合的算例，验证和说明本文算法和程序的正确性及有效性。

2.6.1 一维传热问题的验证

首先通过一维传热问题的解析解，对渗流—温度—应力多场耦合模型的计算结果进行验证。

一维传热问题的解析模型考虑一段半无限长的储层，在储层的一段以恒定的速率注入冷水，保持储层内存在恒定的达西流速。在此过程中，热的传导与对流同时发生。对于一维传热问题，其解析解为：

$$\frac{T(x,\ t)-T(x,\ 0)}{T(0,\ t)-T(x,\ 0)}=\frac{1}{2}\left[\mathrm{erfc}\left(\frac{x-vt}{\sqrt{4Dt}}\right)+\exp\left(\frac{vx}{D}\right)\mathrm{erfc}\left(\frac{x+vt}{\sqrt{4Dt}}\right)\right] \tag{2-57}$$

$$v=\frac{u_{\mathrm{w}}\rho_{\mathrm{w}}c_{\mathrm{w}}}{\rho_{m}c_{m}} \tag{2-58}$$

$$D=\frac{K}{\rho_{m}c_{m}} \tag{2-59}$$

$$\rho_{m}c_{m}=\phi\rho_{\mathrm{w}}c_{\mathrm{w}}+(1-\phi)\rho_{\mathrm{r}}c_{\mathrm{r}} \tag{2-60}$$

式中，u_{w} 为水的达西流速；ρ_{w} 为水的密度；c_{w} 为水的比热；ρ_{r} 为岩石的密度；c_{r} 为岩石的比热；K 为热传导系数。

一维传热问题的计算区域及网格划分如图 2-7 所示，储层长 100m，宽 100m，高 10m，共划分为 50 个网格。储层初始状态为 100℃，从一端以 0.04kg/s 的速度注入 50℃ 的冷水。岩石的密度为 2500kg/m³，比热容为 1000J/（kg·K）；水的密度为 1000kg/m³，比热容为 4200J/（kg·K），热传导系数为 3.5W/（m³·K）。

图 2-8 展示了计算开始 2000 天后一维传热问题的数值解与解析解对比，耦合数值模拟计算结果同解析解误差不大于 3%，可见数值解与解析解吻合较好。

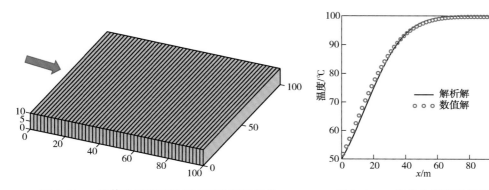

图 2-7　一维传热问题的计算区域及网格划分　　　图 2-8　一维传热问题数值解
与解析解的对比

2.6.2　裂缝性油藏一注一采模型

裂缝性油藏的模型及网格划分如图 2-9 所示，共划分为 31×31 个网格。储层内初始温度为 50℃，初始压力为 10MPa。基质初始渗透率为 $50×10^{-3}\mu m^2$，热传导系数为 $3.1W/(m^3·K)$，裂缝初始开度为 0.24mm。储层内为油水两相状态，油饱和度为 0.8。

从储层一端以 0.1kg/s 的速度注入 20℃的冷水，另一端为定压生产井，生产井井底压力为 1MPa。

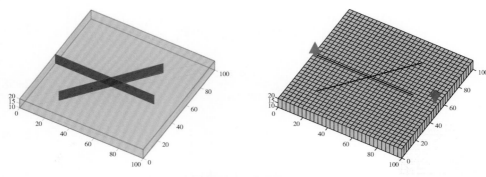

图 2-9　裂缝性油藏的模型及网格划分

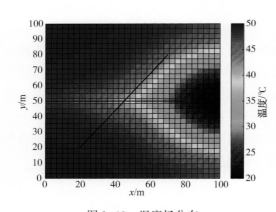

图 2-10　温度场分布

图 2-10 展示了计算 1500d 后储层内的温度场分布，可见在裂缝方向传热速度较快，原因在于裂缝形成了高速的流动通道，导致在储层内的传热过程中，热对流的作用在裂缝方向更加明显。

图 2-11、图 2-12 与图 2-13 分别为计算 1500d 后仅考虑渗流过程、考虑温度场的作用与同时考虑温度场及应力场的作用下压力场的分布情况。可见在考虑温度场的情况下，储层内的压力分布普遍高于仅对渗流过程进行计算的结果，而应力场对于压力场的计算结果影响最为明显。这是由于随着生产的进行，储层内压力降低的同时引起了基质渗透率的降低与裂缝开度的减小，导致储层内导流能力的降低，从而减缓了储层内的压降过程。

图 2-14、图 2-15 与图 2-16 分别为计算 1500d 后仅考虑渗流过程、考虑温度场的作用与同时考虑温度场及应力场的作用下油饱和度场的分布情况。可见温度场对于饱和度的分布影响较小，而考虑应力场将导致水驱替油的过程减慢，从而使饱和度场的前缘落后于不考虑应力场的情况。

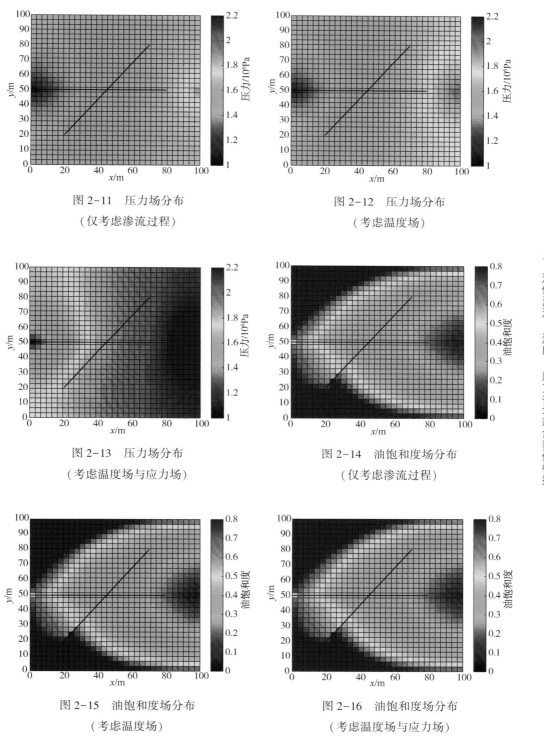

图 2-11　压力场分布
（仅考虑渗流过程）

图 2-12　压力场分布
（考虑温度场）

图 2-13　压力场分布
（考虑温度场与应力场）

图 2-14　油饱和度场分布
（仅考虑渗流过程）

图 2-15　油饱和度场分布
（考虑温度场）

图 2-16　油饱和度场分布
（考虑温度场与应力场）

　　图 2-17、图 2-18 分别对 4 种情况下油与水在计算开始后 2000d 内的累计产量曲线进行了对比。通过对比可见，考虑应力场后，油水产量的预测值明显低于

不考虑应力场的情况；而考虑温度场后，油产量的预测值更高，水产量的预测值更低。

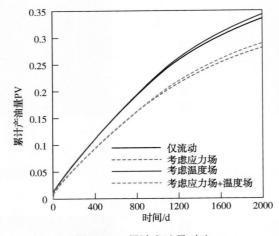

图 2-17　累计产油量对比

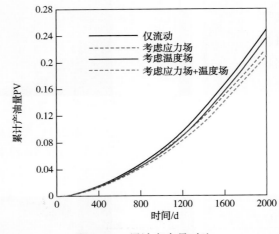

图 2-18　累计产水量对比

3 缝洞型油藏千万网格模拟技术

3.1 软件数据结构

基于超大规模模拟的理念(以 1 亿网格模型作为设计依据),在软件总体结构上,我们采用"类"的概念对其进行重新设计,通过"函数重载"技术来实现单机计算过程与并行计算运行时的自动识别,或通过为单机版设计一系列"虚函数"以避免单机版对 MPI 库的调用,摒弃原软件单机和并行同时存在的两个版本。利用编译参数,根据 MPI 是否存在、是否要求域分解、是否支持 OPENMP、线性方程求解库的选择等,自动编译成单核运行、多核运行、MPI 并行或混合型的可执行程序。图 3-1 给出了软件的基本流程图,虽然单机和并行计算有一样的计算流程,但并行版是多个计算核同时对不同的子域进行模拟计算的,各子域的计算不是完全独立的,它们之

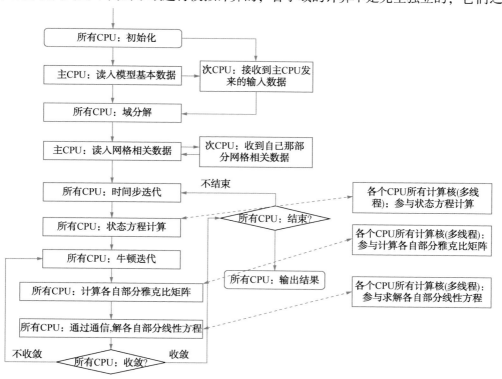

图 3-1 统一的单机与并行模拟流程图

间需要通过 MPI 通信达到对整个系统的计算求解。在储层模拟过程中最为耗时的有三部分：雅可比矩阵组装、线性方程求解和状态方程的计算。雅可比矩阵组装和状态方程的计算以网格为导向进行逐个网格的计算，可以比较容易地实现以任务驱动的并行方案或以数据驱动的并行方案。线性方程求解有很成熟的技术，有许多很好的线程求解库可用，包括一些国际知名并行线性方程求解库。我们的重点是采用合适的数据结构，从而轻易地调用这些库。在数据结构设计中，我们也充分考虑了该软件的可扩展性。

"类"–CLASS 的设计主要按软件各个部分功能设计成不同的"类"，主要类有 MeshPreProcessing（网格预处理）、ReadMainInputFile（读主输入文件）、MESH（网格相关计算）、RockProperties（岩性相关计算）、FlowSystem（渗流系统计算）、NonLinearEq（非线性方程相关计算）、EquationOfState（状态方程）、TimeStepping（时间迭代）、LinearSolvers（线性方程求解）和 OutPut（输出）等，这些类包含各自的数据和执行相应的计算任务的函数，实现对数据的封装。比如 FlowSystem 类定义如下：

```
class FlowSystem
{
public:
    FlowSystem();
    int NumberOfStates;
    int GasPhase, OilPhase, AquPhase, DissolveGas;
    int H2O, Oil, Gas, Heat;
        std:: string EOS_ ID;
        std:: string StatName[7];
    std:: string EOS_ Variables[7];
    std:: vector<int> WellTypeIdx;
    std:: vector<std:: string> WellRateType;
    std:: vector<std:: string> SourceSinkTypeList;
    Fluid_ Proterties:: PowerLawerParameters Plp;
    int Max_ NumMassComp;
    int Min_ NumMassComp;
        int Max_ NumEquations;
    int Min_ NumEquations;
    int Max_ NumPhases;
    int Max_ NumMobPhases;
    double ref_ temperature, ref_ pressure;
    std:: vector<Fluid_ Proterties:: Fluid> Fluids;
    void CompuDefaultFluidProperties(double pressure, double
```

```
temperature);
        void IniNonNewtonianPLViscosity();
        void NonNewtonianPLViscosity(double perm, double phisl,
double dpot,
            double &visnf, int ishift, int np, int jconet);
    protected:
    private:
        std::vector<std::vector<int>> irange;
        void assignWellRateTypeAndIdx();
        void setEOSDefaultParameters(std::string &eosName);
        void setPrimaryVariablesList(std::string &eosName);
};
```

在这个类中，定义了渗流系统中的相态 GasPhase、OilPhase、AquPhase、DissolveGas 及其组分 H_2O、Oil、Gas、Heat，以及其他渗流相关变量，也定义了渗流性质相关计算的函数。

在数据管理方面采用"结构"-STRUCT 的概念，主要结构包括 PFMedium（岩性相关数据）、WellType（井相关数据）、Fluid（流体相关数据）、PVT_Table_Contents（PVT 表的数据）、Secondary_Variable（次变量）、Element_Geometry（网格参数）和 Connection_Geometry（链接参数）等，可充分优化数据结构，达到高效利用计算机内存的目的。每个结构定义了某类数据，比如 Element_Geometry 这个数据结构包括成员：

```
struct Element_Geometry {
    std::string name;              //Element name
    char activity;                 //Activity
    short int MatNum;              //Element material number
    double pm;                     //Element permeability modifier
    double vol;                    //Element volume
    double x, y, z;                //Coordinates of element center
};
```

在软件结构上，我们充分考虑其可扩展性，优化原有的模块化结构，以便于未来的软件性能扩展，比如考虑热的影响、组分的增加、化学反应过程的耦合或力学过程的耦合等。通过改变流体的性质和状态方程来实现对不同流体的模拟，允许不同的组分数、相态数和方程数达到实现不同渗流系统的模拟。输入和输出数据的格式方面，尤其是网格的输入格式和井的生产数据的输入，考虑与行业中知名商业软件的兼容，比如支持角点网格的读入等。

3.2 并行计算方法

KarstSim 软件原版在大规模非均质介质的油藏模拟时碰到计算速度慢的瓶颈，较国外商业软件而言，效率相对低下，但 KarstSim 软件对井孔溶洞的描述更精确，更能模拟缝洞型油藏的动力学特性。针对以上问题，为了打破该模拟器在大型非均质介质的油藏模拟时计算收敛速度和效率低的问题，"十二五"期间开发该软件的并行版本，使得软件的应用范围更加广泛，并在实际缝洞油藏模拟中进行应用。老版 KarstSim 是借助美国 Sandia 国家实验室开发的 AZTEC 库进行并行线性方程求解，用 MPI 进行域分解并行计算。相比于单机版，虽然计算效率提高不少，但由于是直接在单机版基础上开发，存在数据结构等不合理性、并行线性方程求解器单调、没有考虑多线程并行等缺点，并且该版本是独立存在的，未能和单机版统一，原并行版不支持多线程 OPENMP 并行，限制了它在电脑上多核处理器的并行计算，并且 AZTEC 库已经发展成 TRILIONS 库的一个模块，原库已被淘汰。因此，老版的并行计算方案还有很多空间可以改善。新版的开发引进了更为先进的技术方案。

3.2.1 域分解技术

在一个成功的并行化体系构建中，对非结构网格区域的有效的分区方法的研究很重要。首先，为了实现更好的数值模拟性能，并行模拟器需要把网格均匀地分配到不同的处理器上，也就是说，被分配到每个处理器上的网格块数目应该大体是相同的；其次，区域边界上连接的数目应该是最小化的。第一个条件的目的是平衡不同处理器之间的计算工作，第二个条件的目的是使得在不同处理器之间的交换信息所消耗的时间最小化。在 KarstSim 模拟器中，模型的网格是通过一整套一维、二维或三维的网格块构成的，不同网格之间接触面是通过连接的信息来代表的，整体的网格系统是一个非结构的网格系统。在并行计算模拟中，采用域分解技术使得参与计算的 CPU 在计算任务、内存需求、通信方面尽量达到平衡。软件首先根据模型网格的链接情况，采用 CSR 格式构建链接数据，如果网格通过分布式多网格文件来输入，将采用分布式 CSR 格式构建链接数据。根据这些数据，软件使用了 ParMETIS 图形剖分并行库(Karypis 与 Schloegel，2013)对模拟区域进行分解，根据参与计算的 CPU 或核(计算单元)数量把模拟区域分解为相应个数的子域，每个计算单元将负责一个子域的计算任务。

通过域分解实现粗粒度并行计算方案，实现了雅可比矩阵的组装、线性方程组的求解、牛顿迭代、EOS 参数的计算和 I/O 的并行化。设计高效本地和全局通信方案，实现快速的输入和输出方案。图 3-2 给出域分解的基本思想，图中显示的是把一个很小的网格区域(由 12 单元组成)分解成 3 个区域。网格块通过分区方法被分配到不同的处理器中并且通过每各自分配的处理器中的标号来重排所有网格块。与这些网格块相对应的单元被明确地储存在处理器中采用一套指标来定义标记它们，这一组指标被称为更新组。更新组进而被分为两个子组：内部组和边界组。内部组内的单元在更新时只涉及当前所在处理器的信息。边界组内的单元块至少与其他处理器中的一个块相连，其组内的块在更新数值时需要来自其他处理器的信息。与边界组块相连接的其他处理的组块被称为外部组。外部组内的块更新信息时需要与之相连的边界组组块的信息。图 3-3 显示了一个三维模拟区域分解为 16 个子域的示意图。

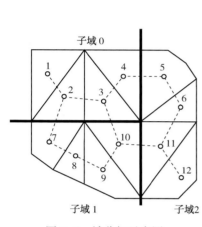

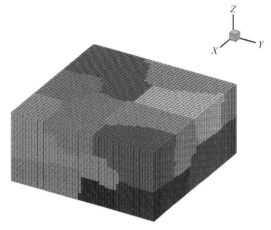

图 3-2　域分解示意图　　　　图 3-3　域分解案例(图中颜色代表 16 个分区)

3.2.2　混合式并行计算方案

　　新版软件采用三级并行计算方案：第一级是通过域分解来进行粗粒度的任务驱动的并行化(以每个计算节点或每个 CPU 作为基础)；第二级对共享内存的计算核进行并行化，这一部分并行计算不需要域分解，核之间的工作量分配由系统通过多线程来并行实现；第三级是是以数据驱动的并行即 GPU 的并行计算。此次研究只设计第三级的计算方案，保留相关接口但不做具体开发。三级并行计算方案允许只用第一级并行计算，把每个计算核作为粗粒度并行化的计算单元，或只用第二级并行计算，不进行域分解。只用第二级的方案比较适用于利用单个 CPU(多核，OPENMP 多线程并行)进行小规模的模拟计算。利用 MPI 实现分布式或共享内存 CPU 之间的第一级并行计算，利用 MPI 与 OPENMP 相结合的方案实现分布和共享内存混合式并行计算方案(见图 3-4)，实现适合混合式、分布式或共享内存 3 种并行方案共存。混合式的并行方案，即域分解后每个计算单元(包括若干个计算核、CPU 或 GPU，或超级计算机的一个节点)将负责一个子域的计算。虽然每个子域的计算是独立的，但需要通过 MPI 通信协调各个计算单元，整个模型计算作为整体进行模拟。在每个计算单元内的所有计算核、CPU 或 GPU 共享内存空间，它们共同完成一个子域内的計算。经验表明，在没有 GPU 参与的情况，如果计算单元之间的通信速度良好，纯 MPI 第一级并行会取得最佳效果。在实际应用时，应考虑多核 CPU 和超级计算机节点的内存结构特点，可选择混合式、分布式或共享内存 3 种并行方案之一，达到最佳并行计算效果。

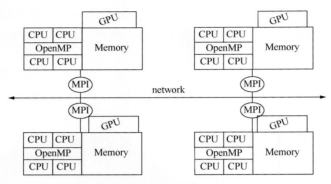

图 3-4　混合式内存结构

在并行计算方案设计中，一个重要的任务就是设计方便的通信方案，网格编号对方便通信、第三方线性方程求解库的调用都很重要。在域分解后，每个子域内的网格全局编号可能不是连续的。为了方便，软件中采用了以下几种编号方法。首先是全局编号，也就是用户输入时网格的顺序编号。域分解后每个子域内的网格都有自己的局部编号，这个编号可以根据子域内网格原来的自然顺序，也可以采用最小带宽重新编号。另外，软件也对全局编号重新排序，得到新的全局编号，新的全局编号保证每个子域内的网格编号是连续递增的。根据某个网格新全局编号，很容易就能判断其所在的子域和位置。因此，程序中有以下三种网格编号方案：

（1）全局编号，主要用于输入输出控制、早期网格预处理等。

（2）局部编号，用于子域内计算。

（3）新全局编号，用于通信和调用第三方并行线性方程求解器。

计算单元(或 CPU)间通信的一个关键任务是边界上参数的交换。在模拟计算中，某网格对应的方程与其相接网格的每一迭代步的计算结果有关，如果这个网格是位于边界上并且与其相邻的网格分配到其他计算单元中，这种情况就需要计算单元之间的通信交换参数。我们设计了这样一组函数，实现高效准确的计算单元之间参数交换。

3.2.3　共享内存多线程并行处理

采用 OPENMP 对软件进行全面的多线程并行处理，多线程并行一般只对循环过程有效，因此需要对耗时的过程设计成大循环并注意循环内参数的有效范围(公共或私有)，避免参数互相干涉。在模拟计算过程中最为耗时的 3 部分是线性方程求解、雅可比矩阵组装和状态方程计算。线性方程求解可选用支持多线程并行计算的第三方线性求解器，比如 AMGCL 和 TRILINOS 等；雅可比矩阵组装和状态方程计算通过设计下面的大循环得到有效的多线程并行计算。

EOS 计算：

```
#pragma omp parallel for private (kupdat)
for (int k = 0; k < NumElemTot; k++) {
        eos. PerformEosCalculations ( k, kupdat ); //performace
EOS computation
}
```

组装雅可比矩阵：

```
#pragma omp parallel
{
//define local variables
#pragma omp for
for (int i = 0; i < NumElem; i++) {
//compute gridblock related contributions
for (int j = ModelMesh. xadj[i]; j < ModelMesh. xadj[i + 1]; j++) {
//compute connection related contributions
}
//repeat the above computation for shifted primary variables.
}
```

测试表明，这两部分多线程并行效果非常好，当网格数有一定规模时，并行提速非常明显。关于线性方程求解的多线程并行效果，不同的求解器会有较大的差别，总的来说不如上面的两项计算任务的并行效果。

3.2.4　处理器之间的信息交流

对于 MPI 并行，处理器之间的信息交流在并行计算中是一个很重要的组成部分。网格分区后，不同处理器之间的网格如果有连接，则在进行并行计算时，这些有联系网格块所处的处理器之间要即时交换信息。比如，在检查牛顿迭代过程的收敛性时，需要处理器之间进行全局交流。除了在求解线性方程时需要处理器之间的交流外，在更新主要变量的值时，也需要相邻分区的处理器之间的交流。在管理不同处理器之间的信息交流时，通常采用一个函数来单独实现。当这个函数被一个处理器激活时，对应于外部组网格块的矢量单元将进行交流。

3.2.5　MPI 库的扩展

在大规模模拟中，需要通信的信息量非常巨大，比如对于一个千万网格的模型，有些信息可以达到上亿个数据在 CPU 间通信交流。在现有的 MPI 库中，我们发现当信息数超过几百万时，传送的结果不稳定，有时会出错。为了确保大规模模拟的正确进行，同时实现单机版和并行版的统一源代码，我们对主要的 MPI 通信函数进行扩展。当这些函数的信息数量太大时，内部自动分成多块完成通信。另外，在单机编译时，这些函数可实现自动排除 MPI 库的连接。

3.3 非线性方程时间离散的求解方法

非线性方程求解是数值模拟中的关键部分。对于非线性方程中的时间项，可采用显式差分和隐式差分两种方法。显式差分即时间域的向前差分，由此可得到新时间步上的值，即由 $X(n+1)=Q[X(n)]$ 来得到新值，其中 $X(n)$ 为 T 时刻的值，$X(n+1)$ 为 $T+1$ 时刻的值。也就是说，显式差分完全可以由已知或已算出的值来计算出下一个时间步的值。

隐式差分要获得新时间步的值，不仅要已知或已算出的值，还要用到新时间步的值，即 $X(n+1)=Q[X(n)，X(n+1)]$，这意味着隐式差分法必须通过迭代和求解联立方程组才能实现，这可能遇到两个问题：一是迭代过程不一定收敛，二是联立方程组可能出现病态而无确定的解。隐式求解法最大的优点是，它具有无条件稳定性。

新一代 KarstSim 实现了全隐式方法（FIM）、隐式压力显式饱和度法（IMPES）以及自适应隐式方法（AIM）3 种求解方式。程序中对于不同的网格，可以采用不同的方法。3 种方法的主要区别在于：（1）全隐式方法是根据当前时刻的参数和上一时刻的压力及饱和度，利用牛顿-拉弗森迭代同时求解当前时刻的压力和饱和度。（2）隐式压力显式饱和度法采用隐式方法求解当前时刻的油压，根据当前时刻的油压和上一时刻的油水界面毛管压力，求得当前时刻的水压，用类似方法求得当前时刻的气压，再根据油压和水压分别代入各自的质量守恒方程求得当前时刻的油饱和度和水饱和度，最后根据饱和度约束条件计算出气饱和度；（3）自适应隐式方法则根据上一时步饱和度的变化或其他方法来判断采用何种方法计算饱和度和压力，在饱和度变化较大的区域内采用全隐式方法求解饱和度和压力，在其他区域则使用隐式压力显示饱和度法。

3 种方法有各自的特点和优势。FIM 虽然具有无条件稳定的优点，但效率略差；IMPES 所需内存和计算工作量均较小，因此效率上会更高，但是有条件稳定；AIM 兼具两者的优点，既具有较好的数值稳定性，又具有较高的计算效率。3 种不同求解方式效率与稳定性的关系大致如图 3-5 所示。

实际应用测试表明，AIM 具有很好的计算效果，然而 AIM 对某个网格求解时需按网格的流体条件要求在 FIM 和 IMPES 之间相互切换。合适的切换是成功应用 AIM 的关键，我们实现了两种切换的条件。

图 3-5　不同求解方法的效率与稳定性关系

根据饱和度的变化情况，如果某一网格中某一组分的饱和度在一个时间步内变化量 Δs 大于给定的标准，这个网格对应的方程将采用 FIM，否则用 IMPES 求解。

另外一种方法是根据 Courant-Friedrichs-Lewy（CFL）条件判断（Joachim Moortgat，2017 年），基本方法是按下面的方程计算 CFL 条件系数 C：

$$C = \frac{u_x \Delta t}{\Delta x} + \frac{u_y \Delta t}{\Delta y} + \frac{u_z \Delta t}{\Delta z} \leqslant C_{\max} \tag{3-1}$$

C 的计算也可以写成：

$$C = (f_x + f_y + f_z) / (Vd) \tag{3-2}$$

式中，f_x、f_y、f_z 分别为流体在 x、y、z 方向上的流量；d 为流体的密度；V 为网格体积。当 $C < C_{\max}$ 时用 IMPES 计算，当 $C > C_{\max}$ 时用 FIM 计算，通常 $C_{\max}$ 可以取值 1.0。

在 KarstSim 中，当采用 AIM 求解时候，井或源汇项的网格总是用 FIM 求解。在模拟计算的第一时间步，除了井和源汇项网格作为 FIM 处理外，其他全部按 IMPES 处理。

3.4　求解线性方程的方法

3.4.1　实现方法

线性方程求解是模拟中最为耗时的任务，通常耗时占整个模拟时间的 60% 以上，有时能高达 90%。因此，线性方程求解器的效率是决定模拟器效率的关键因素。在程序中，我们采用标准分布式的 CSR（Compressed Sparse Row）矩阵存储方式，能很容易实现调用第三方线性方程求解库，包括一些目前国际上最知名的求解库。目前已经实现下列库的调用：

（1）AMGCL（Demidov，2018）；

（2）FASP（Fasp Developers，2017）；

（3）PETSC（Balay 等，2017）；

（4）TRILINOS（Trilinos project，2018）。

AMGCL（Demidov 和 Shevchenko 2012；Kindratenko，2014）是一个实现求解线性方程的开源 C++ 库，它主要用于求解非结构网格偏微分方程离散产生的大型稀疏线性方程组。该库支持共享内存和分布式内存并行计算，支持现代多核架构，允许通过 OpenMP、OpenCL 或者 CUDA 技术来利用现代大型并行处理器，具有很高的独立性和灵活的扩展性。AMGCL 允许用户自定义数据结构和操作，因此很容易将 AMGCL 整合进一些包含大型稳定代码库的已有软件中。

AMGCL 是为求解每个计算时步的大型代数方程组而设计的高性能并行计算库。AMGCL 高性能并行库主要采用 AMG 方法进行预处理和并行迭代求解。AMGCL 库基准测试表明，该库与 Trillinois 库和 PETSc 库相比，具有良好的性能。

AMGCL 提供了 AMG、CPR、ILU 等预条件处理方法，选择预处理迭代方法是求解大型问题的关键。运用 Krylov 子空间方法和 AMG 生成预处理算子是求解大型计算问题的最有效方法之一。

AMG 可用作各种计算问题的黑箱求解器，因为它不需要任何关于几何结构的信息，因此以鲁棒性和可扩展性著称。目前有几种知名的 AMG 实现，典型的有 Trilinos ML 包、基于 Hypre 的 Boomer AMG 以及源于 PETSc 的 GAMG。这些软件包广泛应用于各种大规模科学计算，它们主要针对大型分布式内存机器进行并行求解计算。

FASP(Fast Auxiliary Space Preconditioning)是一种快速的辅助空间预处理方法，该方法最初是由 Xu(1996 年)提出的。对于线性代数方程组 $A_u = f$，采用线性迭代法求解通常可写成如下形式：

$$u^n = u^{n-1} + \boldsymbol{B}(f - \boldsymbol{A}u^{n-1}) \quad (n = 1, 2, 3, \cdots) \tag{3-3}$$

式中，$\boldsymbol{B}$ 可视为 $\boldsymbol{A}$ 的近似逆矩阵，当 $\boldsymbol{B}$ 是对称矩阵并且在正定的条件下，它可用作共轭梯度法的预条件算子，这便是预条件共轭梯度法。构建矩阵 $\boldsymbol{B}(\boldsymbol{A}$ 的逆条件或预条件算子)的方法有很多种。典型的一个方法就是子空间校正法(MSC)。该方法旨在通过求解原始空间中的特定子空间问题，对向量空间中的方程组进行预条件处理。当原始空间中没有足够的子空间时，就必须采用辅助空间方法来构建预条件算子。

FASP 给出对称正定线性方程 $A_u = f$ 在内积运算后的向量空间 $\boldsymbol{V}$ 的预条件算子(preconditioner)。这种内积运算即是用赋予内积的若干个辅助(希尔伯特)空间乘以向量 $\boldsymbol{V}$。FASP 方法的一个特例即是子空间校正法(Method of Subspace Correction, MSC)。FASP 可有许多种变化形式，如平行 FASP、加性 FASP、逐次 FASP、连乘 FASP 等。

FASP 库是一 C++开源的线性方程求解库，它提供基本的运用 Krylov 子空间方法和 FASP 的预条件方法。

PETSc 是"便携式的科学计算可扩充工具包"的英文首字母简称，它是提供构建块(building block)的一套数据结构和子程序(routine)，以实现在并行和串行计算机上运行大规模应用程序。PETSc 采用 MPI 标准进行消息传递交流。PETSc 是包括并行线性/非线性求解器和时间积分器的一套扩展工具，这些工具由 Fortran、C、C++或 Python 语言编写而成。PETSc 提供了并行应用程序所需的并行矩阵、矢量集子程序(vector assembly routine)等诸多机制。PETSc 库采用分级组织模式，用户可根据具体问题选用最合适的抽象化级别。面向对象的编程技术使得该库对用户具有极大的灵活性。PETSc 是一套高级的软件工具集，它能使许多应用程序实现高效的运行。

Trilinos 是一个开源软件库，旨在用作开发科学应用程序的构建块。"trilinos"在希腊语中表示"一串珍珠"的意思，软件库借此表示由一个公共基础设施连接在一起的许多软件包。这些包可用于构造和使用稀疏矩阵、密集矩阵和向量，线性系统的迭代解和直接解，并行多级代数预处理，非线性、特征值和时间相关问题的解，PDE 约束优化问题，分布式数据结构的分区和负载平衡，自动微分，以及离散化偏微分方程。Trilinos 是由 Sandia 国家实验室在已有的一组核心算法基础上开发的，它利用了诸如 BLAS、LAPACK 和 MPI 等软件接口的功能。Trilinos 支持通过消息传递接口(MPI)进行分布式内存并行计算。此外，一些 Trilinos 包通过其中的 KOKOS 包，逐渐支持共享内存并行计算。KOKOS 包在各种并行编程模型(包括 OpenMP、POSIX 线程和 CUDA)上提供了一个通用的 C++接口。

这些库各有优缺点，根据求解不同的问题和计算机平台的特性，可选择合适的求解器，另通过 PETSC 可以调用其他更多的库。

预条件方法是有效求解线性方程的关键。对于预条件方法的选择，我们总结如下：

（1）全隐式。可选用 CPR 预条件方法，通常认为在全隐式情况下，CPR 是最好的预条件方法之一。CPR 是两步骤的预条件方法，它首先从方程系统中取出压力方程进行求解，然后根据压力解的结果通过迭代校正来求解整个系统。对于较大规模并且是求解抛物形偏微分方程的模型，AMG(Algebraic Multigrid)预条件方法或线性方程求解法也有较高的效率，但它要求方程矩阵必须是对角线占优。CPR-AMG 预条件方法也是一种不错的选择，即 CPR 预条件方法中第一步用 AMG 进行求解，第二步用 ILU 或 Domain Decomposition 方法。

（2）AIM 的预条件方法。我们的测试结果表明，Domain Decomposition(additive Schwarz)或 ILU(0)效果比较好，对于超大规模的模型(千万网格以上)，Domain Decomposition 可能会失效，这时可选用 JACOB 预条件方法。对于线性方程的求解，我们的测试表明，BICGSTAB 或 GMRES 有不错的效果。

3.4.2　不同线性方程求解库的优缺点

表 3-1 列出目前实现的几个库的主要优缺点的比较。总体感觉 AMGCL 在多线程并行模拟计算上效果较好，可作为共享内存 OPENMP 并行模拟时的首选，比如在电脑上运行。测试表明，一般的大规模并行模拟，TRILIONS 效果要比 PETSC 效果好，对于超大规模的模拟可以考虑 PETSC。目前，TRILINOS 允许 MPI 与 OPENMP 混合式或纯 MPI 的并行计算；PETSC 主要是纯 MPI 的并行计算，通过 PETSC 可以调用更多的第三方预条件方法或求解器，比如通过调用

HYPRE，可使用很好的 BoomerAMG 预条件方法的。如果需要，通过这些库也可以很容易地实现线性方程直接解法和 GPU 求解线性方程等。由于现软件采用良好的数据结构和通用的矩阵及右边项存储格式，能很容易地实现对其他线性方程求解库的调用。

表 3-1　不同线性方程求解库的优缺点比较

库　名	优　点	缺　点	最好用于
AMGCL	包含 CPR 和 AMG 等预条件方法，支持 MPI、OPENMP，和 GPU 并行计算	其 ILU 预条件方法没有 MPI 版。利用 AIM 模拟进行 MPI 并行计算时，无合适预条件方法可用	FIM 模拟、共享内存、GPU 并行计算、混合式并行计算
FASP	含 Fast Auxiliary Space Preconditioning 方法	目前只支持 OPENMP 并行，没有 MPI 并行	求解抛物形偏微分方程
HYPRE（通过 PETSC 调用）	包含并行 ILU、BoomerAMG 等预条件方法	没有 OPENMP 支持	运行 MPI 支持的 ILU
PETSC	包括很多方法，允许调用很多其他第三方的库，可自组 CPR 预条件方法	对 OPENMP、GPU 支持很有限，没有 MPI 并行版的 ILU	超大规模的纯 MPI 并行模拟
TRILINOS	包含 ILU、Jacobi、Domain Decomposition 等，很多模型计算效率要比 PETSC 高	没有 CPR	可用于混合式大规模并行计算

3.5　牛顿迭代的收敛方案

在进行牛顿迭代计算过程中，判断迭代是否收敛是至关重要的，如果采用不合适的迭代收敛标准，有可能导致计算结果出错或计算效率大大降低，因此合适的收敛标准是非常重要的。在程序中，我们实现了 3 种收敛判断的标准：

（1）主变量的变化量，当主变量在两个迭代步之间的变化量小于给定标准时，就认为迭代收敛了，即 $P<P_{crit}$，$S<S_{crit}$ 时收敛，P_{crit} 和 S_{crit} 是给定的压力与饱和度的收敛标准，不同组分允许采用不同的饱和度收敛标准。

（2）相对收敛和绝对收敛标准，可表达为：

相对标准：

$$\left| \frac{R_{n,p+1}^{k,k+1}}{M_{n,p+1}^{k,k+1}} \right| \leqslant \varepsilon_1 \tag{3-4}$$

绝对标准：

$$|R_n^{k,k+1}| \leqslant \varepsilon_1 \cdot \varepsilon_2 \qquad (3-5)$$

相对标准定义为某一迭代步的质量残差与其总质量的比小于给定的标准 ε_1。绝对标准定义为质量残差小于某给定的值（$\varepsilon_1 \cdot \varepsilon_2$），绝对标准通常用于总质量小于 1.0 时的情况。

（3）以上两种标准同时使用，哪个条件先达到就以该条件为准。当第一种条件给得非常苛刻时，就主要以第二种标准判断；当第二种条件给得很严格时，就主要以第一种标准判断。

3.6　大规模模型处理

在大规模模型中，网格数量可达千万甚至上亿，此类模型不仅模拟过程需要大量的计算工作量和内存，前后处理也是非常具有挑战性的。对于模型的计算与内存需求可通过域分解并行计算，把所需的计算量和内存需求分布到各个参与计算的计算单元上。由于目前计算机硬件的发展，大规模模拟已不是问题。然而，对于大规模模拟，前后处理也是非常具有挑战性的。我们通过分块建模的方式来实现大规模模拟的前后处理。分块建模的基本思想是，把大模型按一定的规则分成若干个子模型，用户可以对这些子模型进行单独前后处理，而计算机内部在模拟中把所有的子模型自动合并在一起作为一个大模型进行模拟计算。这些子模型只是在网格剖分上是独立的，而边界条件处理等还是要全局考虑。基本的建模过程如下：

（1）根据模拟区域，设计并划分成若干个子区域，划分子区域的边界要求沿着垂直（相同的 X）或水平方向（相同的 Y），或沿着某一水平层面进行划分（相同的 Z）。建议每个子模型的网格数不要超过 500 万。

（2）分别对所有子区域进行网格剖分建立子模型，在相邻子模型边界的两侧，要求网格剖分的方式基本一致，即网格数量一致、网格形态大致相似，并且空间位置连续。在相邻界面两侧的子模型的剖分边界上各增加一层与其边界上网格对应的虚拟网格，虚拟网格应只是贴在边界网格上的一个薄层（采用薄层能保证边界两侧对应的虚拟网格坐标是基本一致的）。作为后期子区域网格合并的标记层，将不参与模拟计算。

（3）合并子模型网格。软件采用并行读取子模型网格方式以提高文件读取效率，读入后将相邻子模型网格通过设置的虚拟网格的坐标进行匹配，合并所有子模型，删除虚拟网格，最终组装成完整的大规模模型网格，如图 3-6 所示。在网格名称处理中，新版本软件可用最多 13 个字符的网格命名方式，可通过网格名来有效保存网格合并后子区域、层、行、列等信息。

（4）执行域分解。根据参与模型模拟 CPU 或 GPU 个数分工，将完整模型网格进行分解，开展并行模拟计算。

（5）输出。模拟结果输出可根据用户要求按不同方式进行，可以单个文件输出或分成多个文件输出，以便后处理的进行。

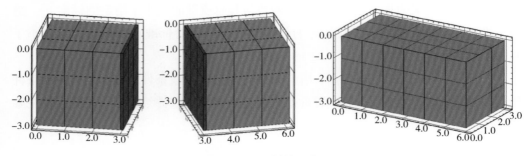

图 3-6　网格拼接示意图

在输出方面，实现了多文件输出的功能。对于大规模的模型，输出数据量巨大，软件可以由用户选择输出的变量、输出的时间或输出频率。另外，可以以 3 种方式确定多文件输出的方案，即按网格名或按 X、Y、Z 坐标分成多文件输出，也可以根据域分解的结果，输出结果自动分成多文件写出。模拟器设计、实现时有 3 个需要重点考虑的目标：速度、精度和灵活性。一个理想的模拟器要求执行速度快、模拟精度高且灵活可配置，但实际上速度、精度和灵活性这三者存在相互制约的关系，难以同时兼得。通常来说，抽象程度越高，模拟的速度就越快，但模拟的精度也越差；增加模拟精度则增大了模拟负载，带来模拟速度的下降，并且由于模拟的粒度变细，灵活性也会受到影响。因此，根据不同的需要，模拟器在设计实现时对这三个目标的考虑往往有所侧重。在早期的 KarstSim 设计中，我们强调模拟器的灵活性，而对其精度要求置于次位。在新一代的 KarstSim 设计开发过程中，我们对模拟器精度和计算规模的要求逐渐提高，而对灵活性的要求有所降低。相对而言，模拟器的速度则贯穿整个设计开发的始末。

3.6.1　500 万级别网格模型

S80 模型共有 4926352 个活跃网格、12223952 个有效链接。该模型是基于实际地质模型建立的，原地质模型有 2600 多万网格，剔除孔隙度和渗透率为零或接近零网格后所得。模型的孔隙度和渗透率分布根据三维地震结果（见图 3-7）分别采用以网格体积大小为权重的算术平均和带方向的平均化方法进行粗化得到。模型模拟 13 口井以混合式工作制进行生产，模拟连续采油 10 年。油田区块水平展布面积约 20km^2，油藏埋深范围在 3600~5000m。模型初始条件假设所有网格的含油饱和度为 1.0，压力为重力平衡，不含气。图 3-8 给出了模型采用 13 口采油井连续采油 10 年后的油压 P_o 分布，图 3-9 则演示了大规模问题模拟结果的分块显示功能，图 3-10 给出了模型采用 13 口采油井连续采油 10 年后的剩余油饱和度 S_o 分布，图 3-11 给出了模型计算出的 13 口生产井的动态曲线。

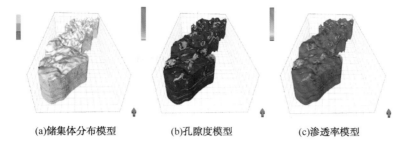

(a)储集体分布模型　　　　　　(b)孔隙度模型　　　　　　(c)渗透率模型

图 3-7　S80 单元粗化前的模型

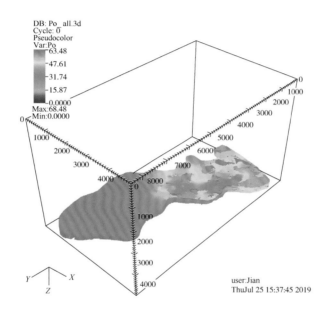

图 3-8　S80-500 万网格模型 13 口井采油 10 年后油压分布

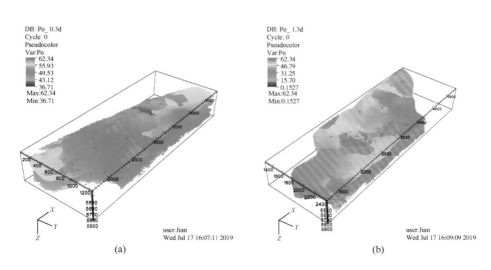

图 3-9　模型分块油压分布

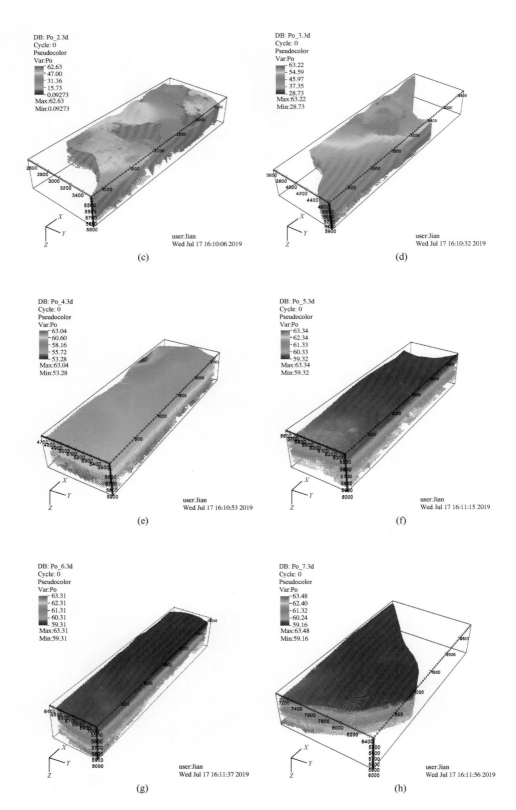

图 3-9　模型分块油压分布(续)

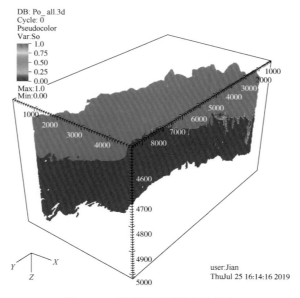

图 3-10　模模拟区域剩余油分布

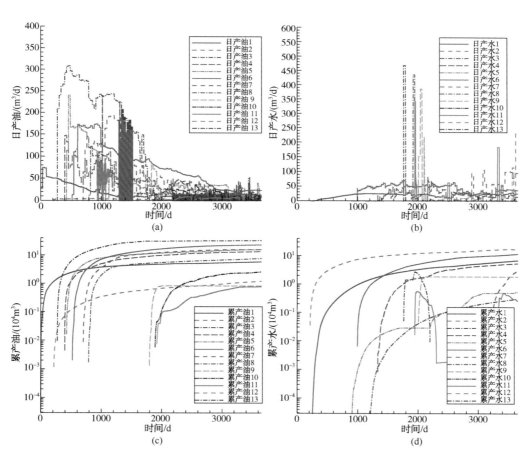

图 3-11　S80-500 万网格模型模拟的各井生产曲线

图 3-8 表明，采用 13 口井进行连续采油 10 年后，油压分布仅在采油区附近发生较为显著的改变，形成低压区。低压区的油压约为 30bar。油藏压力分布主要受开采井的分布和工作机制影响，油藏储集体的孔渗特征影响不大。对于超大规模的油田开发模型，为了解决网格数量过多带来的模拟结果显示困难，可采用图 3-9 所示的分块显示方法，将油田不同位置的模拟结果进行分块输出绘图。本例是按照 X 坐标进行分块，KarstSim V2.0 允许沿 X、Y、Z 或网格名字进行自动分块输出的。理论上，任何规模的网格模型都可以通过这种方式来进行后处理显示。

图 3-10 给出了采油 10 年后的剩余油分布。由于采油井的开采速率较小，含油饱和度分布变化不明显，只在生产井附近有局部减小。

图 3-11 绘制了该区块中 13 口油井的产油速率、产水速率、累计产油量和累计产水量的生产曲线。由于采用定井底流压的生产方式，油井的产油速率在突破启动压力后初期较大；随着压力梯度减小，产油速率逐渐减小，并且井中开始产水，导致采收率降低。3 号油井、4 号油井以及 6 号油井的产油速率较高，开井后的前 3 年产油速率常常在 $150m^3/d$ 以上，5 年后有较显著的减小。除 3 号油井、4 号油井、6 号油井以及 11 号油井在个别时段以外，其余井的产水速率一般小于 $50m^3/d$。各生产井的油水比一般大于 5.0，约开采 6 年后，油水比逐渐降至 3.0 以下。开采 10 年，3 号井的累计产油量为 $1.2 \times 10^5 m^3$，居各井之首；其次为 6 号井，10 年累计产油量约 $10^5 m^3$。累计产水量以 2 号井、6 号井和 1 号井最多，分别约为 $1.1 \times 10^5 m^3$、$1.0 \times 10^5 m^3$ 和 $0.5 \times 10^5 m^3$。

3.6.2　1000 万级别网格模型

为了进行 1000 万网格模型的测试，我们利用已有的 500 万网格模型复制一套，通过在每个网格名字前添加一个字符，确保网格名不重复（500 万用 8 个字符作为网格命名，1000 万用 9 个字符），把原模型和复制模型合并在一起形成一个网格数、链接数和井数都增加一倍的千万网格模型。通过这样操作，形成的模型共有 9852704 个活跃网格、24447904 个有效链接。该模型是基于实际地质模型建立的，模型的孔隙度和渗透率分布的三维地震结果见图 3-8。模型模拟 26 口井以混合式工作制进行生产，模拟连续采油 10 年。油田区块水平展布面积约 $40km^2$，油藏埋深范围在 3600～5000m。这个千万网格模型保留了 S80 强非均性的特性和实际生产过程的复杂性，可以作为一个典型的实际千万网格案例。

模拟计算结果与 500 万网格模型一致，表明本软件对于千万网格的模型计算是可靠的。

3.6.3　500 万与 1000 万级别网格模型的效率对比

表 3-2 分析了 S80 不同规模的模型计算效率。500 万网格模型的模拟计算是在超级电脑上运行的，采用 6 个 Intel Xeon Broadwell 2.6 GHz CPU、84 核（共 3 个节点

参与计算，每个节点 2 个 CPU，每个 CPU 14 核）进行计算，软件自动将模拟区域分解为 84 个计算子区，由 84 个核进行计算，所用 CPU 累计使用时间为 399：55：38，所用绝对时间为 04：45：49；内存使用量为 19.79GB。选用 TRILINOS 线性方程求解库进行线性方程求解，选用 JACOB 预条件方法，用 BICGSTAB 法求解，并采用纯 MPI 并行计算。模型计算所需的总时步数为 2749 步，总牛顿-拉弗森迭代次数为 12585 次。模型运算时长 1.71419900e+04s（4.7617h），其中雅可比矩阵构建（setup）时间为 1.16658400E+03（s），模型输入读取时间（Time_For_Model_Input_&_Setup）为 7.40079999E+01（s），线性方程组求解时间为 1.52083420E+04（s），模型迭代和时步调整等其他运算所用时间为 6.93056004E+02（s），线性方程组求解时间占总时间的 88.7%，因此提高求解线性方程效率是提高模拟计算总效率的关键。

1000 万网格模型的模拟计算用 16 个节点、32 个 CPU、256 核（每个节点 2 个 CPU，每个 CPU 8 核）进行计算，采用 Intel Xeon Sandy Bridge 2.6 GHz CPU，所用 CPU 时间为 2154：44：22，所用绝对时间为 08：25：10；内存使用量为 108.98GB。选用 TRILINOS 线性方程求解库进行线性方程求解，选用 JACOB 预条件方法，并采用纯 MPI 并行计算。模型计算所需的总时步数为 12793 步。模型运算时长 3.03066090E+04（s）（8.4185h），雅可比矩阵构建（setup）时间为 2.54931498E+03（s），模型输入读取时间（Time_For_Model_Input_&_Setup）为 3.17853000E+02（s），线性方程组求解时间为 2.56473690E+04（s），模型迭代和时步调整等其他运算所用时间为 1.79207202E+03（s），求解线性方程占时 84.6%。

表 3-2　不同规模网格模型对计算效率的影响对比

项目	单位	500 万网格模型	百分比	1000 万网格模型	百分比	比例系数
计算核数	个	84	百分比	256	百分比	3.05
CPU 时间	h	399.9272		2154.7394		5.39
绝对时间	h	4.7636		8.4194		1.77
内存使用量	GB	19.79		108.98		5.51
时间步数	GB	2749		12793		4.65
模型运算总时长	s	1.71419900E+04		3.03066090E+04		1.77
雅可比矩阵构建时间	s	1.16658400E+03	6.81	2.54931498E+03	8.41	2.19
模型输入读取时间	s	7.40079999E+01	0.43	3.17853000E+02	1.05	4.29
线性方程组求解时间	s	1.52083420E+04	88.72	2.56473690E+04	84.63	1.69
模型其他运算所用时间	s	6.93056004E+02	4.04	1.79207202E+03	5.91	2.59

注：由于两个模型计算所用的 CPU 不同（500 万网格模型用的是 Intel Xeon Broadwell 2.6 GHz CPU，1000 万网格模型用的是 Intel Xeon Sandy Bridge 2.6 GHz CPU，前者明显比后者要快），计算效率比较只供概念性参考。

图 3-12 分析了不同计算规模的两个模型各计算环节所耗时长占总时长的百分比。可见模型的计算耗时绝大部分用于线性方程的求解，其次是雅可比矩阵的构建，分别占 84% 以上和 6% 以上。模型的输入读取仅占 1% 甚至不到。对比两个模型的耗

时情况可发现，1000 万网格模型的线性方程求解时间所占的比例反而比 500 万网格模型的少 4% 左右，而雅可比矩阵的构建和模型迭代等运算所耗时间占的比例高 1%~2%。

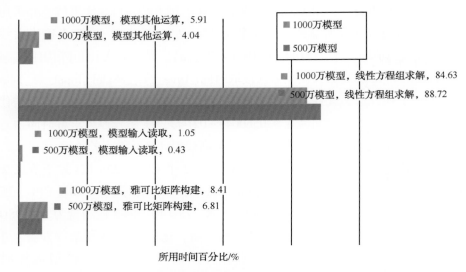

图 3-12   模型各计算环节所耗时间占总时长的百分比

3.6.4   2600 万级别网格模型

S80 区块原地质模型有 2600 多万网格，我们直接采用该网格对 S80 进行模拟计算。为了节约计算资源，我们只进行测试计算模拟。由于没有剔除孔隙度和渗透率为零的网格，赋给这些网格一个很小的值，对于那些网格体积接近 0 的网格赋上一个 0.01m³ 的体积。通过这些处理，S80 的 2600 万网格就可以正常模拟计算，但由于未剔除超低孔隙度和渗透率的网格，该模型牛顿迭代过程收敛更差。

模型测试是采用千万网格同样的计算平台进行的，计算使用 Intel Xeon Sandy Bridge 2.6 GHz CPU，分别通过 64、128、和 256 计算核对这个模型进行模拟测试，由于计算资源的限制，未进行更多计算核的测试。这个模型主要输入文件包括 7.8GB 的网格文件（MESH）、2.4GB 的初始条件文件（INCON）以及 2.2GB 的非均性空间参数分布文件（svparam. dat）。模式的有效网格数为 26826264，有效链接数为 80184113，模拟共 13 口井进行生产。测试表明，利用 64、128、和 256 计算核，这个模型的模拟计算都可以顺利进行。

模拟计算在时间步牛顿迭代计算前需进行数据的输入和模拟计算准备，包括域分解、读入数据和分发数据、网格排序、源汇项及初始条件对应网格检索等。对于这样大规模的模型这也是非常具有挑战性的。通过优化算法，比如采用二分法检索能够极大地提高检索速度，另外用分布式并行计算保证这种规模的模拟计算可行。64、128 和 128 核计算这一部分所花时间分别为 467s、620s 和 915s。由于数据分发、并行计算协调需要较多的时间，因此用的计算核越多，这一部分花费时间越多。大多数时间用在读入和发布数据，比如在 128 核的情况如下：读入和分发初始条件文件用时 245s；读入和分发网格数据用时 290s；读入和分发非均性空间参数分布文件（svparam.dat）用时 56s。这三部分占模型准备总时间的 95% 以上，这一部分只是一次性耗时，相比于整体模拟运行时间并不显著。模拟计算方面每牛顿迭代步平均用时：128 核求解线性方程用时为 2.28s，组装雅可比矩阵用时 0.54s，其他用时 0.68s；256 核求解线性方程用时 1.08s，组装雅可比矩阵用时 0.19s，其他用时 0.65s。结果表明，最耗时的线性方程求解和组装雅可比矩阵两部分的并行效果非常明显，达到或超过理想的加速比。

不同数量计算核的测试在总的内存使用方面有所不同，64、128 和 256 核测试峰值内存占用分别为 82.06GB、140.13GB 和 275.62GB；在分布式内存并行计算中，有部分数据需要在每个核中重复占用内存，因此用核越多，总占用内存也越多，但平均到每个核，其所占用内存分别为 1.28GB、1.10GB、1.09GB，当计算用核越多时，每核占用内存会越少。超级电脑单核平均内存通常从几个吉字节到几十吉字节，因此从内存要求方面来看，KarstSim V2.0 运行过亿网格的模型是没有问题的。目前，本软件的峰值内存占用出现在一个主核上（master），而其他次核（slave）内存占用要少得多。因此，只要主核内存足够大，更大的模型也是可以运行的。

采用 256 核进行 1 个月的生产模拟耗时 3.14h，其中求解线性方程用时 2.57h，雅可比矩阵组装用时 0.15h，输出及其他用时 0.17h。总耗时中也包含约 0.25h 的数据输入和模型准备的时间，这一部分用时是固定的，不会因模拟的长度增加而增加。如果采用多文件并行输入方案，其用时可明显减少。由于未剔除超低渗和超低孔隙度网格，以及一些体积接近很小的网格，导致收敛较慢，时间步长偏小，时步多在几千秒到一两万秒之间。

3.6.5 采用电脑进行大规模模拟

对于大多数用户来说，更有可能是用个人电脑进行模拟计算。我们利用一台电脑对 S80 的 500 万网格模型进行模拟计算，所用的电脑安装有一颗 Ryzen 2700X 8 核 CPU，内存为 16GB 内存，计算中采用 16 超线程，选用 OPENMP 共享内存并行计算方案，通过 AIM 方法模拟计算，线性方程求解选用 AMGCL 库，用 ILU0 预条件方法。图 3-13 显示在模型运行过程中该电脑的 CPU 和内存使用情况。在计算过程中，该电脑尚有超过 25% 内存可用，这说明该电脑可运行更大的模型。

测试中进行了一年的生产模拟，需要运行 152 时间步、739 牛顿迭代步，总共需要计算时间是 2.26h，其中组装雅可比矩阵 0.32h，求解线性方程时间为 1.69h，有近 75% 的时间花在求解线性方程上。测试结果表明，采用 KarstSim V2.0，在实际生产模拟中，电脑完全可胜任多达 500 万网格的模拟任务。

图 3-13　500 万网格模型在电脑上运行的 CPU 与内存使用情况

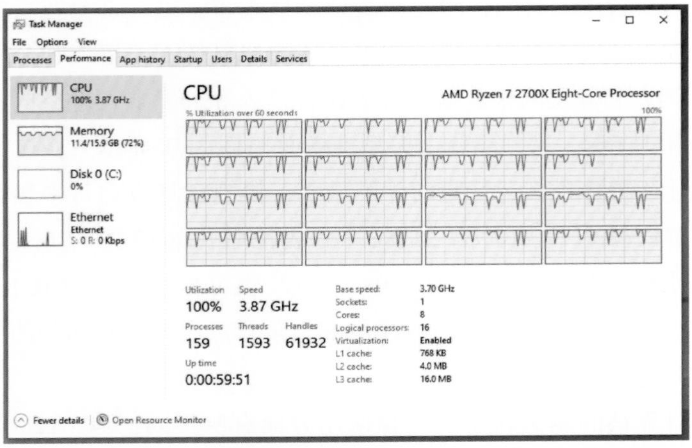

3.6.6　新旧版本计算效率对比

为了比较新旧版本的计算效率差异，测试在同样的硬件条件下进行，取基本一致的收敛标准，在保证测试计算结果正确的情况下，两个版本都采用较松的收敛标准，以便达到最佳的效率。测试中，新版采用 8 核计算，由于原版不支持多核计算，所有的测试原版都是采用单核计算，所有测试都是在电脑中进行的。新版只进行 OPENMP 并行计算测试，未开展 MPI 并行计算测试。测试结果如表 3-3 所示。

表 3-3　不同算例新旧版本单机计算时间对比

案例	模型有效 网格数/万个	旧版本总计算 时间/min	新版本总计算 时间/min	效率提高/%
S66	3.2	9	3	200
S74(小)	2.5	60	11	445
T705	24	210	90	133
S65	39	660	400	65
S74(大)	41	720	480	50
S86	9.8	30	4	650
607	4.5	18	4	350

测试结果表明，对于大多数案例，新版提速都超过 100%，平均提速在 200% 以上，个别例子提速高达 650%（也就是计算时间只需老版本 1/7 左右），最差的例子提速也有 50%。这些提速主要来自新版能充分利用现代 CPU 的多核结构以及各种算法的改善。需要说明的是，新旧版的输出数据数量与内容有所不同，输出耗时的不同，可能导致其效率比较有所偏差；新版采用多核计算，而原版都只能采用单核计算，因此效率的差异与计算中采用的核数也有关系。

4 高效油藏数值模拟方程求解技术

4.1 全隐式离散格式

本节重点讨论缝洞型黑油模型的全隐式离散方法。首先给出如下水、油和气三相黑油模型方程：

$$\frac{\partial}{\partial t}\left(\phi\frac{S_w}{B_w}\right)=\nabla\cdot\left[\frac{KK_{rw}}{B_w\mu_w}(\nabla P_w-\rho_w g\,\nabla D)\right]+\frac{q_{W_s}}{B_w} \tag{4-1}$$

$$\frac{\partial}{\partial t}\left(\phi\frac{S_o}{B_o}\right)=\nabla\cdot\left[\frac{KK_{ro}}{B_o\mu_o}(\nabla P_o-\rho_o g\,\nabla D)\right]+\frac{q_{O_s}}{B_o} \tag{4-2}$$

$$\frac{\partial}{\partial t}\left[\phi\left(\frac{S_g}{B_g}+\frac{R_{so}S_o}{B_o}\right)\right]=\nabla\cdot\left[\frac{KK_{rg}}{B_g\mu_g}(\nabla P_g-\rho_g g\,\nabla D)\right]+$$

$$\nabla\cdot\left[\frac{KK_{ro}}{B_o\mu_o}R_{so}(\nabla P_o-\rho_o g\,\nabla D)\right]+\frac{q_{G_s}}{B_g}+\frac{R_{so}q_{O_s}}{B_o} \tag{4-3}$$

式中，$S_\alpha(\alpha=\text{w},\text{o},\text{g})$ 为水、油和气的饱和度；$P_\alpha(\alpha=\text{w},\text{o},\text{g})$ 为水、油和气的压力；ϕ 为岩石孔隙度；$B_\alpha(\alpha=\text{w},\text{o},\text{g})$ 为水、油和气的体积系数；R_{so} 为溶解气油比；K 为绝对渗透率；$K_{r\alpha}(\alpha=\text{w},\text{o},\text{g})$ 为相对渗透率；$\mu_\alpha(\alpha=\text{w},\text{o},\text{g})$ 为黏性系数；$\rho_\alpha(\alpha=\text{w},\text{o},\text{g})$ 为流体密度；g 为重力加速度；D 为由某一基准面算起的深度，向下为正 $q_{\beta s}(\beta=\text{W},\text{O},\text{G})$ 为水、油和气三组分在地面标准状态下的注采速率。

式(4-1)～式(4-3)中未知量为 $S_\alpha(\alpha=\text{w},\text{o},\text{g})$ 和 $P_\alpha(\alpha=\text{w},\text{o},\text{g})$。为使方程完备还需引入以下 3 个辅助方程(本构关系)。

饱和度约束方程：

$$S_o+S_g+S_w=1 \tag{4-4}$$

和毛细管压力方程：

$$P_w=P_o-P_{cow}(S_w) \tag{4-5}$$

$$P_g=P_o-P_{cgo}(S_g) \tag{4-6}$$

式中，$P_{cow}(S_w)$、$P_{cgo}(S_g)$ 为离散意义下的已知函数。

井项注采速率(源项)：在油藏开采中，至少会有一口井存在，井项处理的关键在于求得井底流压 P_{bh} 和井产量 q 的时空变化规律。通常认为，井底附近形成了一个径向流动区，因此可以将井及其附近的流动作为平面径向对称的流动建立标准状态下的井项流动方程(Peaceman，1991)。

$$q_{W_s} = \sum_{j=1}^{N_w} \sum_{m=1}^{M_{wj}} WI^{(j,m)} \frac{K_{rw}}{\mu_w} [P_{bh}^{(j)} - P_w - \rho_w g(D_{bh}^{(j)} - D)] \delta(x - x^{(j,m)}) \quad (4-7)$$

$$q_{O_s} = \sum_{j=1}^{N_w} \sum_{m=1}^{M_{wj}} WI^{(j,m)} \frac{K_{ro}}{\mu_o} [P_{bh}^{(j)} - P_o - \rho_o g(D_{bh}^{(j)} - D)] \delta(x - x^{(j,m)}) \quad (4-8)$$

$$q_{G_s} = \sum_{j=1}^{N_w} \sum_{m=1}^{M_{wj}} WI^{(j,m)} \frac{K_{rg}}{\mu_g} [P_{bh}^{(j)} - P_j - \rho_g g(D_{bh}^{(j)} - D)] \delta(x - x^{(j,m)}) \quad (4-9)$$

式中，$\delta(x)$ 为 δ 函数，$x=(x_1, x_2, x_3)$；上标 j 为井的标号；m 为井口所在的网格；N_w 为总井数；M_{wj} 为第 j 号井数的射孔单元总数；$P_{bh}^{(j)}$ 为第 j 井在井深 $D_{bh}^{(j)}$ 处的井底流压；$x^{(j,m)}$ 为第 j 口井的第 m 个射孔完井段的中心点位置，井指数

$$WI^{(j,m)} = \frac{2\pi \cdot \overline{K} \cdot \Delta l^{(j,m)}}{\ln(r_e^{(j,m)}/r_w^{(j)})} \quad (4-10)$$

式中，$\Delta l^{(j,m)}$ 为第 j 口井的第 m 个射孔段的长度；$\overline{K}$ 为平均渗透率；$r_w^{(j)}$ 为第 j 口井的井孔半径；$r_e^{(j,m)}$ 为 $x^{(j,m)}$ 处的有效供油半径。

边界条件：无通量边界条件(no flux boundary condition)，即：

$$\frac{KK_{r\alpha}}{B_\alpha \mu_\alpha}(\nabla P_\alpha - \rho_\alpha g \nabla D) \cdot n = 0$$

式中，$\alpha = w, o, g$。

初始条件：

$$P(x, 0) = P^0(x) \quad (4-11)$$

$$S_w(x, 0) = S_w^0(x) \quad (4-12)$$

$$S_g(x, 0) = S_g^0(x) \quad (4-13)$$

式中，初始油藏状态 $P^0(x)$、$S_w^0(x)$、$S_g^o(x)$ 为已知函数。

4.1.1 缝洞型黑油模型的全隐式离散格式

在讨论式(4-1)~式(4-3)的离散化之前，引入如下记号对方程的书写形式进行简化。

引入流体势(压力势与重力势之和)：

$$\Phi_\alpha = P_\alpha - \rho_\alpha g D, \quad \alpha = w, o, g \quad (4-14)$$

定义传导率：

$$T_\alpha = \frac{KK_{r\alpha}}{\mu_\alpha B_\alpha}, \quad \alpha = w, o, g \quad (4-15)$$

将式(4-14)和式(4-15)代入式(4-1)~式(4-3)，可得：

$$\frac{\partial}{\partial t}\left(\frac{\phi S_w}{B_w}\right) = \nabla \cdot (T_w \nabla \Phi_w) + \frac{q_{W_s}}{B_w} \quad (4-16)$$

$$\frac{\partial}{\partial t}\left(\frac{\phi S_o}{B_o}\right) = \nabla \cdot (T_o \nabla \Phi_o) + \frac{q_{O_s}}{B_o} \tag{4-17}$$

$$\frac{\partial}{\partial t}\left[\phi\left(\frac{S_g}{B_g} + \frac{R_{so} S_o}{B_o}\right)\right] = \nabla \cdot (T_g \nabla \Phi_g + R_{so} T_o \nabla \Phi_o) + \frac{q_{G_s}}{B_g} + \frac{R_{so} q_{O_s}}{B_o} \tag{4-18}$$

1）向后欧拉离散与牛顿线性化

首先采用一阶后向欧拉格式对式（4-1）~式（4-3）的时间导数进行离散，得到如下定常非线性模型方程：

$$\frac{1}{\Delta t}\left[\left(\frac{\phi S_w}{B_w}\right)^{n+1} - \left(\frac{\phi S_w}{B_w}\right)^{n}\right] = \nabla \cdot (T_w^{n+1} \nabla \Phi_w^{n+1}) + \frac{q_{W_s}^{n+1}}{B_w^{n+1}} \tag{4-19}$$

$$\frac{1}{\Delta t}\left[\left(\frac{\phi S_o}{B_o}\right)^{n+1} - \left(\frac{\phi S_o}{B_o}\right)^{n}\right] = \nabla \cdot (T_o^{n+1} \nabla \Phi_o^{n+1}) + \frac{q_{O_s}^{n+1}}{B_o^{n+1}} \tag{4-20}$$

$$\frac{1}{\Delta t}\left\{\left[\phi\left(\frac{S_g}{B_g} + \frac{R_{so} S_o}{B_o}\right)\right]^{n+1} - \left[\phi\left(\frac{S_g}{B_g} + \frac{R_{so} S_o}{B_o}\right)\right]^{n}\right\} =$$

$$\nabla \cdot (T_g^{n+1} \nabla \Phi_g^{n+1} + R_{so}^{n+1} T_o^{n+1} \nabla \Phi_o^{n+1}) + \frac{q_{G_s}^{n+1}}{B_g^{n+1}} + \frac{q_{O_s}^{n+1} R_{so}^{n+1}}{B_o^{n+1}} \tag{4-21}$$

式中，$\Delta t = t^{n+1} - t^n$，非线性方程式（4-21）的未知变量为 Φ_α^{n+1} 和 S_α^{n+1}，$\alpha = $ w，o，g。

接下来，利用牛顿法对式（4-21）进行线性化，记：

$$Phi_\alpha^{n+1,l+1} = \Phi_\alpha^{n+1,l+1} + \delta\Phi_\alpha, \quad S_\alpha^{n+1,l+1} = S_\alpha^{n+1,l} + \delta S_\alpha, \quad \alpha = \text{w，o，g} \tag{4-22}$$

式中，上标 l 表示牛顿-拉弗森迭代的迭代次数；$\delta\Phi_\alpha$ 和 δS_α 分别为当前迭代步中势和饱和度的增量（为描述方便起见，省略增量的上标 l）。这里，增量 $\delta\Phi_\alpha$ 和 δS_α 为中间未知量（$\alpha = $ w，o，g）。

注意到与时间相关的任意函数 v，有：

$$v^{n+1} \approx v^{n+1,l} = v^{n+1,l} + \delta v \tag{4-23}$$

于是：

$$v^{n+1} - v^n \approx v^{n+1,l} - v^n + \delta v \tag{4-24}$$

将上述近似应用于式（4-21），可得：

$$\frac{1}{\Delta t}\left[\left(\frac{\phi S_w}{B_w}\right)^{n+1,l} - \left(\frac{\phi S_w}{B_w}\right)^{n} + \delta\left(\frac{\phi S_w}{B_w}\right)\right] = \nabla \cdot (T_w^{n+1,l+1} \nabla \Phi_w^{n+1,l+1}) + \frac{q_{W_s}^{n+1,l+1}}{B_w^{n+1,l+1}} \tag{4-25}$$

$$\frac{1}{\Delta t}\left[\left(\frac{\phi S_o}{B_o}\right)^{n+1,l} - \left(\frac{\phi S_o}{B_o}\right)^{n} + \delta\left(\frac{\phi S_o}{B_o}\right)\right] = \nabla \cdot (T_o^{n+1,l+1} \nabla \Phi_o^{n+1,l+1}) + \frac{q_{O_s}^{n+1,l+1}}{B_o^{n+1,l+1}} \tag{4-26}$$

$$\frac{1}{\Delta t}\left\{\left[\phi\left(\frac{S_g}{B_g} + \frac{R_{so} S_o}{B_o}\right)\right]^{n+1,l} - \left[\phi\left(\frac{S_g}{B_g} + \frac{R_{so} S_o}{B_o}\right)\right]^{n} + \delta\left[\phi\left(\frac{S_g}{B_g} + \frac{R_{so} S_o}{B_o}\right)\right]\right\}$$

$$= \nabla \cdot (T_g^{n+1,l+1} \nabla \Phi_g^{n+1,l+1} + R_{so}^{n+1,l+1} T_o^{n+1,l+1} \nabla \Phi_o^{n+1,l+1}) + \frac{q_{G_s}^{n+1,l+1}}{B_g^{n+1,l+1}} + \frac{q_{O_s}^{n+1,l+1} R_{so}^{n+1,l+1}}{B_o^{n+1,l+1}} \tag{4-27}$$

当油藏处于饱和态（$S_g \neq 0$）时，令 $P = P_o$，所需求解的主变量为 δP，δS_w，δS_o。

当油藏处于非饱和态$(S_g=0)$时，令$P=P_o$，所需求解的主变量为δP，δS_w，δP_b。

对于前者有：

$$\delta S_g = -\delta S_w - \delta S_o \tag{4-28}$$

对于后者有：

$$\delta S_g = 0, \quad \delta S_o = -\delta S_w \tag{4-29}$$

饱和态与非饱和态的转换过程如图4-1所示。

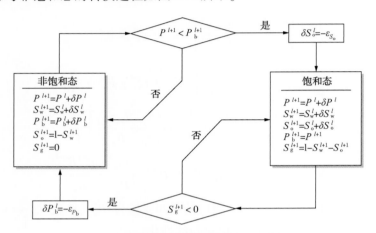

图4-1　饱和态与非饱和态转换示意图

> **注**：利用链式法则求复合函数偏导数，首先求$\delta \Phi_\alpha$和$\delta S_\alpha(\alpha = w, o, g)$的偏导数；接着分饱和态与非饱和态两种情形分别求最终自变量δP、δS_w、δS_o和δP、δS_w、δP_b的偏导数。

在不产生歧义的情况下，下面将省去上标$n+1$，将$v^{n+1,l+1}$和$v^{n+1,l}$简记为v^{l+1}和v^l。

式(4-27)的左端可按如下方式展开：

（1）对于水组分，有：

$$\delta\left(\frac{\phi S_w}{B_w}\right) = c_{wP}\delta P + c_{wS_w}\delta S_w \tag{4-30}$$

式中，$c_{wP} = \phi_0 c_R\left(\frac{S_w}{B_w}\right)^l + \left(\phi S_w \frac{dB_w^{-1}}{dP}\right)^l$，$c_{wS_w} = \left(\frac{\phi}{B_w}\right)^l$。

（2）对于饱和态的油组分，有：

$$\delta\left(\frac{\phi S_o}{B_o}\right) = c_{oP}\delta P + c_{oS_o}\delta S_o \tag{4-31}$$

式中，$c_{oP} = \phi_0 c_R\left(\frac{S_o}{B_o}\right)^l + \left(\phi S_o \frac{dB_o^{-1}}{dP}\right)^l$，$c_{oS_o} = \left(\frac{\phi}{B_o}\right)^l$。

（3）对于非饱和态的油组分，有：

$$\delta\left(\frac{\phi S_o}{B_o}\right)=c_{oP}\delta P+c_{oS_w}\delta S_w+c_{oP_b}\delta P_b \tag{4-32}$$

式中，$c_{oP}=\phi_0 c_R\left(\frac{S_o}{B_o}\right)^l+\left(\phi S_o\frac{\partial B_o^{-1}}{\partial P}\right)^l$，$c_{oS_w}=-\left(\frac{\phi}{B_o}\right)^l$，$c_{oP_b}=\left(\phi S_o\frac{\partial B_o^{-1}}{\partial P_b}\right)^l$。

（4）对于饱和态的气组分，有：

$$\delta\left[\phi\left(\frac{S_g}{B_g}+\frac{R_{so}S_o}{B_o}\right)\right]=c_{gP}\delta P+c_{gS_w}\delta S_w+c_{gS_o}\delta S_o \tag{4-33}$$

其中：

$$c_{gP}=\phi_0 c_R\left(\frac{S_g}{B_g}+\frac{R_{so}S_o}{B_o}\right)^l+\left\{\phi\left[S_g\frac{dB^{-1}}{dP}+S_o\frac{d}{dP}\left(\frac{R_{so}}{B_o}\right)\right]\right\}^l \tag{4-34}$$

$$c_{gS_w}=-\left(\frac{\phi}{B_g}\right)^l，\quad c_{gS_o}=-\left(\frac{\phi}{B_g}\right)^l+\left(\frac{\phi R_{so}}{B_o}\right)^l \tag{4-35}$$

（5）对于非饱和态的气组分，有：

$$\delta\left[\phi\left(\frac{S_g}{B_g}+\frac{R_{so}S_o}{B_o}\right)\right]=c_{gP}\delta P+c_{gS_w}\delta S_w+c_{gP_b}\delta P_b \tag{4-36}$$

其中：

$$c_{gP}=\phi_0 c_R\left(0+\frac{R_{so}S_o}{B_o}\right)^l+\left\{\phi\left[0+S_o\frac{d}{dP}\left(\frac{R_{so}}{B_o}\right)\right]\right\}^l \tag{4-37}$$

$$c_{gS_w}=-\left(\frac{\phi R_{so}}{B_o}\right)^l，\quad c_{gP_b}=\left[\phi S_o\frac{\partial}{\partial P_b}\left(\frac{R_{so}}{B_o}\right)\right]^l \tag{4-38}$$

在式（4-27）的右端，主变量的展开方式依赖于不同的求解方法。我们采用 SS 求解方案对各相的势按以下公式进行计算：

$$\Phi_\alpha^{l+1}=P^{l+1}+P_{c\alpha}^{l+1}-\rho_\alpha^{l+1}gD \quad \alpha=w，o，g \tag{4-39}$$

类似地，关于传导率有：

$$T_\alpha^{l+1}=\frac{KK_{r\alpha}^{l+1}}{\mu_\alpha^{l+1}B_\alpha^{l+1}}，\quad \alpha=w，o，g \tag{4-40}$$

式中，$\mu_w^{l+1}=\mu_w$。

井项的注采速率由下式确定：

$$q_{W_s}^{l+1}=\sum_{j=1}^{N_w}\sum_{m=1}^{M_{wj}}WI^{(j,m)}\frac{K_{rw}^{l+1}}{\mu_w}\left[(P_{bh}^{(j)})^{l+1}-P^{l+1}-P_{cow}^{l+1}-\rho_w^{l+1}g(D_{bh}^{(j)}-D)\right]\delta(x-x^{(j,m)})$$

$$\tag{4-41}$$

$$q_{O_s}^{l+1}=\sum_{j=1}^{N_w}\sum_{m=1}^{M_{wj}}WI^{(j,m)}\frac{K_{ro}^{l+1}}{\mu_o^{l+1}}\left[(P_{bh}^{(j)})^{l+1}-P^{l+1}-\rho_o^{l+1}g(D_{bh}^{(j)}-D)\right]\delta(x-x^{(j,m)})$$

$$\tag{4-42}$$

$$q_{G_s}^{l+1} = \sum_{j=1}^{N_w} \sum_{m=1}^{M_{wj}} WI^{(j,m)} \frac{K_{rg}^{l+1}}{\mu_g^{l+1}} \left[(P_{bh}^{(j)})^{l+1} - P^{l+1} - P_{cgo}^{l+1} - \rho_g^{l+1} g(D_{bh}^{(j)} - D) \right] \delta(x - x^{(j,m)})$$

$$(4-43)$$

下面依次将方程组右端的势、传导率和井项注采速率展开到最终主变量。

首先，对方程组右端的势进行展开：

（1）对于水组分，有：

$$\Phi_w^{l+1} = \Phi_w^l + d_{wP}\delta P + d_{wS_w}\delta S_w \tag{4-44}$$

式中，$d_{wP} = 1 - \left(\dfrac{\mathrm{d}\rho_w}{\mathrm{d}P}\right)^l gD$，$d_{wS_w} = \left(\dfrac{\mathrm{d}P_{cw}}{\mathrm{d}S_w}\right)^l$。

（2）对于饱和态的油组分，有：

$$\Phi_o^{l+1} = \Phi_o^l + d_{oP}\delta P \tag{4-45}$$

式中，$d_{oP} = 1 - \left(\dfrac{\mathrm{d}\rho_o}{\mathrm{d}P}\right)^l gD$。

（3）对于非饱和态的油组分，有：

$$\Phi_o^{l+1} = \Phi_o^l + d_{oP}\delta P + d_{oP_b}\delta P_b \tag{4-46}$$

式中，$d_{oP} = 1 - \left(\dfrac{\mathrm{d}\rho_o}{\mathrm{d}P}\right)^l gD$，$d_{oP_b} = -\left(\dfrac{\mathrm{d}\rho_o}{\mathrm{d}P_b}\right)^l gD$。

（4）对于饱和态的气组分，有：

$$\Phi_g^{l+1} = \Phi_g^l + d_{gP}\delta P + d_{gS}(\delta S_w + \delta S_o) \tag{4-47}$$

式中，$d_{gP} = 1 - \left(\dfrac{\mathrm{d}\rho_g}{\mathrm{d}P}\right)^l gD$，$d_{gS} = -\left(\dfrac{\mathrm{d}P_{cg}}{\mathrm{d}S_g}\right)^l$。

接着，展开传导率：

（1）对于水分组：

$$T_w^{l+1} = T_w^l + E_{wP}\delta P + E_{wS_w}\delta S_w \tag{4-48}$$

式中，$E_{wP} = \left(\dfrac{K_{rw}}{\mu_w} \dfrac{\mathrm{d}B_w^{-1}}{\mathrm{d}P}\right)^l K$，$E_{wS_w} = \left(\dfrac{\mathrm{d}K_{rw}}{\mathrm{d}S_w} \dfrac{1}{\mu_w B_w}\right)^l K$。

（2）对于饱和态的油组分，有：

$$T_o^{l+1} = T_o^l + E_{oP}\delta P + E_{oS_w}\delta S_w + E_{oS_o}\delta S_o \tag{4-49}$$

其中：

$$E_{oP} = \left[K_{ro}\frac{\mathrm{d}}{\mathrm{d}P}\left(\frac{1}{\mu_o B_o}\right)\right]^l K, \quad E_{oS_o} = \left(\frac{\mathrm{d}K_{ro}}{\mathrm{d}S_g} \frac{1}{\mu_o B_o}\right)^l K, \quad E_{oS_w} = \left[\left(\frac{\mathrm{d}K_{ro}}{\mathrm{d}S_w} - \frac{\mathrm{d}K_{ro}}{\mathrm{d}S_g}\right)\frac{1}{\mu_o B_o}\right]^l K$$

$$(4-50)$$

（3）对于非饱和态的油组分，有：

$$T_o^{l+1} = T_o^l + E_{oP}\delta p + E_{oS_w}\delta S_w + E_{oS_o}\delta P_b \tag{4-51}$$

其中：

$$E_{oP} = \left[K_{ro} \frac{\partial}{\partial P} \left(\frac{1}{\mu_o B_o} \right) \right]^l K, \quad E_{oP_b} = \left(\frac{\partial K_{ro}}{\partial P_b} \frac{1}{\mu_o B_o} \right)^l K, \quad E_{oS_w} = \left[\left(\frac{\mathrm{d}K_{ro}}{\mathrm{d}S_w} - 0 \right) \frac{1}{\mu_o B_o} \right]^l K \quad (4-52)$$

（4）对于饱和态的气组分，有：

$$T_g^{l+1} = T_g^l + E_{gP}\delta P + E_{gS}(\delta S_w + \delta S_o) \tag{4-53}$$

式中，$E_{gP} = \left[K_{rg} \dfrac{\mathrm{d}}{\mathrm{d}P} \left(\dfrac{1}{\mu_g B_g} \right) \right]^l K$，$E_{gS} = \left(\dfrac{\mathrm{d}K_{rg}}{\mathrm{d}S_g} \dfrac{1}{\mu_g B_g} \right)^l K$。

进一步，展开井项注采速率：

（1）对于水组分，有：

$$q_{W_s}^{l+1} = q_{W_s}^l + \sum_{j=1}^{N_w} \sum_{m=1}^{M_{wj}} WI^{(j,\,m)} \left[\mathrm{e}_{wP}^{(j)}\delta P + \mathrm{e}_{wS_w}^{(j)}\delta S_w + \mathrm{e}_{wP_{bh}}\delta P_{bh}^{(j)} \right] \delta(x - x^{(j,\,m)})$$

$$(4-54)$$

其中：

$$\mathrm{e}_{wP}^{(j)} = -\frac{1}{\mu_w} \left[K_{rw} \left(1 + \frac{\mathrm{d}\rho_w}{\mathrm{d}P} g(D_{bh}^{(j)} - D) \right) \right]^l, \qquad \mathrm{e}_{wP_{bh}} = \left(\frac{K_{rw}}{\mu_w} \right)^l \tag{4-55}$$

$$\mathrm{e}_{wS_w}^{(j)} = \frac{1}{\mu_w} \left[\frac{\mathrm{d}K_{rw}}{\mathrm{d}S_w} (P_{bh}^{(j)} - P - P_{cow} - \rho_w g(D_{bh}^{(j)} - D)) - K_{rw} \frac{\mathrm{d}P_{cow}}{\mathrm{d}S_w} \right]^l \tag{4-56}$$

（2）对于饱和态的油组分，有：

$$q_{O_s}^{l+1} = q_{O_s}^l + \sum_{j=1}^{N_w} \sum_{m=1}^{M_{wj}} WI^{(j,\,m)} \left[\mathrm{e}_{oP}^{(j)}\delta P + \mathrm{e}_{oS_w}^{(j)}\delta S_w + \mathrm{e}_{oS_o}^{(j)}\delta S_o + \mathrm{e}_{oP_{bh}}\delta P_{bh}^{(j)} \right] \delta(x - x^{(j,\,m)})$$

$$(4-57)$$

其中：

$$\mathrm{e}_{oP}^{(j)} = \left\{ K_{ro} \left[\frac{\mathrm{d}\mu_o^{-1}}{\mathrm{d}P} (P_{bh}^{(j)} - P - \rho_o g(D_{bh}^{(j)} - D)) - \frac{1}{\mu_o} \left(1 + \frac{\mathrm{d}\rho_o}{\mathrm{d}P} g(D_{bh}^{(j)} - D) \right) \right] \right\}^l \tag{4-58}$$

$$\mathrm{e}_{oS_w}^{(j)} = \left[\frac{1}{\mu_o} \left(\frac{\mathrm{d}K_{ro}}{\mathrm{d}S_w} - \frac{\mathrm{d}K_{ro}}{\mathrm{d}S_g} \right) (P_{bh}^{(j)} - P - \rho_o g(D_{bh}^{(j)} - D)) \right]^l \tag{4-59}$$

$$\mathrm{e}_{oS_o}^{(j)} = \left[\frac{1}{\mu_o} \left(0 - \frac{\mathrm{d}K_{ro}}{\mathrm{d}S_g} \right) (P_{bh}^{(j)} - P - \rho_o g(D_{bh}^{(j)} - D)) \right]^l \tag{4-60}$$

$$\mathrm{e}_{oP_{bh}} = \left(\frac{K_{ro}}{\mu_o} \right)^l \tag{4-61}$$

（3）对于非饱和态的油组分，有：

$$q_{O_s}^{l+1} = q_{O_s}^l + \sum_{j=1}^{N_w} \sum_{m=1}^{M_{wj}} WI^{(j,\,m)} \left[\mathrm{e}_{oP}^{(j)}\delta P + \mathrm{e}_{oS_w}^{(j)}\delta S_w + \mathrm{e}_{oP_b}^{(j)}\delta P_b + \mathrm{e}_{oP_{bh}}\delta P_{bh}^{(j)} \right] \delta(x - x^{(j,\,m)})$$

$$(4-62)$$

其中：

$$\mathrm{e}_{oP}^{(j)} = \left\{ K_{ro} \left[\frac{\partial\mu_o^{-1}}{\partial P} (P_{bh}^{(j)} - P - \rho_o g(D_{bh}^{(j)} - D)) - \frac{1}{\mu_o} \left(1 + \frac{\partial\rho_o}{\partial P} g(D_{bh}^{(j)} - D) \right) \right] \right\}^l \tag{4-63}$$

$$e_{oS_w}^{(j)} = \left[\frac{1}{\mu_o} \left(\frac{\mathrm{d}K_{ro}}{\mathrm{d}S_w} - 0 \right) \left(P_{bh}^{(j)} - P - \rho_o g \left(D_{bh}^{(j)} - D \right) \right) \right]^l \tag{4-64}$$

$$e_{oP_b}^{(j)} = \left\{ K_{ro} \left[\frac{\partial \mu_o^{-1}}{\partial P_b} \left(P_{bh}^{(j)} - P - \rho_o g \left(D_{bh}^{(j)} - D \right) \right) - \frac{1}{\mu_o} \left(1 + \frac{\partial \rho_o}{\partial P_b} g \left(D_{bh}^{(j)} - D \right) \right) \right] \right\}^l \tag{4-65}$$

$$e_{oP_{bh}} = \left(\frac{K_{ro}}{\mu_{ro}} \right)^l \tag{4-66}$$

（4）对于饱和态的气组分，有：

$$q_{G_s}^{l+1} = q_{G_s}^l + \sum_{j=1}^{N_w} \sum_{m=1}^{M_{wj}} WI^{(j,\ m)} \left[e_{gP}^{(j)} \delta P + e_{gS}^{(j)} \left(\delta S_w + \delta S_o \right) + e_{gP_{bh}} \delta P_{bh}^{(j)} \right] \delta \left(x - x^{(j,\ m)} \right)$$

$$\tag{4-67}$$

其中：

$$e_{gP}^{(j)} = \left\{ K_{rg} \left[\frac{\mathrm{d}\mu_g^{-1}}{\mathrm{d}P} \left(P_{bh}^{(j)} - P - P_{cgo} - \rho_g g \left(D_{bh}^{(j)} - D \right) \right) - \frac{1}{\mu_g} \left(1 + \frac{\mathrm{d}\rho_g}{\mathrm{d}P} g \left(D_{bh}^{(j)} - D \right) \right) \right] \right\}^l$$

$$\tag{4-68}$$

$$e_{gS}^{(j)} = \frac{1}{\mu_g} \left[\frac{\mathrm{d}K_{rg}}{\mathrm{d}S_g} \left(P_{bh}^{(j)} - P - P_{cg} - \rho_g g \left(D_{bh}^{(j)} - D \right) \right) - K_{rg} \frac{\mathrm{d}P_{cgo}}{\mathrm{d}S_g} \right]^l \tag{4-69}$$

$$e_{gP_{bh}} = \left(\frac{K_{rg}}{\mu_g} \right)^l \tag{4-70}$$

最后，展开式（4-27）中的 R_{so} 和 $B_\alpha (\alpha = w,\ o,\ g)$。

（1）当油藏处于饱和态时，有：

$$R_{so}^{l+1} = R_{so}^l + r_{sP} \delta P$$
$$B_\alpha^{l+1} = B_\alpha^l \left(1 + b_{\alpha P} \delta P \right) \quad (\alpha = w,\ o,\ g) \tag{4-71}$$

其中：

$$r_{sP} = \left(\frac{\mathrm{d}R_s}{\mathrm{d}P} \right)^l \tag{4-72}$$

$$b_{\alpha P} = -\left(\frac{1}{B_\alpha} \frac{\mathrm{d}B_\alpha}{\mathrm{d}P} \right)^l \quad (\alpha = w,\ o,\ g) \tag{4-73}$$

（2）当油藏处于非饱和态时，有：

$$R_{so}^{l+1} = R_{so}^l + r_{sP} \delta P + r_{sP_b} \delta P_b \tag{4-74}$$

$$B_o^{l+1} = B_o^l \left(1 - b_{\alpha P} \delta P - b_{\alpha P_b} \delta P_b \right) \tag{4-75}$$

式中，$r_{sP} = \left(\dfrac{\partial R_{so}}{\partial P} \right)^l$，$r_{sP_b} = \left(\dfrac{\partial R_{so}}{\partial P_b} \right)^l$，$b_{oP} = -\left(\dfrac{1}{B_o} \dfrac{\partial B_o}{\partial P} \right)^l$，$b_{oP_b} = -\left(\dfrac{1}{B_o} \dfrac{\partial B_o}{\partial P_b} \right)^l$。

将式（4-30）~式（4-75）代入式（4-27）可得关于主变量的线性化连续 PDEs。由于主变量的选定取决于油藏的饱和状态，下面分饱和态和非饱和态两种情形分别给出其线性化连续 PDEs。

（1）饱和态。

油藏在饱和态时，主变量为 δP、δS_w 和 δS_o。对于水组分，将式（4-30）、式（4-44）、式（4-48）、式（4-54）、式（4-71）代入式（4-27）的第一个方程，并舍去 δP 和 δS_w 的高阶项，可得

$$
\frac{1}{\Delta t}\left[\left(\frac{\phi S_w}{B_w}\right)^l - \left(\frac{\phi S_w}{B_w}\right)^n + c_{wP}\delta P + c_{wS_w}\delta S_w\right]
$$
$$
= \nabla \cdot \left(\left(T_w^l + E_{wP}\delta P + E_{wS_w}\delta S_w\right)\nabla\Phi_w^l\right) +
$$
$$
\nabla \cdot \left(T_w^l \nabla(d_{wP}\delta P)\right) + \nabla \cdot \left(T_w^l \nabla(d_{wS_w}\delta S_w)\right) + \tag{4-76}
$$
$$
\frac{1}{B_w^l}\left\{q_{W_s}^l + \sum_{j=1}^{N_w}\sum_{m=1}^{M_{wj}} WI^{(j,\,m)}\left[e_{wP}^{(j)}\delta P + e_{wS_w}^{(j)}\delta S_w + \right.\right.
$$
$$
\left.\left. e_{wP_{bh}}\delta P_{bh}^{(j)}\right]\delta(x - x^{(j,m)})\right\} + \frac{b_{wP}q_{W_s}^l}{B_w^l}\delta P
$$

对于饱和态的油组分，将式（4-31）、式（4-45）、式（4-49）、式（4-57）、式（4-71）代入式（4-27）的第二个方程，可得：

$$
\frac{1}{\Delta t}\left[\left(\frac{\phi S_o}{B_o}\right)^l - \left(\frac{\phi S_o}{B_o}\right)^n + c_{oP}\delta P + c_{oS_o}\delta S_o\right]
$$
$$
= \nabla \cdot \left(\left(T_o^l + E_{oP}\delta P + E_{oS_w}\delta S_w + E_{oS_o}\delta S_o\right)\nabla\Phi_o^l\right) + \nabla \cdot \left(T_o^l \nabla(d_{oP}\delta P)\right) +
$$
$$
\frac{1}{B_o^l}\left\{q_{O_s}^l + \sum_{j=1}^{N_w}\sum_{m=1}^{M_{wj}} WI^{(j,\,m)}\left[e_{oP}^{(j)}\delta P + e_{oS_w}^{(j)}\delta S_w + e_{oS_o}^{(j)}\delta S_o + e_{oP_{bh}}\delta P_{bh}^{(j)}\right]\right.
$$
$$
\left. \delta(x - x^{(j,\,m)})\right\} + \frac{b_{oP}q_{O_s}^l}{B_o^l}\delta P \tag{4-77}
$$

对于饱和态的气组分，将式（4-33）、式（4-47）、式（4-53）、式（4-67）、式（4-71）代入式（4-27）的第三个方程，可得：

$$
\frac{1}{\Delta t}\left\{\left[\phi\left(\frac{S_g}{B_g} + \frac{R_{sb}S_o}{B_o}\right)\right]^l - \left[\phi\left(\frac{S_g}{B_g} + \frac{R_{sb}S_o}{B_o}\right)\right]^n + c_{gP}\delta P + c_{gS_w}\delta S_w + c_{gS_o}\delta S_o\right\}
$$
$$
= \nabla \cdot \left(\left(T_g^l + E_{gP}\delta P + E_{gS}(\delta S_w + \delta S_o)\right)\nabla\Phi_g^l\right) +
$$
$$
\nabla \cdot \left(T_g^l \nabla(d_{gP}\delta P)\right) + \nabla \cdot \left(T_g^l \nabla(d_{gS}(\delta S_w + \delta S_o))\right) +
$$
$$
\nabla \cdot \left[\left(R_{so}^l \left(T_o^l + E_{oP}\delta P + E_{oS_w}\delta S_w + E_{oS_o}\delta S_o\right) + r_{sP}T_o^l\delta P\right)\nabla\Phi_o^l\right] +
$$
$$
\nabla \cdot \left(R_{so}^l T_o^l \nabla(d_{oP}\delta P)\right) +
$$
$$
\frac{1}{B_g^l}\left\{q_{G_s}^l + \sum_{j=1}^{N_w}\sum_{m=1}^{M_{wj}} WI^{(j,\,m)}\left[e_{gP}^{(j)}\delta P + e_{gS}^{(j)}(\delta S_w + \delta S_o) + e_{gP_{bh}}\delta P_{bh}^{(j)}\right]\right.
$$
$$
\left. \delta(x - x^{(j,\,m)})\right\} + \frac{b_{gP}q_{G_s}^l}{B_g^l}\delta P +
$$

$$\frac{R_{so}^l}{B_o^l}\left\{q_{O_s}^l + \sum_{j=1}^{N_w}\sum_{m=1}^{M_{wj}} WI^{(j,\,m)}\left[e_{oP}^{(j)}\delta P + e_{oS_w}^{(j)}\delta S_w + e_{oS_o}^{(j)}\delta S_o + e_{oP_{bh}}^{(j)}\delta P_{bh}^{(j)}\right]\right.$$

$$\left.\delta(x-x^{(j,\,m)})\right\} + \frac{q_{O_s}^l}{B_o^l}(R_{so}^l b_{oP}+r_{sP})\delta P \tag{4-78}$$

在油藏的每个网格单元中有 3 个连续线性偏微分方程式(4-76)、式(4-77)、式(4-78),需使用 SS 方法同步求解。

值得注意的是,出现在这些方程中的 $\delta P_{bh}^{(j)}$ 可能是未知的。当给定第 j 口井的井底压力(定压模型)时, $\delta P_{bh}^{(j)}=0$;当给定井的注采速率(定产模型)时, $\delta P_{bh}^{(j)}$ 为未知量,需要补充额外的方程式(4-76)、式(4-77)、式(4-78)。因此,当注采速率给定时,这 3 个方程必须和井的控制方程同步求解。

(2)非饱和态。

在非饱和态下,可以类似得到关于主变量为 δP、δS_w 和 δP_b 的连续线性 PDEs。水组分方程与式(4-76)保持相同。

对于非饱和态的油组分方程,将式(4-32)、式(4-46)、式(4-51)、式(4-62)、式(4-74)、式(4-75)代入式(4-27),可得:

$$\frac{1}{\Delta t}\left[\left(\frac{\phi S_o}{B_o}\right)^l - \left(\frac{\phi S_o}{B_o}\right)^n + c_{oP}\delta P + c_{oS_o}\delta S_o\right]$$

$$= \nabla\cdot\left((T_o^l + E_{oP}\delta P + E_{oS_w}\delta S_w + E_{oP_b}\delta P_b)\nabla\Phi_o^l\right) +$$

$$\nabla\cdot(T_o^l\nabla(d_{oP}\delta P)) + \nabla\cdot(T_o^l\nabla(d_{oP_b}\delta P_b)) +$$

$$\frac{1}{B_o^l}\left\{q_{O_s}^l + \sum_{j=1}^{N_w}\sum_{m=1}^{M_{wj}} WI^{(j,\,m)}\left[e_{oP}^{(j)}\delta P + e_{oS_w}^{(j)}\delta S_w + \right.\right.$$

$$\left.\left. e_{oP_b}^{(j)}\delta P_b + e_{oP_{bh}}^{(j)}\delta P_{bh}^{(j)}\right]\delta(x-x^{(j,\,m)})\right\} +$$

$$\frac{q_{O_s}^l}{B_o^l}(b_{oP}\delta P + b_{oP_b}\delta P_b) \tag{4-79}$$

对于非饱和态的气组分方程,将式(4-36)、式(4-46)、式(4-51)、式(4-62)、式(4-74)、式(4-75)代入式(4-27),可得:

$$\frac{1}{\Delta t}\left\{\left[\phi\left(\frac{S_g}{B_o} + \frac{R_{sb}S_o}{B_o}\right)\right]^l - \left[\phi\left(\frac{S_g}{B_o} + \frac{R_{sb}S_o}{B_o}\right)\right]^n + \right.$$

$$\left. c_{gP}\delta P + c_{gS_w}\delta S_w + c_{gS_o}\delta S_o\right\} = \nabla\cdot\left[(R_{so}^l(T_o^l + E_{oP}\delta P + E_{oS_w}\delta S_w + E_{oP_b}\delta P_b)\right.$$

$$= \nabla\cdot\left[(R_{so}^l(T_o^l + E_{oP}\delta P + E_{oS_w}\delta S_w + E_{oP_b}\delta P_b) + T_o^l(r_{sP}\delta P + r_{sP_b}\delta P_b))\nabla\Phi_o^l\right] +$$

$$\nabla\cdot(R_{so}^l T_o^l\nabla(d_{oP}\delta P + d_{oP_b}\delta P_b)) +$$

$$\frac{R_{so}^l}{B_o^l}\left\{q_{O_s}^l + \sum_{j=1}^{N_w}\sum_{m=1}^{M_{wj}} WI^{(j,\,m)}(e_{oP}^{(j)}\delta P + e_{oS_w}^{(j)}\delta S_w + \right.$$

$$\left. e_{oP_b}^{(j)}\delta P_b + e_{oP_{bh}}^{(j)}\delta P_{bh}^{(j)})\delta(x-x^{(j,\,m)})\right\} +$$

$$\frac{q_{o_s}^l}{B_o^l} \left[(R_{so}^l b_{oP} + r_{sP}) \delta P + (R_{so}^l b_{oP_b} + r_{sP_b}) \delta P_b \right] \tag{4-80}$$

同样，每个网格单元中的偏微分方程式(4-76)、式(4-79)、式(4-80)必须结合井项控制方程进行同步求解。

（3）Jacobian 线性系统的分析性质。

下面以饱和态为例，简要讨论 Jacobian 线性系统中各子块的算子形式和分析性质。

$$\begin{bmatrix} J_{wP} & J_{wS_w} & J_{wS_o} \\ J_{oP} & J_{oS_w} & J_{oS_o} \\ J_{gP} & J_{gS_w} & J_{gS_o} \end{bmatrix} \begin{bmatrix} \delta P \\ \delta S_w \\ \delta S_o \end{bmatrix} = \begin{bmatrix} R_w^l \\ R_o^l \\ R_g^l \end{bmatrix} \tag{4-81}$$

这里 $J_{\alpha V}$ 表示 α 相方程的 V 变量块，这里 α＝w，o，g，V＝P，S_w，S_o。记 $F_V^l = \left(\frac{\partial F}{\partial V}\right)^l$，$V＝P$，$S_w$，$S_o$

接下来，讨论每个子块矩阵 $J_{\alpha V}$ 的算子形式。

① J_{sP} 表示水相方程的压力分块，其算子形式为：

$$J_{wP} = \frac{1}{\Delta t} c_{wP} - \nabla \cdot D_{wP} \nabla - C_{wP} \cdot \nabla - R_{wP} \tag{4-82}$$

式中，$c_{wP} = \left(\frac{\phi S_w}{B_w}\right)_P^l$，$D_{wP} = T_w^l d_{wP}$，$C_{wP} = E_{wP} \nabla \Phi_w^l$，$R_{wP} = \nabla \cdot (E_{wP} \nabla \Phi_w^l)$。

② J_{wS_w} 表示水相方程的水饱和度分块，其算子形式为：

$$J_{wS_w} = \frac{1}{\Delta t} c_{wS_w} - \nabla \cdot D_{wS_w} \nabla - C_{wS_w} \cdot \nabla - R_{wS_w} \tag{4-83}$$

式中，$c_{wS_w} = \left(\frac{\phi S_w}{B_w}\right)_{S_w}^l$，$D_{wS_w} = T_w^l d_{wS_w}$，$C_{wS_w} = E_{wS_w} \nabla \Phi_w^l$，$R_{wS_w} = \nabla \cdot (E_{wS_w} \nabla \Phi_w^l)$。

③ J_{wS_o} 表示水相方程的油饱和度分块，因为水相方程不依赖于 S_o，有：

$$J wS_o = 0 \tag{4-84}$$

④ J_{oP} 是油相方程的压力分块，其算子形式为：

$$J_{oP} = \frac{1}{\Delta t} c_{oP} - \nabla \cdot D_{oP} \nabla - C_{oP} \cdot \nabla - R_{oP} \tag{4-85}$$

式中，$c_{oP} = \left(\frac{\phi S_o}{B_o}\right)_P^l$，$D_{oP} = T_o^l d_{oP}$，$C_{oP} = E_{oP} \nabla \Phi_o^l$，$R_{oP} = \nabla \cdot (E_{oP} \nabla \Phi_o^l)$。

⑤ J_{oS_w} 是油相方程的水饱和度分块，其算子形式为：

$$J_{oS_w} = -C_{oS_w} \cdot \nabla - R_{oS_w} \tag{4-86}$$

⑥ J_{oS_o} 是油相方程的油饱和度分块，其算子形式为：

$$J_{oS_o} = \frac{1}{\Delta t} c_{oS_o} - C_{oS_o} \cdot \nabla - R_{oS_o} \qquad (4-87)$$

式中，$C_{oS_w} = E_{oS_w} \nabla \Phi_o^l$，$R_{oS_w} = \nabla \cdot (E_{oS_w} \nabla \Phi_o^l)$。

⑦ J_{gP} 表示气相方程的压力块，其算子形式为：

$$J_{gP} = \frac{1}{\Delta t} c_{gP} - \nabla \cdot D_{gP} \nabla - C_{gP} \cdot \nabla - R_{gP} \qquad (4-88)$$

式中，$c_{gP} = \left[\phi \left(\dfrac{S_g}{B_o} + \dfrac{R_{so} S_o}{B_o} \right) \right]_P^l$，$D_{gP} = T_g^l d_{gP} + R_s^l T_o^l d_{oP}$，$C_{gP} = E_{gP} \nabla \Phi_g^l + R_s^l E_{oP} \Phi_o^l + r_s T_o^l \nabla \Phi_o^l$，$R_{gP} = \nabla \cdot (E_{gP} \nabla \Phi_g^l) + \nabla \cdot (R_s^l E_{oP} \nabla \Phi_o^l) + \nabla \cdot (r_{sP} T_o^l \nabla \Phi_o^l)$。

⑧ J_{gS_w} 表示气相方程的水饱和度分块，其算子形式为：

$$J_{gS_w} = \frac{1}{\Delta t} c_{gS_w} - \nabla \cdot D_{gS_w} \nabla - C_{gS_w} \cdot \nabla - R_{gS_w} \qquad (4-89)$$

式中，$c_{gS_w} = \left[\phi \left(\dfrac{S_g}{B_o} + \dfrac{R_{so} S_o}{B_o} \right) \right]_{S_w}^l$，$D_{gS_w} = T_g^l d_{gS_w}$，$C_{gS_w} = E_{gS_w} \nabla \Phi_g^l + R_s^l E_{oS_w} \nabla \Phi_o^l$，$R_{gS_w} = \nabla \cdot (E_{gS_w} \nabla \Phi_g^l) + \nabla \cdot (R_s E_{oS_w} \nabla \Phi_o^l)$。

⑨ J_{gS_o} 表示气相方程的油饱和度分块，其算子形式为：

$$J_{gS_o} = \frac{1}{\Delta t} c_{gS_o} - \nabla \cdot D_{gS_o} \nabla - C_{gS_o} \cdot \nabla - R_{gS_o} \qquad (4-90)$$

式中，$c_{gS_o} = \left[\phi \left(\dfrac{S_g}{B_o} + \dfrac{R_{so} S_o}{B_o} \right) \right]_{S_w}^l$，$D_{gS_o} = T_g^l d_{gS_o}$，$C_{gS_o} = E_{gS_o} \nabla \Phi_g^l + R_s^l E_{oS_o} \nabla \Phi_o^l$，$R_{gS_o} = \nabla \cdot (E_{gS_o} \nabla \Phi_g^l) + \nabla \cdot (R_s E_{oS_o} \nabla \Phi_o^l)$。

从上述各项的算子表示可知：J_{wS_w} 和 J_{oP} 是依赖于时间的对流扩散方程；J_{oS_o} 是依赖于时间的对流方程；J_{oS_w} 是依赖于时间的扩散方程。

2）有限差分离散

首先给出网格剖分 $T(\Omega)$。设 $\Omega := (0, X_1) \times (0, X_2) \times (0, X_3)$，其中，$X_1$、$X_2$、$X_3$ 分别为求解域关于 x_1、x_2、x_3 方向的长度。下面给出 Ω 上的一致六面体网格剖分 $T_h(\Omega)$。

将 Ω 沿 $x_m(m=1, 2, 3)$ 方向分别均匀剖分成 n_m 段，并记 $h_i = X_m / n_m$ 为 x_m 方向的剖分步长，于是得 x_m 方向上的节点序列为：

$$x_{i-\frac{1}{2}}^1 = (i-1) h_1, \qquad i=1, 2, \cdots, n_1+1 \qquad (4-91)$$

$$x_{j-\frac{1}{2}}^2 = (j-1) h_2, \qquad j=1, 2, \cdots, n_2+1 \qquad (4-92)$$

$$x_{k-\frac{1}{2}}^3 = (k-1) h_3, \qquad k=1, 2, \cdots, n_3+1 \qquad (4-93)$$

进一步，可得 Ω 的六面体网格剖分 $T_h(\Omega)$，记其节点集合和单元集合分别为：

$$\{ (x_{i-\frac{1}{2}}^1, x_{j-\frac{1}{2}}^2, x_{k-\frac{1}{2}}^3), \qquad i=1(1)n_1+1, \ j=1(1)n_2+1, \ k=1(1)n_3+1 \} \qquad (4-94)$$

$$\{ \tau_{i,j,k} = [x_{i-\frac{1}{2}}^1, x_{i+\frac{1}{2}}^1] \times [x_{j-\frac{1}{2}}^2, x_{j+\frac{1}{2}}^2] \times [x_{k-\frac{1}{2}}^3, x_{k+\frac{1}{2}}^3],$$
$$i=1(1)n_1, \ j=1(1)n_2, \ k=1(1)n_2 \} \qquad (4-95)$$

显然，$T(\Omega)$ 中的每个单元 $\tau_{i,j,k}$ 与 (i, j, k) 偶对之间构成一一映射。图 4-2 给出其中节点编号与单元编号映射关系。

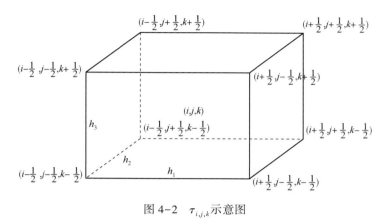

图 4-2 $\tau_{i,j,k}$ 示意图

在时间离散采用隐式格式的情况下，空间离散采用迎风差分离散格式，该离散格式恒稳定。将自由度定义在单元中心，每个单元中心有 3 个未知数 $(p^{n+1}, S_w^{n+1}, S_o^{n+1})_{i,j,k}$。下面给出这种迎风差分格式的一般形式。

（1）一阶导数项。

如果将（一阶输运）方程写成如下形式：

$$\frac{\partial F}{\partial t}+b\,\frac{\partial F}{\partial x}=0 \tag{4-96}$$

方程左端的隐式迎风差分格式可以写成：

$$\frac{F_i^l-F_i^n+\delta F_i}{\Delta t}+b\,\frac{F_i^l-F_{i-1}^l}{\Delta x},\quad(b>0) \tag{4-97}$$

$$\frac{F_i^l-F_i^n+\delta F_i}{\Delta t}+b\,\frac{F_{i+1}^l-F_i^l}{\Delta x},\quad(b<0) \tag{4-98}$$

（2）二阶导数项：

$$\left(\frac{\partial^2 F}{\partial x^2}\right)_i=\frac{F_{i+1}-2F_i+F_{i-1}}{\Delta x^2} \tag{4-99}$$

（3）方程中的二阶算子：

$$\nabla\cdot(Ka\,\nabla F)=K_{11}\frac{\partial}{\partial x_1}\left(a\,\frac{\partial F}{\partial x_1}\right)+K_{22}\frac{\partial}{\partial x_2}\left(a\,\frac{\partial F}{\partial x_2}\right)+K_{33}\frac{\partial}{\partial x_3}\left(a\,\frac{\partial F}{\partial x_3}\right) \tag{4-100}$$

记油藏单元各侧面上的传导率为：

$$\frac{A_m T_{\alpha m}}{h_m},\quad m=1,2,3,\quad \alpha=\text{w, o, g} \tag{4-101}$$

式中，A_m 为单元在 x_m 方向上横截面的面积。为描述方便起见，将式（4-101）仍简记为 $T_{\alpha m}$，同时记 $\gamma_\alpha=\rho_\alpha g$（$\alpha=$w, o, g，$V=h_1 h_2 h_3$）。

由于自由度建立在单元中心 (i, j, k) 处，各物理量只在单元中心处有值。在式 (4-100) 中的非线性系数 a，如岩石属性(孔隙度和绝对渗透率等)、流体属性(黏度和地层体积因子等)和岩石/流体属性(相对渗透率和毛管压力等)，需要用到节点 $(x^1_{i\pm\frac{1}{2}}, x^2_{j\pm\frac{1}{2}}, x^3_{k\pm\frac{1}{2}})$ 处的函数值 $a_{i\pm\frac{1}{2},j\pm\frac{1}{2},k\pm\frac{1}{2}}$。

这些节点处的函数值，通常需通过其两侧对应单元中心物理量 $a_{i\pm1,j\pm1,k\pm1}$ 的某种平均化手段来获取，如调和平均、算术平均和上游加权技术平均等方法。下面简要介绍这些平均化方法。

关于给定的实数集合 $\{a_1, a_2, \cdots, a_m\}$ 的几种常见平均方式如下所示。

(1) 算术平均：

$$a_A = \frac{a_1 + a_2 + \cdots + a_m}{m} \tag{4-102}$$

(2) 几何平均：

$$a_G = (a_1 a_2 \cdots a_m)^{1/m} \tag{4-103}$$

(3) 权值为 $w_1, w_2, \cdots, w_m$ 的加权平均：

$$a_W = \frac{w_1 a_1 + w_2 a_2 + \cdots + w_m a_m}{w_1 + w_2 + \cdots + w_m} \tag{4-104}$$

(4) 调和平均：

$$\frac{1}{a_H} = \frac{1}{m}\left(\frac{1}{a_1} + \frac{1}{a_2} + \cdots + \frac{1}{a_m}\right) \tag{4-105}$$

在通常情况下，$a_H \leqslant a_G \leqslant a_A$；特别地，当 $a_1 = a_2 = \cdots = a_m$ 时，这些平均值相等。

网格单元边界面(网格节点处)的传导率的计算方式至关重要。例如，水组分在 x_1 方向的传导率为：

$$T_{w_1, i\pm1/2, j, k} = \left(\frac{A_1 K_{11} K_{rw}}{\mu_w h_1}\right)_{i\pm1/2, j, k} \tag{4-106}$$

它包含了岩石和网格属性 $A_1 K_{11}$，流体属性 μ_w 和流体岩石/流体属性 K_{rw}。对前两项分别采用调和(或加权)平均与算术平均是可行的，但是对于流体岩石/流体属性 K_{rw}，这些平均方式并不适用。

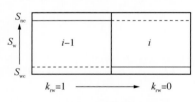

图 4-3　相邻两个单元的相对渗透率示意图

考虑图 4-3，流体从第 $i-1$ 号单元流向第 i 号单元，其中第 $i-1$ 与第 i 单元中心水的相对渗透 K_{rw} 分别等于 1 和 0。

计算 K_{rw} 的两种常见平均值分别为

(1) 调和平均为 $K_{rw}|_{i-1/2} = 0$，显然不对；

(2) 算术平均 $K_{rw}|_{i-1/2} = 0.5$，该取值虽然看似正常。

注意第 $i-1$ 与第 i 单元中心油的相对渗透 K_{ro} 分别等于 0 和 1，两者算术平均可得 $K_{ro}|_{i-1/2} = 0.5$，但是因为油组分不会从第 $i-1$ 号单元流向第 i 号单元，所以此处

取两者算术平均 $K_{ro}\big|_{i-1/2}=0.5$ 是不合理的(非物理)。

计算 K_{rw} 的正确的平均方式可取为上游加权平均,因为流体从第 $i-1$ 号单元流向第 i 号单元,从而有 $K_{rw}\big|_{i-1/2}=K_{rw}\big|_{i-1}$。

设水组分在第 $(i-1,j,k)$ 和 (i,j,k) 个单元之间的势差为:

$$\Delta\Phi_{w,i-1/2,j,k}=(p_{w,i,j,k}-p_{w,i-1,j,k})-\gamma_w(z_{i,j,k}-z_{i-1,j,k}) \tag{4-107}$$

则,$K_{rw,i-1/2,j,k}$ 的上游加权平均取为:

$$K_{rw,i-1/2,j,k}=\begin{cases} K_{rw,i-1,j,k}, & \text{其中 } \Delta\Phi_{w,i-1/2,j,k}<0 \\ K_{rw,i,j,k}, & \text{其中 } \Delta\Phi_{w,i-1/2,j,k}>0 \end{cases} \tag{4-108}$$

如果 $\Delta\Phi_{w,i-1/2,j,k}<0$,水的流向从单元 $(i-1,j,k)$ 指向单元 (i,j,k),那么单元 $(i-1,j,k)$ 为上游单元,而单元 (i,j,k) 为下游单元。

类似地,若 $\Delta\Phi_{w,i-1/2,j,k}>0$,水的流向从上游单元 (i,j,k) 指向下游单元 $(i-1,j,k)$。

接下来,以式(4-81)的右端 $\begin{pmatrix}R_w \\ R_o \\ R_g\end{pmatrix}^l_{i,j,k}$ 为例,给出其有限差分离散格式:

$$\begin{aligned}
R^l_{w,i,j,k}=&\frac{1}{\Delta t}\left\{V\left[\left(\frac{\phi S_w}{B_w}\right)^l-\left(\frac{\phi S_w}{B_w}\right)^n\right]\right\}_{i,j,k}- \\
&T^l_{w,i+\frac{1}{2},j,k}(p^l_{w,i+1,j,k}-p^l_{w,i,j,k})+T^l_{w,i-\frac{1}{2},j,k}(p^l_{w,i,j,k}-p^l_{w,i-1,j,k})- \\
&T^l_{w,i,j+\frac{1}{2},k}(p^l_{w,i,j+1,k}-p^l_{w,i,j,k})-T^l_{w,i,j-\frac{1}{2},k}(p^l_{w,i,j,k}-p^l_{w,i,j-1,k})+ \\
&T^l_{w,i,j,k+\frac{1}{2}}(p^l_{w,i,j,k+1}-p^l_{w,i,j,k})-T^l_{w,i,j,k-\frac{1}{2}}(p^l_{w,i,j,k}-p^l_{w,i,j,k-1})+ \\
&(T_w\gamma_w)^l_{i+\frac{1}{2},j,k}(z_{i+1,j,k}-z_{i,j,k})+(T_w\gamma_w)^l_{i-\frac{1}{2},j,k}(z_{i,j,k}-z_{i-1,j,k})+ \\
&(T_w\gamma_w)^l_{i,j+\frac{1}{2},k}(z_{i,j+1,k}-z_{i,j,k})+(T_w\gamma_w)^l_{i,j-\frac{1}{2},k}(z_{i,j,k}-z_{i,j-1,k})+ \\
&(T_w\gamma_w)^l_{i,j,k+\frac{1}{2}}(z_{i,j,k+1}-z_{i,j,k})+(T_w\gamma_w)^l_{i,j,k-\frac{1}{2}}(z_{i,j,k}-z_{i,j,k-1})- \\
&\overline{Q}^l_{W_s,i,j,k}
\end{aligned} \tag{4-109}$$

$$\begin{aligned}
R^l_{o,i,j,k}=&\frac{1}{\Delta t}\left\{V\left[\left(\frac{\phi S_o}{B_o}\right)^l-\left(\frac{\phi S_o}{B_o}\right)^n\right]\right\}_{i,j,k}- \\
&T^l_{o,i+\frac{1}{2},j,k}(p^l_{o,i+1,j,k}-p^l_{o,i,j,k})+T^l_{o,i-\frac{1}{2},j,k}(p^l_{o,i,j,k}-p^l_{o,i-1,j,k})- \\
&T^l_{o,i,j+\frac{1}{2},k}(p^l_{o,i,j+1,k}-p^l_{o,i,j,k})-T^l_{o,i,j-\frac{1}{2},k}(p^l_{o,i,j,k}-p^l_{o,i,j-1,k})+ \\
&T^l_{o,i,j,k+\frac{1}{2}}(p^l_{o,i,j,k+1}-p^l_{o,i,j,k})-T^l_{o,i,j,k-\frac{1}{2}}(p^l_{o,i,j,k}-p^l_{o,i,j,k-1})+ \\
&(T_o\gamma_o)^l_{i+\frac{1}{2},j,k}(z_{i+1,j,k}-z_{i,j,k})+(T_o\gamma_o)^l_{i-\frac{1}{2},j,k}(z_{i,j,k}-z_{i-1,j,k})+ \\
&(T_w\gamma_o)^l_{i,j+\frac{1}{2},k}(z_{i,j+1,k}-z_{i,j,k})+(T_o\gamma_o)^l_{i,j-\frac{1}{2},k}(z_{i,j,k}-z_{i,j-1,k})+ \\
&(T_w\gamma_o)^l_{i,j,k+\frac{1}{2}}(z_{i,j,k+1}-z_{i,j,k})+(T_o\gamma_o)^l_{i,j,k-\frac{1}{2}}(z_{i,j,k}-z_{i,j,k-1})- \\
&\overline{Q}^l_{O_s,i,j,k}
\end{aligned} \tag{4-110}$$

$$R_{g,i,j,k}^{l} = \frac{1}{\Delta t}\left(V\left[\left[\phi\left(\frac{S_g}{B_g} + \frac{R_{so}S_o}{B_o} \right) \right]^l - \left(\phi\left(\frac{S_g}{B_g} + \frac{R_{so}S_o}{B_o} \right) \right)^n \right] \right)_{i,j,k}$$

$$T_{g,i+\frac{1}{2},j,k}^{l}(p_{g,i+1,j,k}^{l}-p_{g,i,j,k}^{l}) + T_{g,i-\frac{1}{2},j,k}^{l}(p_{g,i,j,k}^{l}-p_{g,i-1,j,k}^{l}) -$$

$$T_{g,i,j+\frac{1}{2},k}^{l}(p_{g,i,j+1,k}^{l}-p_{g,i,j,k}^{l}) + T_{g,i,j-\frac{1}{2},k}^{l}(p_{g,i,j,k}^{l}-p_{g,i,j-1,k}^{l}) -$$

$$T_{g,i,j,k+\frac{1}{2}}^{l}(p_{g,i,j,k+1}^{l}-p_{g,i,j,k}^{l}) + T_{g,i,j,k-\frac{1}{2}}^{l}(p_{g,i,j,k}^{l}-p_{g,i,j,k-1}^{l}) +$$

$$(T_g\gamma_g)_{i+\frac{1}{2},j,k}^{l}(z_{i+1,j,k}-z_{i,j,k}) - (T_g\gamma_g)_{i-\frac{1}{2},j,k}^{l}(z_{i,j,k}-z_{i-1,j,k}) +$$

$$(T_g\gamma_g)_{i,j+\frac{1}{2},k}^{l}(z_{i,j+1,k}-z_{i,j,k}) - (T_g\gamma_g)_{i,j-\frac{1}{2},k}^{l}(z_{i,j,k}-z_{i,j-1,k}) +$$

$$(T_w\gamma_g)_{i,j,k+\frac{1}{2}}^{l}(z_{i,j,k+1}-z_{i,j,k}) - (T_g\gamma_g)_{i,j,k-\frac{1}{2}}^{l}(z_{i,j,k}-z_{i,j,k-1}) -$$

$$(R_{so}T_o)_{i+\frac{1}{2},j,k}^{l}(p_{o,i+1,j,k}^{l}-p_{o,i,j,k}^{l}) - (R_{so}T_o)_{i,j-\frac{1}{2},k}^{l}(p_{o,i,j,k}^{l}-p_{o,i-1,j,k}^{l}) -$$

$$(R_{so}T_o)_{i,j+\frac{1}{2},k}^{l}(p_{o,i,j+1,k}^{l}-p_{o,i,j,k}^{l}) - (R_{so}T_o)_{i,j-\frac{1}{2},k}^{l}(p_{o,i,j,k}^{l}-p_{o,i,j-1,k}^{l}) -$$

$$(R_{so}T_o)_{i,j,k+\frac{1}{2}}^{l}(p_{o,i,j,k+1}^{l}-p_{o,i,j,k}^{l}) - (R_{so}T_o)_{i,j,k-\frac{1}{2}}^{l}(p_{o,i,j,k}^{l}-p_{o,i,j,k-1}^{l}) +$$

$$(R_{so}T_o\gamma_o)_{i+\frac{1}{2},j,k}^{l}(z_{i+1,j,k}-z_{i,j,k}) + (R_{so}T_o\gamma_o)_{i-\frac{1}{2},j,k}^{l}(z_{i,j,k}-z_{i-1,j,k}) +$$

$$(R_{so}T_o\gamma_o)_{i,j+\frac{1}{2},k}^{l}(z_{i,j+1,k}-z_{i,j,k}) + (R_{so}T_o\gamma_o)_{i,j,k}^{l}(z_{i,j-\frac{1}{2},k}-z_{i,j-1,k}) +$$

$$(R_{so}T_o\gamma_o)_{i,j,k+\frac{1}{2}}^{l}(z_{i,j,k+1}-z_{i,j,k}) + (R_{so}T_o\gamma_o)_{i,j,k}^{l}(z_{i,j,k-\frac{1}{2}}-z_{i,j,k-1}) - \overline{Q}_{G_{s,i,j,k}}^{l}$$

$$(4-111)$$

结合上述讨论，下面以饱和状态下的黑油问题为例给出 $\tau_{i,j,k}$ 中心处的有限差分离散格式：

$$J_{i,j,k}\begin{pmatrix}\delta p\\\delta S_w\\\delta S_o\end{pmatrix}_{i,j,k} + J_{i+1,j,k}\begin{pmatrix}\delta p\\\delta S_w\\\delta S_o\end{pmatrix}_{i+1,j,k} + J_{i-1,j,k}\begin{pmatrix}\delta p\\\delta S_w\\\delta S_o\end{pmatrix}_{i-1,j,k} +$$

$$J_{i,j+1,k}\begin{pmatrix}\delta p\\\delta S_w\\\delta S_o\end{pmatrix}_{i,j+1,k} + J_{i,j-1,k}\begin{pmatrix}\delta p\\\delta S_w\\\delta S_o\end{pmatrix}_{i,j-1,k} + J_{i,j,k+1}\begin{pmatrix}\delta p\\\delta S_w\\\delta S_o\end{pmatrix}_{i,j,k+1} +$$

$$J_{i,j,k-1}\begin{pmatrix}\delta p\\\delta S_w\\\delta S_o\end{pmatrix}_{i,j,k-1} + \sum_m Q\begin{pmatrix}\delta p\\\delta S_w\\\delta S_o\end{pmatrix}_m + \sum_j Q_f^j(p_f^j) = \begin{pmatrix}R_w\\R_o\\R_g\end{pmatrix}_{i,j,k}^{l}$$

$$(4-112)$$

其中：

$$J_{i,j,k} = \begin{bmatrix} J_{wP} & J_{wS_w} & J_{wS_o} \\ J_{wP} & J_{wS_w} & 0 \\ J_{oP} & J_{oS_w} & J_{oS_o} \\ J_{gP} & J_{gS_w} & J_{gS_o} \end{bmatrix}_{i,j,k}, \quad J_{i+1,j,k} = \begin{bmatrix} J_{wP} & J_{wS_w} & 0 \\ J_{oP} & J_{oS_w} & J_{oS_o} \\ J_{gP} & J_{gS_w} & J_{gS_o} \end{bmatrix}_{i+1,j,k},$$

$$J_{i-1,j,k} = \begin{bmatrix} J_{wP} & J_{wS_w} & 0 \\ J_{oP} & J_{oS_w} & J_{oS_o} \\ J_{gP} & J_{gS_w} & J_{gS_o} \end{bmatrix}_{i-1,j,k}, \quad J_{i,j+1,k} = \begin{bmatrix} J_{wP} & J_{wS_w} & 0 \\ J_{oP} & J_{oS_w} & J_{oS_o} \\ J_{gP} & J_{gS_w} & J_{gS_o} \end{bmatrix}_{i,j+1,k},$$

$$J_{i,j-1,k} = \begin{bmatrix} J_{wP} & J_{wS_w} & 0 \\ J_{oP} & J_{oS_w} & J_{oS_o} \\ J_{gP} & J_{gS_w} & J_{gS_o} \end{bmatrix}_{i,j-1,k}, \quad J_{i,j,k+1} = \begin{bmatrix} J_{wP} & J_{wS_w} & 0 \\ J_{oP} & J_{oS_w} & J_{oS_o} \\ J_{gP} & J_{gS_w} & J_{gS_o} \end{bmatrix}_{i,j,k+1},$$

$$J_{i,j,k-1} = \begin{bmatrix} J_{wP} & J_{wS_w} & 0 \\ J_{oP} & J_{oS_w} & J_{oS_o} \\ J_{gP} & J_{gS_w} & J_{gS_o} \end{bmatrix}_{i,j,k-1}, \quad Q = \begin{bmatrix} J_{wP} & J_{wS_w} & 0 \\ J_{oP} & J_{oS_w} & J_{oS_o} \\ J_{gP} & J_{gS_w} & J_{gS_o} \end{bmatrix} \qquad (4-113)$$

式中，$Q_f \in R^3$ 为 3 维向量。

> **注**：一个特殊情形是，当 $\Delta t = 0$ 时，经空间离散后所有的分块（除去分块 J_{oS_w}）对充分小的 Δt 是对角占优的。

令 $\Delta t = 0$，可以得到如下 Jacobian 系统：

$$\begin{bmatrix} c_{wP} & c_{wS_w} & 0 \\ \hline c_{oP} & 0 & c_{oS_o} \\ \hline c_{gP} & c_{gS_w} & c_{gS_o} \end{bmatrix} \begin{bmatrix} \delta P \\ \delta S_w \\ \delta S_o \end{bmatrix} = \begin{bmatrix} \widetilde{R}_w^l \\ \widetilde{R}_o^l \\ \widetilde{R}_g^l \end{bmatrix} \qquad (4-114)$$

容易看出，通过空间离散，每个分块都变成对角矩阵，即：

$$\boldsymbol{J}\big|_{\Delta t=0} = \begin{bmatrix} \ddots & \cdot & 0 \\ \cdot & \ddots & \cdot \\ \ddots & 0 & \ddots \\ \cdot & \ddots & \cdot \end{bmatrix} \qquad (4-115)$$

当 $\tau_{i,j,k}$ 跑遍网格 $T_h(\Omega)$ 中所有单元，将所有网格单元上列出的方程联立可得黑油模型问题的雅克比矩阵线性系统：

$$\boldsymbol{J}u = f \qquad (4-116)$$

式中，$\boldsymbol{J}$ 为雅克比矩阵（非零结构如图 4-4 所示）；f 为右端向量。

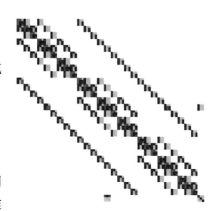

图 4-4　网格规模为 3×3×3 含 1 口井的雅克比矩阵 $\boldsymbol{J}$ 的非零结构

（七点格式，蓝点为负元素，灰点为 0，红点为正元素）

> **注**：在实际复杂油藏模拟中，常出现地质断层现象，在离散过程中，将所有与断层相邻的单元（或网格点）的压力值等物理量取为相同，此时将破坏雅克比矩阵 $\boldsymbol{J}$ 的非零结构，给求解带来了更大的困难。

4.1.2 全隐式格式的系数矩阵

1）油藏方程的全隐式离散系统

考虑经向后 Euler 时间离散、牛顿线性化和上游加权有限差分离散后的三相三组分黑油模型油藏方程的 Jacobian 线性代数系统：

$$A_{RR}u_R = f_R \tag{4-117}$$

式中，A_{RR}，f_R，u_R 已按如下方式排列：

$$A_{RR} = \begin{bmatrix} A_{P,P} & A_{P,S_w} & A_{P,S_o} \\ A_{S_w,P} & A_{S_w,S_w} & A_{S_w,S_o} \\ A_{S_o,P} & A_{S_o,S_w} & A_{S_o,S_o} \end{bmatrix}_{3N_e \times 3N_e}, \quad u_R = \begin{bmatrix} u_p \\ u_{S_w} \\ u_{S_o} \end{bmatrix}_{3N_e \times 1}, \quad f_R = \begin{bmatrix} f_p \\ f_{S_w} \\ f_{S_o} \end{bmatrix}_{3N_e \times 1} \tag{4-118}$$

式中，u_p 为油压力未知量；u_{S_w} 为水饱和度未知量；u_{S_o} 为油饱和度未知量；N_e 表示有效油藏网格单元数。

2）包含隐式井的油藏方程的离散系统

设油藏中有效网格数为 N_e，隐式井总数为 N_w，将油藏自由度排列在前，井自由度排列在后，得到含隐式井的如下加边的离散系统：

$$\begin{bmatrix} A_{RR} & A_{RW} \\ A_{WR} & A_{WW} \end{bmatrix} \begin{bmatrix} u_R \\ u_W \end{bmatrix} = \begin{bmatrix} f_R \\ f_W \end{bmatrix} \tag{4-119}$$

式中，A_{WW} 为隐式井对应的子矩阵；A_{RW} 和 A_{WR} 为隐式井与油藏部分（完井单元）之间的耦合项；未知量 $u_W \in R^{N_W}$ 为井底压力；$f_W \in R^{N_W}$ 为隐式井对应的右端向量。A_{RR}、u_R、f_R 为油藏方程对应的子系统中的矩阵、未知向量和右端向量。图 4-5 给出含隐式井的示意图。

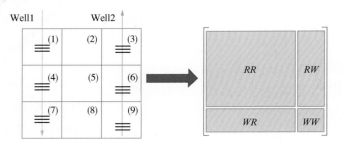

图 4-5 含隐式井的示意图

4.2 全隐式系数矩阵的稀疏存储结构

稀疏矩阵是指非零元素占全部元素的比例很小的矩阵，利用这一性质可以节省大量的存储空间，以避免出现因矩阵规模太大而无法将整个矩阵放入内存的情况。

1）CSR 存储格式

CSR 存储格式是最常用的稀疏存储格式，这种存储格式由以下 3 个数组构成：

（1）$AA(i)$，$i=0$：$NNZ-1$：按行存放矩阵 AA 中的所有非零元素。

（2）$JA(i)$，$i=0$：$NNZ-1$：依次存放数组 AA 中对应元素的列号。

（3）$IA(i)$，$i=0$：N：依次存放各行在数组 AA 和 JA 中存储的首地址。

其中 N 为自由度数，NNZ 为非零元数。

例如，矩阵 $A = \begin{bmatrix} 1.0 & 0.0 & 0.0 & 0.0 \\ 0.0 & 2.0 & 0.0 & 0.0 \\ 0.0 & 3.0 & 4.0 & 0.0 \\ 5.0 & 0.0 & 6.0 & 7.0 \end{bmatrix}$ 其对应的 CSR 存储格式为：

（1）$AA = \{1.0, 2.0, 3.0, 4.0, 5.0, 6.0, 7.0\}$。

（2）$JA = \{0, 1, 1, 2, 0, 2, 3\}$。

（3）$IA = \{0, 1, 2, 4, 7\}$。

2）ELL 存储格式

考虑矩阵 $A_{M \times N}$，设其所有行的最大非零元的个数为 K。ELL 的基本思想是：将各行非零元素向左依次挤零压缩，若其行非零元数不足 K，用零填充。这样矩阵 A 的所有非零元存储在 $M \times K$ 阶"矩阵"中，由于各行非零元经过了压缩存储，还需一个同样规模的 $M \times K$ 阶整型"矩阵"存储非零元对应的列号。因此可以得到矩阵的 ELL 存储格式：

$$AA = \begin{bmatrix} 1.0 & 0.0 & 0.0 \\ 2.0 & 0.0 & 0.0 \\ 3.0 & 4.0 & 0.0 \\ 5.0 & 6.0 & 7.0 \end{bmatrix}, \quad JA = \begin{bmatrix} 0 & * & * \\ 1 & * & * \\ 1 & 2 & * \\ 0 & 2 & 3 \end{bmatrix} \qquad (4-120)$$

ELL 格式的一个特点是，每行数据长度相等。这带来两个好处：一方面能保持每个 GPU 线程上的任务负载基本平衡，另一方面有利于数据访问时内存数据对齐。但是当行最大与最小非零元个数相差较大时，存储和计算开销的浪费比较大。为了解决这个困难，可以将 ELL 结构和其他数据结构(如 CSR)组合起来使用。还有一种改进的方法是，按行非零元个数进行分组，组内使用 ELL 格式的复合结构。

3）BCSR 存储格式

通常的 BCSR 存储格式是将 $A_{M \times N}$ 以 k 阶子块为基本单位分割成 $r \times c$、$M = rk$、$N = ck$ 个子块，将每个非零子块以行优先的满矩阵形式存入到数组 BCSRCol 中，对于子块的行列标的管理仍然采用稀疏压缩行格式。数组 BCSRRow 用于存储非零子块的行索引指标，数组 BCSRCol 用于存储各非零子块的列号。这里取 $k = 2$，则矩阵的 BCSR 存储格式为：

（1）BCSRRow＝{0，1，3}。

（2）BCSRCol＝{0，0，1}。

（3）BCSRNz＝{1，0，0，2，0，3，5，0，4，0，6，7}。

注：通常的 CSR 存储格式为 $k=1$ 时 BCSR 的特例。

对于油藏问题来说，根据网格类型和未知量排列顺序等因素，其 Jacobian 矩阵的稀疏结构也具有不同的特点。图 4-6 为二维油水两相问题的全隐式油藏模拟中常见的 Jacobian 矩阵在两种不同未知量排列顺序下的非零元结构示意图：左为自由度优先排序，右为网格结点优先排序。

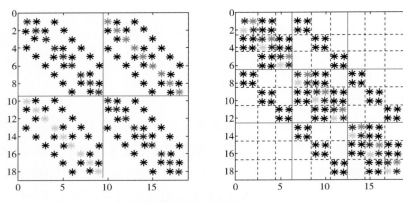

图 4-6　不同未知量排序下矩阵非零元结构示意图

与其他偏微分方程数值模拟中遇到的线性代数方程组类似，油藏模拟中需要求解的 Jacobian 代数系统规模大且相对稀疏。图 4-6（右）中的块状结构说明了 BCSR 结构对偏微分方程组时非常有效。这是因为每个矩阵小块均对应于一个网格单元上的自由度，把它们储存在一起有利于帮助编译器更好地优化内存访问，减少 cache-missing 的概率，从而提高计算效率。在本书油藏模拟中，主要采用 CSR 和 BCSR 作为稀疏矩阵的存储格式。

利用 CSR 存储格式，还可以定义一种分块稀疏矩阵存储格式 block CSR，该格式包含：

（1）brow：矩阵 A 的块行数。

（2）bcol：矩阵 A 的块列数。

（3）blocks：长度为 brow×bcol 的数组 blocks$((i-1)*bcol+j)$ [$i=1,2,\cdots,$ brow，$j=1,2,\cdots,$ crow，表示位置(i,j)对应的块，其存储格式为 CSR]。

在全隐式油藏模拟计算中，Jacobian 矩阵通常具有自然的分块结构，例如加边矩阵（bordered matrix），带隐式井的模型对应的 Jacobian 矩阵是以下形式的加边矩阵：

$$A = \begin{pmatrix} A_{RR} & A_{RW} \\ A_{WR} & A_{WW} \end{pmatrix} \tag{4-121}$$

式中，A_{RR}为油藏块；A_{WW}为井块；A_{RW}和A_{WR}为油藏与井之间的耦合关系。为此，可定义 block BCSR 存储格式，该格式包含如下 4 个成员信息

（1）ResRes：BCSR 结构体，用来存放 A_{RR}。

（2）ResWel：CSR 结构体，用来存放 A_{RW}。

（3）WelRes：CSR 结构体，用来存放 A_{WR}。

（4）WelWel：CSR 结构体，用来存放 A_{WW}。

4.3 两种多阶段预条件子

针对黑油模型与聚合物驱模型对应的 Jacobian 线性代数方程组，采用 PGMRES 法进行求解，其中预条件子的构造是影响该算法求解效率的关键。

图 4-7 和图 4-8 分别给出了网格规模为 10×10×3 和 20×20×6 含 2 口井的 SPE1 问题对应的 FIM 格式的特征值分布情况。

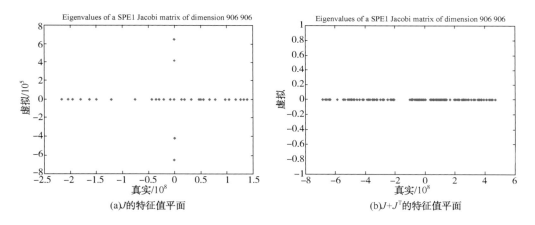

图 4-7　规模为 10×10×3 的 Jacobian 矩阵的特征值分布

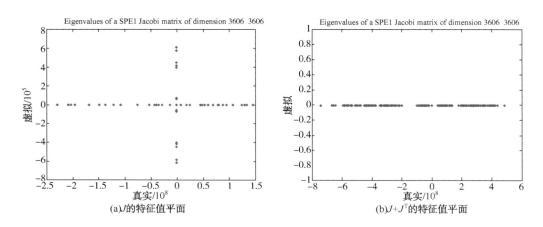

图 4-8　规模为 20×20×6 的 Jacobian 矩阵的特征值分布

由图 4-7 和图 4-8 可见，这些 Jacobian 线性方程组的系数矩阵条件数很差，因此，为其构造快速预条件子十分必要。

4.3.1　油藏方程的多阶段预条件子

本小节利用前文介绍的辅助空间预条件算法，为油藏问题的全隐式离散系统设计快速线性求解算法。

1) 代数解耦方法

解耦方法实际上是一个为了削弱不同未知量之间的耦合关系的预条件步骤，这种方法通常被应用到油藏块 A_{RR} 来解耦压力未知量和非压力（饱和度、浓度等）未知量。压力变量和饱和度变量之间的耦合度往往比较强，在使用其他预条件子之前，希望通过简单而有效的方法来减小两种主变量之间的耦合程度。其基本思想是做一个前处理步骤，减小非对角块 A_{ps} 和 A_{sp} 在耦合的 Jacobian 矩阵中的影响。

多数油藏模拟求解器中常使用解耦方法，但解耦的作用往往被低估了，主要是因为以往的预条件方法是基于压力块在整个 Jacobian 线性方程组中占主导地位。对整个 Jacobian 系统应用解耦技术，解耦方法是用于减弱压力和饱和度方程之间的耦合关系。常用的解耦方法有：Alternate block factorization method（ABF），块交错分解解耦方法；Constraint pressure residual method（CPR），约束压力残量解耦方法；Householder method（HH），Householder 方法；Quasi IMPES method（Quasi），拟半隐式解耦方法；True IMPES method（True），半隐式解耦法。

首先给出交替块分解（ABF）策略。这种解耦方法从矩阵角度上看，等价于块对角预条件算法：

$$\widetilde{A} = D^{-1}A \tag{4-122}$$

其中：

$$D^{-1} = \begin{pmatrix} \mathrm{diag}(A_{PP}) & \mathrm{diag}(A_{PS_w}) & \mathrm{diag}(A_{PS_o}) \\ \mathrm{diag}(A_{S_wP}) & \mathrm{diag}(A_{S_wS_w}) & \mathrm{diag}(A_{S_wS_o}) \\ \mathrm{diag}(A_{S_oP}) & \mathrm{diag}(A_{S_oS_w}) & \mathrm{diag}(A_{S_oS_o}) \end{pmatrix} \tag{4-123}$$

这种解耦合策略能有效聚集原矩阵的特征值，提升 GMRES 迭代法的收敛性。

在实际应用中，可以显式地构造预条件线性系统 $\widetilde{A}$，然后再应用预条件 *GMRES* 算法。因此，需要计算耦合矩阵 D 的逆矩阵。首先对 D 按网格单元优先规则重新排序，接着对排序后的矩阵进行求逆。重新排序之后的矩阵为块对角矩阵，块的规模由每个油藏网格单元上的自由度（组分）数来确定。例如，对于标准黑油模型，子块的大小为 3×3。这些小规模块对角矩阵的逆不难求解。

特别地，对于油水两相问题，上述解耦方法退化为以下几种。

（1）解耦算子为：

$$D_{\text{ABF}} = \begin{pmatrix} \text{diag}(J_{PP}) & \text{diag}(J_{PS}) \\ \text{diag}(J_{SP}) & \text{diag}(J_{SS}) \end{pmatrix} \tag{4-124}$$

（2）解耦：$D_{\text{ABF}}^{-1}J = \begin{pmatrix} \widetilde{J}_{PP} & \widetilde{J}_{PS} \\ \widetilde{J}_{SP} & \widetilde{J}_{SS} \end{pmatrix}$

$$= \begin{pmatrix} \Delta & 0 \\ 0 & \Delta \end{pmatrix}^{-1} \begin{pmatrix} \text{diag}(J_{SS})J_{PP} - \text{diag}(J_{PS})J_{SP} & \text{diag}(J_{SS})J_{PS} - \text{diag}(J_{PS})J_{SS} \\ \text{diag}(J_{PP})J_{SP} - \text{diag}(J_{SP})J_{PP} & \text{diag}(J_{PP})J_{SS} - \text{diag}(J_{SP})J_{PS} \end{pmatrix}$$

$$\tag{4-125}$$

式中，$\Delta = \text{diag}(J_{PP})\text{diag}(J_{SS}) - \text{diag}(J_{PS})\text{diag}(J_{SP})$。

（3）压力方程：

$$\widetilde{J}_{PP} = \Delta^{-1}\text{diag}(J_{SS})\left(J_{PP} - \text{diag}(J_{PS})\text{diag}(J_{SS})^{-1}J_{SP}\right) \tag{4-126}$$

解耦后，Jacobian 矩阵非对角块的对角元为 0。

下面给出 AMG 求解原压力方程的例子及其运算时间（CA—经典代数网格法，VMB—基于 VMB 策略的非光滑聚集代数多重网格法，PW—基于 PW 策略的非光滑聚集代数多重网格法）。

算例	CA		VMB		PW	
	时间/s	迭代次数	时间/s	迭代次数	时间/s	迭代次数
1	7.97	13	5.12	13	5.40	10
2	7.43	6	7.54	9	6.97	8
3	5.45	9	5.14	18	3.43	6
4	18.60	5	25.23	30	10.53	8
5	74.90	13	84.82	38	40.57	14
6	50.83	8	144.36	31	32.27	14

接着给出 AMG 求解 ABF 解耦的压力方程的对应例子的运算时间。

算例	CA		VMB		PW	
	时间/s	迭代次数	时间/s	迭代次数	时间/s	迭代次数
1	19.01	31	23.12	70	28.65	97
2	15.57	12	25.20	33	24.90	39
3	13.93	21	18.45	69	24.23	85
4	37.60	10	13.50	15	76.10	69
5	115.24	20	115.24	49	272.81	105
6	158.77	33	72.86	46	223.83	128

ABF 解耦方法的缺点：

（1）ABF 解耦后，AMG 迭代次数急剧增加，收敛速度缓慢；

（2）ABF 解耦方法严重破坏了压力方程的椭圆性。

接着给出 Quasi-IMPES 解耦方法。

（1）解耦算子：

$$\begin{pmatrix} I & -J_{PS}J_{SS}^{-1} \\ 0 & I \end{pmatrix}\begin{pmatrix} J_{PP} & J_{PS} \\ J_{SP} & J_{SS} \end{pmatrix} = \begin{pmatrix} J_{PP}-J_{PS}J_{SS}^{-1}J_{SP} & 0 \\ J_{SP} & J_{SS} \end{pmatrix} D_{QIMPES} = \begin{pmatrix} I & \mathrm{diag}(J_{PS})\,\mathrm{diag}(J_{SS})^{-1} \\ 0 & I \end{pmatrix}^{-1}$$

（4-127）

（2）解耦：

$$D_{QIMPES}^{-1}J = \begin{pmatrix} J_{PP}-\mathrm{diag}(J_{PS})\,\mathrm{diag}(J_{SS})^{-1}J_{SP} & J_{PS}-\mathrm{diag}(J_{PS})\,\mathrm{diag}(J_{SS})^{-1}J_{SS} \\ J_{SP} & J_{SS} \end{pmatrix}$$

（4-128）

（3）压力方程：

$$\tilde{J}_{PP} = J_{PP}-\mathrm{diag}(J_{PS})\,\mathrm{diag}(J_{SS})^{-1}J_{SP}$$

（4-129）

解耦后，压力方程中的饱和度块的对角元为 0。

下面给出 AMG 求解原压力方程的例子及其运算时间。

算例	CA		VMB		PW	
	时间/s	迭代次数	时间/s	迭代次数	时间/s	迭代次数
1	7.97	13	53.12	13	5.40	10
2	7.43	6	7.54	9	6.97	8
3	5.45	9	5.14	18	3.43	6
4	18.60	5	25.23	30	10.53	8
5	74.80	13	84.82	38	40.57	14
6	50.83	8	144.36	31	32.28	14

接着给出 AMG 求解 Quasi-IMPES 解耦的压力方程对应的例子的运算时间。

算例	CA		VMB		PW	
	时间/s	迭代次数	时间/s	迭代次数	时间/s	迭代次数
1	6.00	5	5.54	14	7.37	14
2	10.21	5	9.20	11	6.72	8
3	12.31	18	6.25	22	7.02	19
4	36.40	10	44.82	60	13.39	12
5	154.69	15	186.19	81	—	>200
6	112.42	20	134.41	90	—	>200

Quasi-IMPES 解耦方法的优缺点：

（1）经典 AMG 的收敛速度显著提高。

（2）聚集 AMG 对某些压力方程的收敛速度加快，但不稳健。

（3）Quasi-IMPES 解耦较小程度地破坏了椭圆性。

最后给出 True-IMPES 解耦方法。

（1）解耦算子：

$$\frac{(\varphi\rho\alpha S_\alpha)^{n+1} - (\varphi\rho\alpha S_\alpha)^n}{\Delta t} + \frac{\partial V_{il}}{V_i}\sum_{l\in\mathrm{adj}(i)} F_{\alpha,\,il}^{n+1} = 0 \tag{4-130}$$

$$D_{\mathrm{TIMPES}} = \begin{pmatrix} I & \hat{J}_{PS}\hat{J}_{SS}^{-1} \\ 0 & I \end{pmatrix} \quad \hat{J}_{PS} = \mathrm{diag}(E\,J_{PS}) \; \hat{J}_{SS} = \mathrm{diag}(E\,J_{SS}) \tag{4-131}$$

（2）压力方程：

$$\tilde{J}_{PP} = J_{PP} - \hat{J}_{PS}\hat{J}_{SS}^{-1} J_{SP} \tag{4-132}$$

True-IMPES 解耦方法削弱了压力方程中的压力变量和饱和度变量的耦合关系，同时保持了压力方程椭圆性。

下面给出 AMG 求解原压力方程的例子及其运算时间。

算例	CA		VMB		PW	
	时间/s	迭代次数	时间/s	迭代次数	时间/s	迭代次数
1	7.97	13	5.12	13	5.40	10
2	7.43	6	7.54	9	6.97	8
3	5.45	9	5.14	18	3.43	6
4	18.60	5	25.23	30	10.53	8
5	74.90	13	84.82	38	40.57	14
6	50.83	8	144.36	31	32.28	14

下面给出 AMG 求解 True-IMPES 解耦的压力方程对应的例子的运算时间。

算例	CA		VMB		PW	
	时间/s	迭代次数	时间/s	迭代次数	时间/s	迭代次数
1	6.02	5	5.91	15	5.49	10
2	10.31	5	9.21	11	6.78	8
3	12.34	18	6.00	21	3.56	7
4	39.17	10	40.37	48	12.49	10
5	142.93	15	183.04	82	52.17	18
6	98.12	8	139.26	95	34.51	18

True-IMPES 解耦方法的特点：

（1）True-IMPES 解耦后，三种 AMG 的迭代次数大致与解耦前一致。

（2）True-IMPES 解耦极好地保存了原始压力方程的椭圆性。

2）多阶段预条件子

求解标准黑油模型时，未知量为压力 P，饱和度 $S = [S_w,\ S_o]^T$；求解聚合物驱模型时，未知量为压力 P，饱和度/浓度 $S = [S_w,\ S_o,\ C_n,\ C_p]^T$。这里，不同的物理量体现出不同的数学特点。因此，需为每个未知量引入相应的辅助问题，从而为其构造辅助空间预条件子。

考虑两个子空间：$V_P \subset V$ 和 $V_S \subset V$。这里，V_P 是压力变量向量空间（含 V_0 隐式井在油相的井底压力），V_s 是饱和度和浓度变量（油藏网格单元相应的 S_w、S_g、C_n 和 C_p，标准黑油模型和挥发黑油模型只含 S_w、S_g）的向量空间。引入原空间 V 的磨光算子 S，可给出如下加性预条件子：

$$B = S + \Pi_p A_p^{-1} \Pi_P^T + \Pi_S A_S^{-1} \Pi_S^T \qquad (4-133)$$

式中，Π_P：$V_P \rightarrow V$ 和 Π_S：$V_S \rightarrow V$ 为转换算子；上标 T 为转置矩阵。注意：此处 B 为预条件子，不需要对每个子问题精确求解。事实上，在实际计算过程中常将 A_p^{-1} 和 A_S^{-1} 替换为相应的预条件子（或简单迭代法）B_p 和 B_s。

上述加性预条件子诠释了如何将辅助空间预条件方法应用于油藏数值模拟的基本思想。在实际应用中，为了获得更好的稳健性和收敛率，通常使用如下乘法型 ASP 算法：假设已经有分别针对于压强、饱和度/浓度的辅助问题 A_P、A_S，以及对应的空间转换算子 Π_P 和 Π_S，加上一个磨光算子 S，那么一个多阶段预条件子（乘法型 ASP）B_{MSP1} 可定义如下：

$$I - B_{MSP1} A = (I - SA)(I - \Pi_p B_P \Pi_P^T A)(I - \Pi_S B_S \Pi_S^T A) \qquad (4-134)$$

记预条件子 B_{MSP1} 作用于已知向量 g 的数学行为如下：

$$w = B_{MSP1} g \qquad (4-135)$$

其中预条件矩阵 B_{MSP1} 满足下式：

$$I - B_{MSP1} A = (I - SA)(I - \Pi_p B_P \Pi_P^T A)(I - \Pi_S B_S \Pi_S^T A) \qquad (4-136)$$

式中，Π_P 和 Π_S 分别为从 V 到压力变量 P 与饱和度/浓度变量 S 的限制矩阵，它们可由下式定义：

$$\Pi_P = \begin{bmatrix} I_P \\ 0 \end{bmatrix} \in R^{N \times N_P} \text{ 和 } \Pi_S = \begin{bmatrix} 0 \\ I_S \end{bmatrix} \in R^{N \times N_S} \qquad (4-137)$$

式中，$I_P \in R^{N_P \times N_P}$ 和 $I_S \in R^{N_S \times N_S}$ 分别为与压力和饱和度/浓度同阶的单位算子。

下面，给出预条件行为式（4-136）对应的算法描述。

算法（4-1）　求解黑油模型的 B_{MSP1} 预条件子算法

步骤 1　给定的初始向量 x。

步骤 2　按下式求解饱和度/浓度辅助问题：

$$x \leftarrow x + \Pi_S B_S \Pi_S^T (g - Ax) \qquad (4-138)$$

步骤 3　按下式求解压力辅助问题：

$$x \leftarrow x + \Pi_p B_P \Pi_P^T (g - Ax) \qquad (4-139)$$

步骤 4　按下式磨光获得 w：

$$w \leftarrow x + S(g - Ax) \qquad (4-140)$$

注： 子系统式（4-139）中 B_P 解法器取为一次 RS-AMGV-循环，子系统式（4-138）中 B_s 解法器和子系统式（4-140）中磨光算子 S 均取为一次块 Gauss-Seidel（GS）磨光。

算法(4-1)对应的求解流程见图4-9。

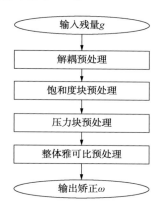

图 4-9　多阶段预条件子(B_{MSP1})求解流程图

由算法(4-1)可知，B_{MSP1}预条件子的效率是由 Π_P、Π_S、B_S、B_P 和 S 这 5 个要素决定的。由于 Π_P 和 Π_S 相对固定，故 B_{MSP1} 的预条件行为的效率主要依赖于 B_S、B_P 和 S 这 3 个要素的选取。

通过对系数矩阵 A 的特点进行分析表明，不同部分因其相应连续偏微分方程的性质而表现出不同代数特点。我们认为，对应的压力方程具有椭圆性而饱和度方程具有双曲性。基于这些理解，相关文献设计了 CPR-类预条件子。在采用 ASP 框架求解黑油模型时，我们同样需要利用这些分析性质。

> **注：** 算法(4-1)的一个特款为约束压力残量预条件法(CPR，the constrained pressure residual)，它通常具有如下代数形式：

$$B_{\mathrm{CPR}} = S(I - AM) + M \tag{4-141}$$

其中：

$$M = \begin{bmatrix} B_P & 0 \\ 0 & 0 \end{bmatrix} \in R^{N \times N} \text{ 和 } B_P \approx A_{PP}^{-1} \tag{4-142}$$

磨光算子 S 通常使用超松弛(SOR)法或不完全 LU 分解法。B_P 通常使用一次 AMG V-循环。如果取 $\Pi_P = [I_P, 0, 0]^{\mathrm{T}}$，则可将 CPR 预条件子改写为：

$$I - B_{\mathrm{CPR}} A = (I - SA)(I - \Pi_P B_P \Pi_P^T A) \tag{4-143}$$

> **注：** 另一种简单而有效的预条件子可通过在式(4-136)中取 $S=0$ 获得，该方法常被称为块对角预条件子。在这种情况下，预条件子 B_{DRIG} 可以视为块对角预条件 B_P(近似于 A_{PP}^{-1})和 B_S[为矩阵($A_{S_wS_w}$，$A_{S_wS_o}$；$A_{S_oS_w}$，$A_{S_oS_o}$)$^{-1}$ 的某种近似]。因此，这个预条件子是块 GS 方法的不精确版本。

3) 压力子系统的求解

压力方程是带有间断系数的椭圆形方程，且自由度规模往往很大，需要为其构造快速求解算法。

4）饱和度子系统的求解

对于饱和度/浓度块的辅助问题，一般选择：

$$A_S = \begin{bmatrix} A_{S_w,S_w} & A_{S_w,S_o} \\ A_{S_o,S_w} & A_{S_o,S_o} \end{bmatrix} \tag{4-144}$$

注意：描述饱和度未知量的方程特点主要为双曲型，或者对流占优，且由于其对应的离散方法运用了上游加权的技巧，因此对于此类问题，用顺风排序的 Gauss-Seidel 方法是一个高效的方法。我们采用这种方法求解饱和度块。

注意：多孔介质中的多相流通常由高压流向低压，可以通过排列压力未知量来获得顺风排序。理论上，经过重排序以后的 A_S 接近一个下三角矩阵（见图4-10）。

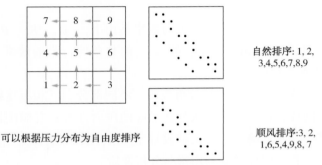

图4-10 上游加权和顺风排序示意图

左图箭头表示压力分布，右上图表示按节点顺序编号时饱和度子矩阵 A_S 的非零结构；

右下图表示按压力大小排序后饱和度子矩阵的非零元分布状态

使用 Gauss-Seidel 方法可以高效求解这类系统，具体算法如下：

算法（4-2） 饱和度块 ASP 算法

（1）初始化阶段。

对变量进行顺风排序。

（2）求解阶段（乘法型）。

for $i=1$：#I do

$\quad r_{i-1} \leftarrow f - Au_{i-1}$

$\quad e_i \leftarrow \text{solve}(A_i, \ 0, \ \Pi_i^T r_{i-1})$

$\quad u_i = u_{i-1} + e_i$

endfor

其中，#I 为油藏部分辅助问题的个数。

最后，通过两个数值实例验证 B_{MSP1} 预条件子的稳健性。

第一个实验，利用不同网格规模不含井的三相油藏问题（SPE1，国际油藏工程师协会提供的标准算例）的 Jacobian 系统进行对比数值实验，考察 B_{MSP1} 预条件子的稳健性。实验中选用的 Krylov 子空间迭代法为 PGMRES 法，不完全 LU 分解预条件子取为 ILU（0），收敛控制标准为 10^{-4}。实验结果见图 4-11。

由图 4-11 中数据可见，ILU（0）预条件子的迭代次数随着问题的网格规模增大而增加；B_{MSP1} 预条件子的迭代次数随网格规模增长基本保持不变。

第二个实验，利用三相油藏问题（SPE10，国际油藏工程师协会提供的标准算例）不同物理时刻第一个牛顿迭代次数的四套 Jacobian 系统（第一套系统的物理时刻为第 1366d，相邻两套系统相隔 5d）进行对比数值实验。考察 B_{MSP1} 预条件子的稳健性；同时将前文提到的 B_{CPR} 和 B_{DIAG} 作为对比，考察 B_{MSP1} 各子空间对收敛效率的影响。实验结果见图 4-12。

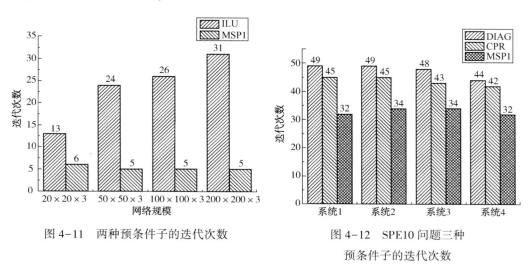

图 4-11 两种预条件子的迭代次数

图 4-12 SPE10 问题三种预条件子的迭代次数

由图 4-12 中数据可见，对于不同时刻的 SPE10 问题的离散系统，三种预条件迭代次数均很稳定；此外去掉 B_{MSP1} 中的 B_S（对应于 B_{CPR}）和 S（对应于 B_{DIAG}）分别带来 20%~30% 的收敛速度的损失。

4.3.2 含隐式井方程的多阶段预条件子

考虑含隐式井的加边离散系统式（4-119）的快速求解。一般来说，油藏模拟中的（复杂）井方程和油藏方程的特点截然不同，将它们耦合在一起可能会破坏 Jacobian 矩阵的一些性质，所以希望将井方程和油藏方程分开单独处理。但是，在井所通过的网格单元上，由于打孔进行石油的采集，这些网格单元的渗透率相对较高，流体的流动相对较快。所以油藏中的流体流动和井筒内的流体流动耦合在一起，相互之间影响很大。这个特点建议我们需要同时预条件处理油藏和井部分。

传统的预条件方法对带井的 Jacobian 矩阵的效率不够理想。如何高效地、稳健地求解 Jacobian 矩阵在油藏模拟中一直是个难点，是一个没有完全解决的问题。常见的处理方法有：

（1）不做特殊处理，这样显然没有考虑油藏和井的不同之处，效果一般。

（2）求解 Schur 补系统。形成 Schur 补的代价相对较大，会破坏油藏部分的性质，此外对 Schur 补也没有很好的预条件方法。

（3）将井方程和压力变量耦合在一起预条件处理，由于井方程是求解井底压力，所以和压力块的耦合是比较直接的选择，也是现在比较流行的做法。但是这会破坏压力变量块的椭圆性质，而且井方程具有和压力部分方程完全不同的性质，所以这样预条件也会有缺点。

1）迭代解耦法

处理含井问题的一种典型方法为井显式求解法，即油藏方程与井方程分别求解，并通过完井网格单元传递油藏与井子问题的信息交互法。先隐式求解油藏子问题，然后显式求解井子问题，两者交替为对方提供边界条件。与耦合模型相比，解耦模型在降低 Jacobian 矩阵规模的同时，也降低了求解的难度。解耦过程如图 4-13 所示。

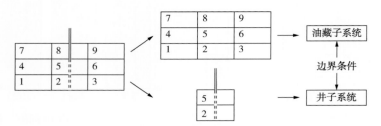

图 4-13　迭代解耦示意图

2）扩展矩阵法

当井及井的穿孔数较少时，考虑到井方程对油藏方程性态造成的影响不大的情况下，扩展所有隐式井块，在每个隐式井块引入人工辅助饱和度/浓度变量，这样它就和油藏块有相同的尺寸。同时用 0 填补 $\bar{f} \in \bar{V} = R^{3(N_e+N_w)}$（黑油）或 $\bar{f} \in \bar{V} = R^{5(N_e+N_w)}$（聚合物驱）中虚参的相应位置。下面以黑油模型为例展开介绍。

我们把油压和井底压力的整体命为压力变量 P，进一步写出了该 Jacobian 矩阵（对于每一个网格单元）的如下 2×2 矩阵块格式：

$$A_{ij} = J = \begin{pmatrix} J_{PP} & J_{PS} \\ J_{SP} & J_{SS} \end{pmatrix} \in R^{3\times 3} \tag{4-145}$$

式中，P 为压力变量（油压力与井底压力的整体）；S 为饱和度变量（包括油藏块和隐式井虚参的水和油的物理饱和度）。这样就可以存储增行稀疏矩阵 $\bar{A} = (A_{ij}) \in R^{N\times N}$，其中 $N = 3\times(N_e+N_w)$ 是一致 BCSR 格式。这样的扩展处理技术简化了块稀疏矩阵的数据结构和实现。例如，图 4-14 给定一个简单的 3×3 网格块系统，井垂直于块（8，

5，2）在 2 和 5 块处穿孔。扩展后，可以得到这个黑油模型的每个非零块都是 3×3 矩阵的块稀疏矩阵。我们用 BCSR 格式存储这个矩阵。注意，当隐式井数 N_w 远小于油藏网格单元数 N_e 时（$0 \leq N_w << N_e$），这种修改不会引入太多额外的存储空间和计算成本。

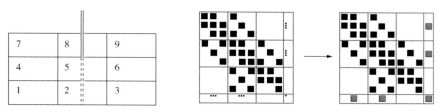

图 4-14　油藏网格与对应的稀疏矩阵结构

左图中的 3×3 油藏网格的中间有一口竖直井在 2 号和 5 号网格单元完井；

中图为原问题所对应的矩阵结构；右图为扩展后的矩阵结构

利用上述扩展矩阵方法，可以将含隐式井的加边离散系统式（4-119）的快速求解转化为一个油藏方程式（4-117）的求解。这类系统可以使用预条件子 B_{MSP1}-GMRES 法快速求解。

当井自由度所占总自由度的比例较大、井与油藏的耦合度及井项的非线性较强时，该方法的收敛速度仍不够理想。针对这种情形，给出一种基于辅助子空间法的含隐式井油藏的多段预条件子。

3）求解隐式井辅助问题法

井和油气藏常强耦合在一起，而且这个相互作用可能导致传统的线性求解器收敛速度很慢甚至发散。描述隐式井的方程为注采速率的代数关系，直观上让我们觉得应该将其与油气藏块分开处理。然而，井和油气藏之间的强耦合又恰恰说明它们很难被分开，所以我们在选择解耦策略时需同时兼顾这两方面因素的影响。下面，我们利用辅助空间预条件的框架来构造含有隐式井的加边 Jacobian 方程的求解方法。

关于井的处理考虑了油藏和井既要分开，又要同时预条件两个方面的特点。考虑到井和油藏的耦合只在井筒通过的那些网格单元处，而且这些网格单元往往具有较高的渗透率和流速的特点。通过对网格单元进行分类（分成井穿孔单元和无井穿孔单元两部分），对油藏部分和井部分分别设计相应的预条件方法。并利用井穿孔网格单元完成油藏和井的耦合与信息交换，实现高效的预条件方法。

首先，井块 A_{WW} 将被包括在井的辅助问题中。其次，在油气藏和井之间的耦合只存在于那些含有井穿孔的网格中。因此，选择的井的辅助问题将包含这一部分。更准确地说，因为穿孔数量和井的数目相对单元数量较少，A_{RW} 和 A_{WR} 非常稀疏。可以按如下方式重新排列 Jacobian 矩阵（见图 4-15）。

$$\begin{bmatrix} A_{11} & A_{12} & 0 \\ A_{21} & A_{22} & A_{RW} \\ A_{RW} & A_{WR} & A_{WW} \end{bmatrix} \tag{4-146}$$

于是，选择这样的井的辅助问题：

$$A_W = \begin{bmatrix} A_{22} & A_{RW} \\ A_{WR} & A_{WW} \end{bmatrix} \quad (4-147)$$

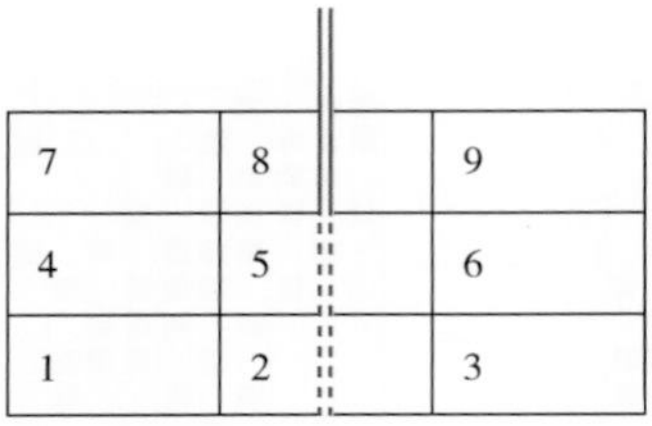

自然排序：1，2，3，4，5，6，7，8，9，P_{bh}

重新排序：

$$\underbrace{\overbrace{1,\ 3,\ 4,\ 6,\ 7,\ 8,\ 9,}^{A_{11}}\ \overbrace{2,\ 5,}^{A_{22}}}_{A_{RR}}\ P_{bh}$$

$$1,\ 3,\ 4,\ 6,\ 7,\ 8,\ 9,\ \underbrace{2,\ 5,\ P_{bh}}_{A_{WW}}$$

图 4-15　加边矩阵的自由度序重排

这样选择的井辅助问题充分考虑了油气藏和井之间的强耦合性。通常来说，A_W 的规模相对于油藏部分比较小，所以可以用直接法求解。实际问题中，在含井单元的相邻单元，油藏与井底压力的耦合可能仍然很强，所以可以选择 A_W 同时包含这些单元。接下来，给出带井 Jacobian 矩阵的 ASP 框架。

算法(4-3)　带井雅克比矩阵的 ASP 框架

(1) 初始化阶段(Setup)。

井部分：slove_well(A，u_0，b)

油藏部分：

for $i = 1$：#I do

　　生成每个辅助空间对应的矩阵：$A_i \leftarrow \Pi_i^{\mathrm{T}} A_{RR} \Pi_i$

　　准备每个辅助空间对应的求解方法：Setup(A_i，u_0，b)。

endfor

(2) 求解阶段(乘法型)

求解井部分：$u_0 \leftarrow$ slove_well(A，0，b)

求解油藏部分，在每个辅助空间上求解：

　　$a_i \leftarrow$ solve(A_i，0，$\Pi_i^{\mathrm{T}} b$)。

更新解：$u \leftarrow u_0 + \sum\limits_{i=1}^{\#I} u_i$

其中，#I 为油藏部分辅助问题的个数。

4) 多阶段预条件子

在求解含隐式井黑油/聚合物驱模型时，所求解变量是压力、饱和度/浓度和井底压力(BHP)。这些待求解变量具有各自不同的物理和数学特征，因此，需对每个未知量引入相应的辅助问题，从而构造辅助空间预条件子。

假设已经有分别针对于压力、饱和度/浓度和井底压力的辅助问题 A_P、A_S 和 A_W，以及对应的空间转换算子 Π_P、Π_S 和 Π_W，加上一个磨光算子 S，那么一个加法型的 ASP 预优子可以定义如下：

$$B=S+\Pi_P A_P^{-1}\Pi_P^T+\Pi_S A_S^{-1}\Pi_S^T+\Pi_W A_W^{-1}\Pi_W^T \qquad (4-148)$$

在实际计算中，对每个辅助问题都采用适合的高效求解器或磨光算法来求解子问题，这样有如下的加法型预条件子，记为 B_{MSP2}：

$$B_{MSP2}=S+\Pi_P B_P\Pi_P^T+\Pi_S B_S\Pi_S^T+\Pi_W B_W\Pi_W^T \qquad (4-149)$$

为了达到更好的效率和稳健性，可以采用乘法型 ASP 预条件子，仍记为 B_{MSP2}，它满足下式：

$$I-B_{MSP2}A=(I-SA)(I-\Pi_P B_P\Pi_P^T A)(I-\Pi_S B_S\Pi_S^T A)(I-\Pi_W B_W\Pi_W^T A)$$

下面，给出含隐式井问题的多阶段预条件子 B_{MSP2} 算法描述。

算法（4-4） 含隐式井问题的 B_{MSP2} 预条件子算法

步骤 1　给定的初始向量 x。

步骤 2　按下式求解井辅助问题：

$$x \leftarrow x+\Pi_W B_W\Pi_W^T(g-Ax) \qquad (4-150)$$

步骤 3　按下式求解饱和度/浓度辅助问题：

$$x \leftarrow x+\Pi_S B_S\Pi_S^T(g-Ax) \qquad (4-151)$$

步骤 4　按下式求解压力辅助问题：

$$x \leftarrow x+\Pi_P B_P\Pi_P^T(g-Ax) \qquad (4-152)$$

步骤 5　按下式磨光获得 w：

$$w \leftarrow x+S(g-Ax) \qquad (4-153)$$

算法（4-4）对应的求解流程见图 4-16。

为描述方便起见，简记基于上述预条件子 B_{MSP1} 和 B_{MSP2} 的 PGMRES（n）法分别为 MSP1-GMRES 和 MSP2-GMRES。

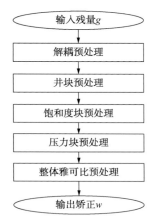

图 4-16　含井问题多阶段法预条件子（B_{MSP2}）求解流程图

注：合理地对各辅助空间子问题的求解方法进行组合，在油藏模拟中是至关重要的。我们选择先对井进行预条件处理，然后对饱和度/浓度块进行预条件处理，再次对压力块进行预条件处理，最后对整体 Jacobian 矩阵进行磨光。针对各个阶段的数学特点采用这种组合排序，在数值模拟中具有很好的稳健性。辅助问题解法器的选择对 ASP 预条件子 B_{MSP2} 的综合性能十分关键。希望辅助问题可以保留原有方程中每个未知量本身的物理性质，这样可以为每个辅助问题分别设计高效的求解器。例如，期望 A_P 可以保留压力方程的椭圆性，这样高效的求解器（如代数多重网格方法）就可以用来求解 A_P。

最后，通过一个含隐式井较多的实例来检测 B_{MSP2} 预条件子的稳健性。

实验所用油藏问题的模拟区域为带断层的非规则区域，具有 5209 个网格单元。该问题的特点是，井的数量相对较多，一共有 104 口井（一般不会同时打开）。由于井的数目的相对比例较大，井通过的网格数较多，所以井和油藏的耦合比较强，对传统的预处理方法和线性求解器具有很大的挑战性。我们选取整个油藏数值模拟过程中较难求解并具有不同井数的 Jacobian 矩阵，对 B_{MSP2} 预条件子和 ILU(0) 预条件子进行数值比较。

图 4-17 和图 4-18 分别给出了某实际问题的数值测试关于线性迭代次数与 CPU 求解时间的对比结果。

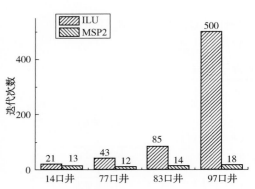

图 4-17　ILU(0) 和 B_{MSP2} 的迭代步数比较

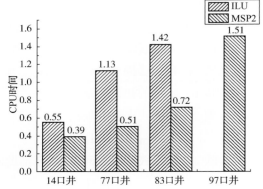

图 4-18　ILU(0) 和 B_{MSP2} 的 CPU 时间比较

[因 ILU(0) 对 97 口井的问题在 500 步不收敛，故未显示其 CPU 时间]

由图 4-17 可知，随着井的数目的增多，ILU(0) 预处理方法的效果越来越差，当有 97 口隐式井的时候，预处理方法在 500 步之内未收敛到所要求的收敛精度，甚至没有将收敛的迹象。另外，B_{MSP2} 预处理算法对井的处理是非常有效的，随着井的增多，迭代步数略有增长，但是总体还是非常稳健的，且比预处理方法的迭代步数要少很多。

在 CPU 时间上，B_{MSP2} 预处理方法也明显比 ILU 预处理方法有较大的优势。这里，是用 ILU(0) 预处理方法和 B_{MSP2} 预处理方法作为 PGMRES 迭代法的预条件子。初始解向量均为零向量，迭代的收敛准则是相对误差小于等于 1.0×10^{-10}。

由数值实验结果可知，B_{MSP2} 预处理方法对井的代数处理非常有效，能有效求解更复杂情形下的一般井和复杂井，且具有良好的通用性。

4.4　自适应预条件非光滑聚集 AMG 算法

由于复杂缝洞型油藏问题渗透率等物性参数的非均质性强等特性，其 Jacobian 矩阵的性态很差[如元素值相差多个量级、主对角元接近机器零($<1.0 \times 10^{-300}$)]不再满足 M 矩阵特性，导致原本高效(黑油)的多阶段预条件线性求解器(MSP)无法适用(压力方程的多重网格求解器无法正常粗化导致内存溢出)。

由图 4-19 可以看出，原非光滑聚集 AMG 算法在解决上述问题时，在某一段时间层，Jacobian 矩阵的行数以及非零元个数不发生变化，使得粗化无法进行下去。所以考虑另一种更为有效的预条件方法。

针对上述问题，通过给出复杂缝洞型油藏问题的压力方程系数矩阵的多尺度性和稀疏程度的度量参数，并依据该参数设计了将 VMB 粗化和 NPAIR 粗化有机融合的自适应预条件非光滑聚集 AMG 法。图 4-20 为使用新的方法得到的时间层与非零元个数之间的关系，可以明显看到，使用新方法之后的粗化在持续进行。

Leve 1	Num of rows	Num of nonzeros	Avg. NNZ / row
0	867665	1501244	1.73
1	867665	1501244	1.73
2	867665	1501244	1.73
3	867665	1501244	1.73
4	867665	1501244	1.73
5	867665	1501244	1.73
Grid complexity = 20.000 | Operator complexity = 20.000			

图 4-19　原非光滑聚集 AMG 算法

Leve 1	Num of rows	Num of nonzeros	Avg. NNZ / row
0	867665	1501244	1.73
1	136506	312989	2.29
2	48511	84417	1.74
3	12020	16486	1.37
4	1822	2016	1.11
Grid complexity = 1.229 | Operator complexity = 1.277			

图 4-20　自适应非光滑聚集 AMG 算法

下面给出自适应非光滑预条件聚集 AMG 法的算法步骤。

算法(4-5)　自适应预条件非光滑聚集 AMG 算法

步骤 1　初始化。

步骤 2　利用过滤参数 α 过滤原始矩阵 A，得到细网格矩阵 F 和稀疏度参数 β。

步骤 3　若 $\beta<\theta_1$，则做以下各步：

步骤 3-1　使用 VMB 粗化函数 F 得到粗网格矩阵 C：

$$C = \mathrm{VMB}(F) \tag{4-154}$$

否则，做以下各步：

步骤 3-2　使用 NPAIR 粗化函数 F 得到粗网格矩阵 C 和粗化率 γ：

$$(C,\ \gamma) = \mathrm{NPAIR}(F) \tag{4-155}$$

步骤 3-3　若 $\gamma<\theta_2$，则转至步骤 3-2，否则转至步骤 4。

步骤 4　算法结束。

下面以相邻两层网络为例，给出自适应预条件非光滑聚集 AMG 法的流程框图(见图 4-21)。

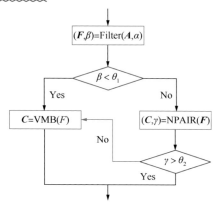

图 4-21　自适应预条件
非光滑聚集 AMG 算法流程

A—压力矩阵；F—过滤后矩阵；

C—粗化矩阵；Filter—小元素过滤模块；

NPAIR—粗化模块；VMB—粗化模块；

θ_1—稀疏阈值；θ_2—粗化阈值；

α—过滤参数；β—稀疏度；

γ—粗化率

4.5 OpenMP 版多阶段预条件线性求解器

4.5.1 并行多阶段预条件 GMRES 法

1）PGMRES 法的多核并行化

为描述方便起见，记串行版预条件子 B 相应的 OpenMP 并行版为 B_{OMP}。在算法（4-1）的基础上，将所有的基本线性运算程序模块，如稀疏矩阵向量乘积、向量内积和向量范数等，改为相应的 OpenMP 并行版，同时将 B 替换为 B_{OMP}，于是可得如下 OpenMP 并行版 PGMRES(n)法。

算法（4-6） OpenMP 并行版 PGMRES(n)法

步骤 1 选择 x_0 和适当的回头数 n，计算 $r_0=b-A_{x_0}$，令 $p_1:=r_0/\|r_0\|$（并行矩阵向量乘法）.

步骤 2 利用 Arnoldi 过程得到 $P_n:=(p_1, p_2, \cdots, p_n)$，$\widetilde{H}_n:=(h_{i,j})$，$i=1, \cdots, n+1$。$j=1, \cdots, n$。具体步骤如下：

for $j=1, 2, \cdots, n$ do

（1）计算 $\bar{p}=A B_{OMP}\overrightarrow{p_j}$（OpenMP 多线程并行矩阵向量乘法）.

（2）计算 $h_{i,j}=(\bar{p}, p_i)$，$i=1, 2, \cdots j$（OpenMP 多线程并行向量内积）.

（3）计算 $\widetilde{p}_{j+1}=\bar{p}-\sum_{i=1}^{j} h_{i, j} p_i$。

（4）计算 $h_{j+1,j}=\|\widetilde{p}_{j+1}\|$，若 $h_{j+1,j}=0$，则令 $n=j$，转至步骤 3。

（5）计算 $p_{j+1}=\widetilde{p}_{j+1}/h_{j+1,j}$。

endfor

步骤 3 求解以下极小化问题：

$$\|\beta e_1-\widetilde{H}_n y\| = \min_{z \in R^n} \|\beta e_1-\widetilde{H}_n z\| \tag{4-156}$$

得到 y，其中 $\beta=\|p_1\|$，$e_1=(1, 0, \cdots, 0)^T \in R^{n+1}$。

步骤 4 令 $x_n=x_0+B_{OMP}P_n y_n$。

步骤 5 计算 $r_n=b-Ax_n$（OpenMP 多线程并行矩阵向量乘法）.

步骤 6 若 $\|r_n\|$ 达到精度要求，则算法结束；否则令 $\overrightarrow{x_0}:=x_n$，$p_1:=r_n/\|r_n\|$，转至步骤 2。

为描述方便起见，简记上述基于预条件子 B_{OMP} 的 OpenMP 并行版 PGMRES(n)法为 B-GMRES-OMP。

2）多阶段预条件子的多核并行化

考虑预条件算法（4-1）的 OpenMP 并行设计，在算法（4-1）的基础上取 B_S 和 S

为基于强连通矩阵自由度分组的块高斯–赛德尔磨光，分别简记为 $B_{\text{GS-MC}}^s$ 和 $B_{\text{GC-MC}}$，取 B_P 为前文所设计的基于强连通矩阵自由度分组的 RS–AMG 法的 OpenMP 版，简记为 $B_{\text{RS-AMG-MC}}^P$。

下面给出预条件算法(4-1)的 OpenMP 并行版(简记 $B_{\text{MSP1}}^{\text{OMP}}$)的详细描述。

算法(4-7)   基于强连通矩阵自由度分组的并行多阶段预条件子

步骤 1   给定初始向量 x。

步骤 2   若 $N \leqslant \text{OMP\_HOLDS}$，则调用串行算法(4-1)计算预条件行为。

步骤 3   若 $N \geqslant \text{OMP\_HOLDS}$，则做以下各步：

步骤 3-1   基于 OpenMP 按下式并行求解饱和度/浓度辅助问题 4：

$$x \leftarrow x + \Pi_S B_{\text{GS-MC}}^s \Pi_S^{\text{T}}(g - Ax) \tag{4-157}$$

步骤 3-2   基于 OpenMP 按下式并行求解压力辅助问题：

$$x \leftarrow x + \Pi_P B_{\text{RS-AMG-MC}}^P \Pi_P^{\text{T}}(g - Ax) \tag{4-158}$$

步骤 3-3   基于 OpenMP 按下式并行磨光获得 w：

$$w \leftarrow x + S_{\text{GS-MC}}(g - Ax) \tag{4-159}$$

其中 N 为油藏网格活跃单元数(自由度数)，OMP_HOLDS 为串并行阈值参数(这是对问题规模的阈值，如果问题规模较小，则使用串行算法以避免并行带来的额外开销)。由于采用了 BCSR 存储结构，使得压力、饱和度/浓度辅助问题对应的系数矩阵 A_P、A_S 和 A 具有相同的"非零结构"，因此 $B_{\text{GS-MC}}^s$ 和 $S_{\text{GS-MC}}$ 可以使用 $B_{\text{RS-AMG-MC}}^P$ 第 0 层的自由度分组映射而不必再次生成。

类似于 OpenMP 并行预条件子 $B_{\text{MSP1}}^{\text{OMP}}$ 的设计，同样为 B_{MSP2} 设计了相应的基于强连通矩阵自由度分组的并行预条件子，简记为 $B_{\text{MSP2}}^{\text{OMP}}$。

为描述方便起见，简记基于上述预条件子 $B_{\text{MSP1}}^{\text{OMP}}$ 和 $B_{\text{MSP2}}^{\text{OMP}}$ 的 OpenMP 并行版 PGMRES(n)法分别为 MSP1-GMRES-OMP 和 MSP2-GMRES-OMP。

> **注(1)**：从上述算法可见，整体矩阵 A 的块高斯预处理是整个算法的重要组成部分。现有文献对高斯迭代法进行了大量的研究，包括对串行和并行实现的研究，形成的共识是由于算法本身的逻辑顺序为串行，并行实现会降低磨光效果(更加接近于 Jacobian 算法)。所以，需要在算法收敛效果和并行效率之间作出权衡，以达到最佳的效果。
>
> **注(2)**：类似于前文讨论的关于预条件子 B_{MSP1} 的两种简化情形 B_{CPR} 和 B_{DIAG}，同样可以得到 OpenMP 并行预条件子 $B_{\text{MSP1}}^{\text{OMP}}$ 相应的两种简化情形 $B_{\text{CPR}}^{\text{OMP}}$ 和 $B_{\text{DIAG}}^{\text{OMP}}$。

当所模拟的问题为结构网格时，可以结合单层结构网格信息及多色序高斯—赛德尔磨光算法的讨论，获得另一种基于多色序磨光的并行多阶段预条件算法，不妨仍记为 $B_{\text{MSP1}}^{\text{OMP}}$。

算法（4-8）　基于单层结构网格信息的多色序并行多阶段预条件算法 B_{MSP1}^{OMP}

步骤 1　给定初始向量 x。

步骤 2　若 $N \leqslant$ OMP_HOLDS，则调用串行算法(4-1)计算预条件行为。

步骤 3　若 $N \geqslant$ OMP_HOLDS，则做以下各步。

步骤 3-1　基于 OpenMP 按下式并行求解饱和度/浓度辅助问题：

$$x \leftarrow x + \Pi_S B_{GS-RB}^S \Pi_S^T (g - Ax) \tag{4-160}$$

步骤 3-2　基于 OpenMP 按下式并行求解压力辅助问题：

$$x \leftarrow x + \Pi_P B_{RS-AMG-RB}^P \Pi_P^T (g - Ax) \tag{4-161}$$

步骤 3-3　基于 OpenMP 按下式并行磨光获得 w：

$$w \leftarrow x + S_{GS-RB} (g - Ax) \tag{4-162}$$

其中，式(4-160)~式(4-162)中的 B_{GS-RB}^S、$B_{RS-AMG-RB}^P$ 和 S_{GS-RB}，通常二维取为 4 色，三维取为 8 色高斯—赛德尔磨光。

在算法(4-8)条件成立的前提下，和算法(4-7)相比，由于前者不需调用基于强连通矩阵的自由度分组算法，从而具有更高的运算效率。

在预条件算法(4-7)和算法(4-8)内关于压力子系统的求解过程中，需要使用 OpenMP 版并行 AMG，如 HYPRE 中的 BoomerAMG。由于 OpenMP 版 BoomerAMG 的并行插值算子和粗网格算子生成过程中，辅助数组规模的开设不够合理，如当线程数较多、所求解问题规模较大时，此处将导致内存开设瓶颈而不能正常求解。下面给出其改进算法。

4.5.2　OpenMP 版 BoomerAMG 的一种改进

本小节分别给出关于 OpenMP 并行生成插值算子与粗网格算子的高效算法，可以证明当稀疏矩阵 A 的带宽较小时，新算法能节约大量辅助存储空间。

设 $A \in R^{N \times N}$ 为对称矩阵。记 $G_A(V, E)$ 表示矩阵 A 对应的邻接图，其中 V 为节点集合(未知数集合)，E 为边的集合(除对角线外矩阵非零元表示的相邻关系)。不妨设已将节点 V 集分裂为粗节点集合 C 和细节点集合 F，使得：

$$V = C \cup F, \quad C \cap F = \varnothing \tag{4-163}$$

记粗节点集合的节点数为 n_c。设 F^C 为细节点到粗节点的映射。定义 $N_i := \{j \in V : A_{ij} \neq 0, j \neq i\}$，对于 $\theta \in [0, 1)$，同时定义：

$$S_i(\theta) := \{j \in N_i : -A_{ij} \geqslant \theta \cdot \max_{k \neq i} (-A_{ik})\} \tag{4-164}$$

令 $D_i^{F,s} := S_i(\theta) \cap F$，$D_i^{C,s} := S_i(\theta) \cap C$ 和 $D_i^w := N_i / (D_i^{C,s} \cup D_i^{F,s})$。于是可定义：

$$F_i := \{j \in D_i^{F,s} : i \text{ 和 } j \text{ 无共同依赖的粗点 } C\} \tag{4-165}$$

若 $A_{ii} A_{ij} > 0$，令 $\hat{A}_{ij} := 0$，否则令 $\hat{A}_{ij} := A_{ij}$。定义 $P = (P_{ij_c}) \in R^{N \times N_c}$ 为标准插值算子对应的矩阵，其非零元由下式定义：

$$P_{ij_c} = \begin{cases} \dfrac{-1}{A_{ii} + \sum\limits_{k \in D_i^w \cup F_i} A_{ik}} \left(A_{ij} + \sum\limits_{k \in D_i^{F,s}F_i} \dfrac{A_{ik}\hat{A}_{kj}}{\sum\limits_{m \in D_i^{C,s}} \hat{A}_{km}} \right), & i \in F, \ j \in D_i^{C,s}, \ j_c = F^C[j] \\ 1.0 & C, \ j_c = F^C[i] \\ 0.0 & \text{其他} \end{cases}$$

$$(4\text{-}166)$$

由于矩阵 $\boldsymbol{P}$ 十分稀疏，通常采用 CSR 格式存储。在插值算子的生成过程中，为了快速定位非零元所在的列号，往往需要被称为 M_P 的整型辅助数组。事实上，为生成 $\boldsymbol{P}$ 的第 i 行的元素，需定义：对于 $0 \leqslant j \leqslant N-1$。

$$M_P[j] := \begin{cases} J_{j_c} & j \in D_i^{C,s}, \ j_c = F^C[j] \\ [0.1cm]-2-i & j \in D_i^{F,s}, \ F_i \\ [0.1cm]-1 & \text{其他} \end{cases}$$

$$(4\text{-}167)$$

式中，J_{j_c} 为非零元 P_{ij_c} 在 CSR 矩阵 $\boldsymbol{P}$ 的列号存储数组中的位置。在 OpenMP 实现过程中，需要为每个 OpenMP 线程分配一个辅助数组 M_P，其长度为 N。所有线程上辅助数组 $M_{\boldsymbol{P}}$ 的总长度为 $N_T \times N$，这里 N_T 为总的 OpenMP 线程数。当 N_T 较大时，辅助数组 $M_{\boldsymbol{P}}$ 的内存开销非常大。下面讨论如何减少其开销。

设 $b_n = b_l + b_r$ 为矩阵 $\boldsymbol{A}$ 的带宽，其中 b_l 和 b_r 分别为其左带宽与右带宽。当节点集 V 依序且负载平衡地分配在各 OpenMP 线程上时（各线程上的节点数差异不超过 1），我们发现每个线程上 M_P 的实际使用长度远小于 N（见图 4-22）。

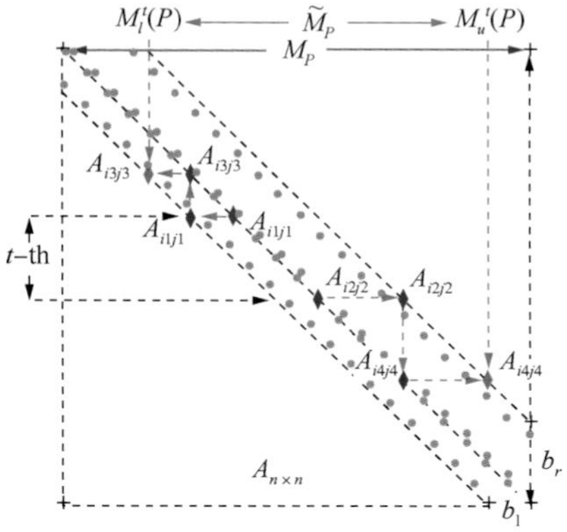

考虑到 $\boldsymbol{A}$ 为带状矩阵，可得到其长度 L_P^t 和下界 $M_l^t(P)$ 的如下估计：

$$L_P^t \leqslant \min\left(N, \ \frac{N}{N_T} + 2b_n \right) \text{ 和}$$

$$M_l^t(\boldsymbol{P}) \geqslant \max\left[0, \ \frac{N}{N_T}(t-1) - 2b_n \right]$$

$$(4\text{-}168)$$

代数多层网格法中的粗网格算子通常使用 Galerkin 方式生成 $A_c = (A_{ij}^c)_{N_c \times N_c}$

图 4-22　稀疏矩阵 $\boldsymbol{A}$ 对应的
插值矩阵 $\boldsymbol{P}$ 生成示意图

$M_l^t(P)$ 和 $M_u^t(P)$ 分别为第 t 个 OpenMP 线程上矩阵 A 的非零元列号指标的下界与上界

$\boldsymbol{A} := \boldsymbol{P}^T \boldsymbol{A} \boldsymbol{P}$（见图 4-23），其中：

$$A_{ij}^c = \sum_{k_1} \sum_{l_1} P_{k_1 i} A_{k_1 l_1} P_{l_1 j}, \ i, \ j = 1, \ \cdots, \ N_c \tag{4-169}$$

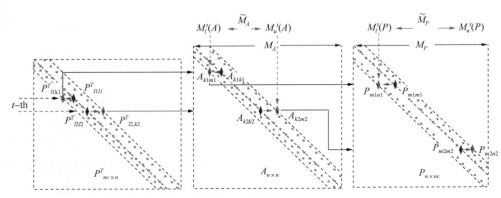

图 4-23　Galerkin 方式的粗网格算子 $A_c = P^T A P$ 生成

$M_l^t(A)$ 和 $M_u^t(A)$ 分别为 t-th OpenMP 线程上矩阵 A 的非零元对应的列号的下界与上界

类似于插值算子的生成过程，需要为每个线程分配两个辅助数组 M_A 和 M_P。M_A 的长度为 n，M_P 的长度为 n_c。通过研究稀疏带状矩阵对应粗网格算子的生成特点，得到 M_A 和 M_P 长度的近似公式。其实际长度 L_A^t 和偏移量 $M_l^t(A)$ 可以通过下式来计算：

$$L_A^t \leq \min\left(N, \ \frac{N}{N_T} + 2b_n\right) \text{ 和 } M_l^t(A) \geq \frac{N}{N_T}t - b_n \tag{4-170}$$

> **注**：如果不考虑矩阵 A 的带宽小于列数 N，则需要使用两个长度为 $N \times N_T$ 的辅助数组。然而，从式（4-170）可知，我们仅需要使用两个长度为 $N \times 2b_n N_T$ 的辅助数组。当 $n \gg b_n$ 且 N_T 较大时，通过使用上述估计式（4-170）我们可以节约大量内存。事实上，这将同样减少因内存初始化造成的时间开销。

数值实验：取实验计算环境二（"-O2" 优化编译参数）；PGMRES 解法器收敛控制准则为 $tol = 1.0 \times 10^{-4}$。

首先，测试改进的 AMGsetup 阶段的存储空间节约情况。由前文的讨论可知，多线程版 AMGsetup 阶段的辅助数组往往会浪费大量的内存空间。通过采用（3.2.9）和（3.2.11）式所提供的上下界估计，当矩阵带宽较小线程数较大时，可以在经典插值算子和粗网格算子生成过程中大量节约辅助数组内存的开销。令 Length(M_P) 表示辅助数组 M_P 的总长度，令 Length(M_A) 表示辅助数组 M_A 的总长度。表 4-1 给出了这两个辅助数组的对比实验结果。数值实验表明，当线程数为 12 时，针对最细网格层，这种改进使内存开设节约了 87%。

接着，通过数值实例检验 MSP1-GMRES-OMP 解法器的算法可扩展性（考察迭代次数的稳定性）和并行扩展性（考察多线程与单线程墙上时间的比值）。预条件算法（4-7）的性能依赖于三子问题解法器（或磨光子）的不同选取方式。本实验中，仅考虑三者取为缺省情形的性能。

表 4-1　SPE10 压力方程的 AMG 初始化阶段最细网格层上的辅助内存量

N_T	Length(M_P)			Length(M_A)		
	$N_T×n$	L_p	节约/%	$N_T×n$	L_A	节约/%
2	2188844	1200022	45.1	2188844	1147222	47.6
4	4377688	1305622	70.2	4377688	1252822	71.3
6	6566532	1411222	78.5	6566632	1358422	79.3
8	8755376	1516822	82.7	6566532	1464022	83.3
12	13133064	1728022	86.8	13133064	1675222	87.2

（1）实验数据取自某实际油田数值模拟中 4 个（艰难）时刻的 Jacobian 线性代数系统（见表 4-2）。本实验采用 B_{MSP1} 的简单 OpenMP 并行化版（基于自然序 GS 磨光，仍记为 B_{MSP1}）与 $B_{\text{MSP1}}^{\text{OMP}}$ 进行对比实验（见表 4-3）。

表 4-2　4 个（艰难）时刻的 Jacobian 线性代数系统

编号	物理时刻	牛顿步	网格规模	活跃井数
J1	第 7561 天	第 1 步	71×140×42	143
J2	第 7923 天	第 1 步	71×140×42	155
J3	第 9195 天	第 1 步	71×140×42	155
J4	第 9922 天	第 1 步	71×140×42	174

表 4-3　两种并行预条件算法的迭代次数

系统号	B_{MSP1}		$B_{\text{MSP1}}^{\text{OMP}}$	
	1 线程	8 线程	1 线程	8 线程
J1	6	>100	6	6
J2	5	>100	4	4
J3	6	>100	5	5
J4	5	>100	5	5

实验结果（见表 4-3）表明，对于复杂实际油藏问题，B_{MSP1} 的多线程版不能重构单线程的迭代次数（甚至超过最大迭代次数 100 次不收敛），而基于强连通矩阵自由度分组的并行预条件子 $B_{\text{MSP1}}^{\text{OMP}}$ 的多线程能重构单线程时的迭代次数，且迭代次数不多于单线程（串行）B_{MSP1} 的迭代次数；进一步表明，MSP1-GMRES-OMP 解法器具有良好的算法可扩展性。

（2）针对三组分 SPE10 标准算例进行 OpenMP 多核并行数值实验并分析其并行性能。

取 2000d 数值模拟中的 4 个代表 Jacobian 线性代数系统进行数值实验。它们源自不同时间层（每个时间层相差 5d）的第一个牛顿迭代步。通过利用这些算例，测试 3 个不同预条件子 $B_{\text{MSP1}}^{\text{OMP}}$、$B_{\text{CPR}}^{\text{OMP}}$ 和 $B_{\text{DIAG}}^{\text{OMP}}$ 的性能。

表 4-4~表 4-6 分别给出了 3 种预条件子的总迭代次数、墙上时间和相应的 OpenMP 加速比。

表 4-4　B_{MSP1}^{OMP} 方法的迭代次数、总时间和 OpenMP 加速比

线程数	第 1 套系统			第 2 套系统			第 3 套系统			第 4 套系统		
	迭代次数	总时间/s	加速比	迭代次数	总时间/s	加速比	迭代次数	总时间/s	加速比	迭代次数	总时间/s	加速比
1	32	31.34	—	34	32.79	—	34	32.77	—	32	31.49	—
2	32	17.72	1.77	34	18.48	1.77	34	18.46	1.78	32	17.68	1.78
4	32	13.44	2.33	34	13.19	2.49	34	13.14	2.49	32	12.60	2.50
8	33	11.02	2.84	34	11.20	2.93	34	11.18	2.93	32	10.80	2.91
12	33	10.99	2.85	34	11.27	2.91	34	10.84	3.02	32	10.77	2.92

表 4-5　B_{CPR}^{OMP} 方法的迭代次数、总时间和 OpenMP 加速比

线程数	第 1 套系统			第 2 套系统			第 3 套系统			第 4 套系统		
	迭代次数	总时间/s	加速比	迭代次数	总时间/s	加速比	迭代次数	总时间/s	加速比	迭代次数	总时间/s	加速比
1	45	39.01	—	45	38.90	—	43	37.36	—	42	36.56	—
2	45	21.95	1.78	45	21.90	1.78	43	21.00	1.78	42	20.67	1.77
4	45	15.42	2.53	45	15.44	2.52	44	15.19	2.46	42	14.56	2.51
8	45	13.12	2.97	45	13.09	2.97	44	12.86	2.90	42	12.35	2.96
12	45	13.19	2.96	45	13.18	2.95	43	12.66	2.95	42	11.93	3.07

表 4-6　B_{DIAG}^{OMP} 方法的迭代次数、总时间和 OpenMP 加速比

线程数	第 1 套系统			第 2 套系统			第 3 套系统			第 4 套系统		
	迭代次数	总时间/s	加速比	迭代次数	总时间/s	加速比	迭代次数	总时间/s	加速比	迭代次数	总时间/s	加速比
1	49	41.69	—	49	41.48	—	48	40.96	—	44	37.75	—
2	49	23.42	1.78	48	22.93	1.81	48	22.87	1.79	44	21.25	1.78
4	49	16.67	2.50	49	16.62	2.50	48	16.30	2.51	44	15.37	2.46
8	49	14.30	2.91	48	13.94	2.98	48	13.91	2.95	44	12.92	2.92
12	48	14.00	2.98	48	13.99	2.97	47	13.58	3.02	44	12.99	2.91

由表 4-4~表 4-6 可知，这 3 个方法的迭代次数非常稳健，且多线程重构了单线程的迭代次数，相对于串行版达到 3 倍左右的加速比。进一步，数值实验结果表明，B_S、B_P 和 S 每个部分均具有非常重要的作用，舍弃三者之一将造成 20% ~ 30% 的 CPU 运算时间损失。对于复杂的油藏问题，这种舍弃将带来更严重的后果。

4.5.3 接口设计

数值模拟通常是针对一定的数学模型,将所研究的问题和求解方法按照某种或某几种计算机语言规则编制为运算程序,并最终形成计算机软件。对于不同的数学模型,所使用的求解方法不一样,进而又影响到软件编制所采用的数据结构和其他技巧。更为重要的是:在给定成本和进度前提下,如何开发出具有适用、可靠、易理解、可移植等符合现代软件工程规范的数值模拟软件,是一个浩大的系统工程,需要我们用系统化的、规范化的、可定量的过程化方法去开发和维护这些软件。下面给出求解软件模块设计示意图(见图4-24)和多阶段法预条件 GMRES 法求解流程图(见图4-25)。

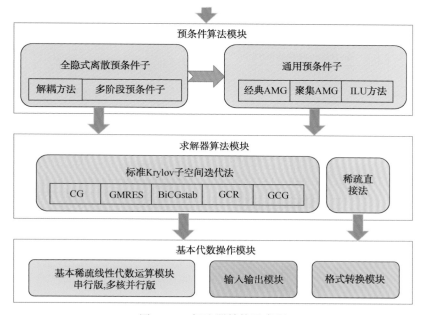

图4-24 解法器结构示意图

解法器模块包含 600 余个公用(public)子函数,另有约 200 个私有(private)子函数,共计 100000 多行代码。

4.5.4 牛顿迭代预判终止准则

预判终止准则:借助牛顿迭代法中解向量相对残量的平均范数,引入相对残量连续增长因子 θ_1 和累计增长因子 θ_2。当 $\theta_1 > \alpha$ 或 $\theta_2 > \beta$ 时(α、β 可自定义),提前终止牛顿迭代,进入新的时间步。图4-26 中第一列为牛顿迭代次数,倒数第一列为 θ_2,倒数第二列为 θ_1。当时间步长越短,牛顿迭代越容易收敛,求解当前时间步所花费的时间也就越短;反之,当时间步长越长,牛顿迭代越难收敛,求解当前时间步所花费的时间也就越长。

图4-26 给出了某时刻的牛顿迭代次数、线性迭代次数、牛顿迭代次数 CPU 时间、最大残量、平均残量、累计增长因子、连续增长因子的实验数据。

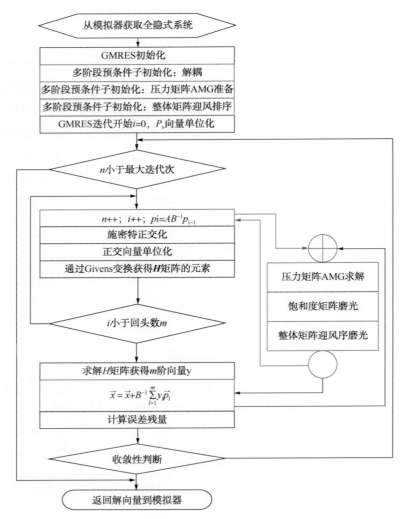

图 4-25　多阶段法预条件 GMRES 法求解流程图

1	11	2.87e+00	1.92e+00	2.40e−04	0	0
2	3	1.31e+00	4.15e+02	1.32e−03	1	1
3	2	1.19e+00	1.83e+03	3.41e−03	2	2
4	10	2.77e+00	2.48e+02	6.56e−04	2	0
5	2	1.29e+00	4.21e+03	6.42e−03	3	1
6	4	1.49e+00	1.53e+02	4.68e−04	3	0
7	3	1.32e+00	2.53e+02	6.37e−04	4	1
8	3	1.31e+00	2.92e+02	6.30e−04	4	0
9	3	1.30e+00	1.71e+02	1.99e−04	4	0
10	3	1.30e+00	1.22e+02	2.57e−04	5	1
11	4	1.49e+00	2.76e+01	7.62e−05	5	0
12	4	1.47e+00	8.03e+01	1.12e−04	6	1
13	2	1.13e+00	1.74e+03	2.53e−03	7	2
14	3	1.28e+00	7.87e+01	1.92e−04	7	0
15	3	1.28e+00	8.20e+02	1.07e−03	8	1
16	2	1.12e+00	5.30e+02	6.81e−04	8	0
17	3	1.31e+00	4.47e+01	7.59e−05	8	0
18	5	1.67e+00	5.15e+00	1.77e−05	8	0
19	3	1.32e+00	1.27e+02	1.63e−04	9	1
20	4	1.48e+00	1.99e+01	4.34e−05	9	0

图 4-26　某时刻的实验数据

通过观察图 4-26 中的数据发现，当相对残量连续增长因子 θ_1 超过连续 2 次增长后，后续牛顿迭代就不会收敛。此时，我们提前停止当前时间层的牛顿迭代，并将时间步减半继续求解，从而减少不必要的计算。

以 S74 油水气三相 41 万网格 100d 为例，对比新旧两种牛顿迭代收敛准则的求解效率。表 4-7 给出了其时间层、牛顿迭代次数、线性步等信息。

表 4-7   新旧两种牛顿迭代收敛准则的求解效率

参　数	原准则	新准则
时间层	41	41
牛顿迭代次数	296	169
线性步	974	630
线性时间/h	396	238
总时间/h	866	536

由表 4-7 可知，新准则相比于原准则求解效率显著提高，其中总时间加速了 38.11%，线性时间加速了 40%。

4.6   测试算例与实际缝洞型算例的应用效果

在本节，我们通过 3 个典型标准实例和 5 个实际缝洞型算例测试基于多阶段预条件算法的高效油藏模拟解法器的各项性能。

4.6.1   SPE1 标准算例

为考察 MSP1-GMRES 解法器的收敛性以及 MSP1-GMRES-CUDA 的算法和并行可扩展性，以网格规模为 20×20×10 的 SPE1 算例为例，其详细模型参数见表 4-8~表 4-11。

表 4-8   SPE1 的基本参数

流体类型	黑油	岩石压缩系数/psi^{-1}	0.3×10^{-5}	参考深度/ft	8500
坐标系统	笛卡尔块中心	水相黏度/mPa·s	0.31	参考压力/psi	4825.22
X 网格数	20	水相压缩系数/psi^{-1}	3.0×10^{-6}	气油界面深度/ft	7000
Y 网格数	20	水相体积系数/(bbl/STB)	1.0	油水界面深度/ft	8500
Z 网格数	10	油相泡点压力/psi	4014.7	毛管压力 P_{cgo}/psi	见表 4-10
原始油藏温度/℃	160	油相压缩系数/psi^{-1}	15.1×10^{-6}	毛管压力 P_{cwo}/psi	见表 4-10
模拟开始时间	1980-1-1	气体密度/(lbm/ft³)	0.14	模拟时间/d	3655.5

表 4-9   SPE1 的地质模型描述

单元尺寸/ft	$d_x = d_y = 500; \ d_z = 10;$
顶部深度/ft	$TOPS = 8325;$
孔隙度	$\phi = 0.3;$
绝对渗透率/$10^{-3} \mu m^2$	$K_x = \{500, 50, 200\}; \ K_z = \{75, 35, 15\}; \ K_y = K_z$

表 4-10　SPE1 油、气相对渗透率与毛管压力

S_w	K_{rw}	K_{ro}	P_{cwo}/psi	S_g	K_{rg}	K_{rog}	P_{cgo}/psi
0.18	0	0.85	0	0.02	0	0.997	0
0.24	0	0.7	0	0.05	0.005	0.98	0
0.32	0	0.35	0	0.12	0.025	0.7	0
0.37	0	0.2	0	0.2	0.075	0.35	0
0.42	0	0.09	0	0.25	0.125	0.2	0
0.52	0	0.021	0	0.3	0.19	0.09	0
0.57	0	0.01	0	0.4	0.41	0.021	0
0.62	0	0.001	0	0.45	0.6	0.01	0
0.72	0	0.0001	0	0.5	0.72	0.001	0
0.75	0	0	0	0.6	0.87	0.0001	0
1	0	0	0	0.7	0.94	0	0
—	—	—	—	0.85	0.98	0	0
—	—	—	—	1	1	0	0

表 4-11　SPE1 的 PVT 关系

P/psi	R_{so}/(SCF/STB)	B_o/(bbl/STB)	μ_o/cp	B_g/(ft^3/SCF)	μ_g/mPa·s
14.7	0.001	1.062	1.04	166.67	0.008
264.7	0.0905	1.15	0.975	12.09	0.0096
514.7	0.18	1.207	0.91	6.2741	0.0112
1014.7	0.371	1.295	0.83	3.197	0.014
2014.7	0.636	1.435	0.695	1.6141	0.0189
2514.7	0.775	1.5	0.641	1.294	0.0208
3014.7	0.93	1.565	0.594	1.08	0.0228
4014.7	1.27	1.695	0.51	0.811	0.0268
5014.7	1.618	1.827	0.449	0.649	0.0309
9014.7	2.984	2.357	0.203	0.3859	0.047

　　在粗网格 20×20×10 的基础上进行一致加密获得 40×40×20、80×80×20、100×100×20 和 160×160×20 共 5 个嵌套网格。进一步，采用 MSP1-GMRES 对其进行求解。通过利用这 5 套网格相应的日产油量曲线的变化规律，考察该解法器的收敛性。具体实验结果如图 4-27 所示。

　　由图 4-27 可见，随着网格的加密，网格规模较小（粗网格）的日产油量曲线逐渐趋近于网格规模较大（细网格）的日产油量曲线，且曲线间的间距越来越小。由此可知，随着网格的加密，日产油量曲线能收敛于极限解，从而验证了 MSP1-GMRES 解法器的收敛性。

扩展性：以网格规模为 160×160×20 为例，图 4-28 给出了 MSP1-GMRES-CUDA 取不同 θ 值对应的日产油量曲线与 MSP1-GMRES 的日产油量曲线的对比图。

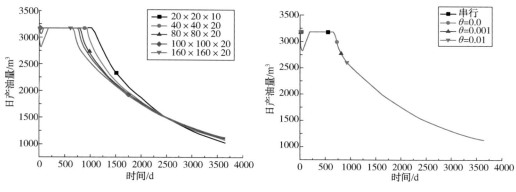

图 4-27　各网格规模下的日产油量对比曲线　　图 4-28　不同 θ 下的日产油量曲线

由图 4-28 可见，不同 θ 值对应的日产油量曲线与 MSP1-GMRES 的日产油量曲线高度吻合，从而验证了并行解法器 MSP1-GMRES-CUDA 求解黑油模型 SPE1 的正确性。

图 4-29 和图 4-30 分别给出了 MSP1-GMRES-CUDA 在不同网格规模和不同 θ 取值时，对应的平均时间步长和平均牛顿迭代次数的变化情况。

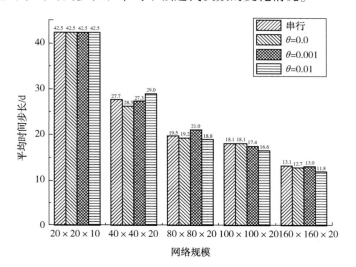

图 4-29　平均时间步长柱状图

由图 4-29 和图 4-30 可见，随着网格规模的增大，平均时间步长整体呈下降趋势，平均牛顿迭代次数整体呈增长趋势，从而表明，高分辨率（网格规模大）模型对数值求解带来更大的困难。进一步，相同网格规模下不同 θ 值对应的平均时间步长和平均牛顿迭代次数均与串行基本一致，从而表明，MSP1-GMRES-CUDA 具有良好的算法可扩展性。

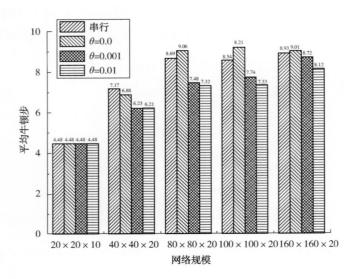

图 4-30　平均牛顿迭代次数柱状图

图 4-31 给出了 MSP1-GMRES-CUDA 在不同网格规模和不同 θ 取值时，对应的加速比的变化情况。

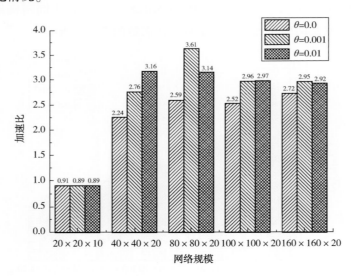

图 4-31　MSP1-GMRES-CUDA 的加速比柱状图

由图 4-31 可见，随着网格规模的增大，加速比整体呈上升趋势，特别地，当网格规模较大时，加速比均大于 2.0，网格规模较小时，GPU 慢于 CPU，从而表明 MSP1-GMRES-CUDA 具有良好的并行可扩展性。

θ 对解法器性能的影响：以 $80\times80\times20$ 为例，表 4-12 给出了 MSP1-GMRES-CUDA 对应的时间层、牛顿迭代次数、线性迭代次数和总时间等实验结果。

由表 4-12 可见，θ 值对总时间和线性解法器时间的影响较大，当 $\theta=0.001$ 时，线性解法器时间最少，且此时加速比达到了 3.61，从而表明，通过调整 θ 的取值能达到较好的模拟效果。

表 4-12　网格规模为 80×80×20 时 MSP1-GMRES-CUDA 的性能

参数	MSP1-GMRES	MSP1-GMRES-CUDA		
		$\theta = 0.0$	$\theta = 0.001$	$\theta = 0.01$
时间层	187	190	174	194
牛顿迭代次数	1625	1721	1301	1420
线性迭代次数	21304	21957	16068	20606
平均牛顿迭代次数	8.69	9.06	7.48	7.32
平均线性迭代次数	13.11	12.76	12.35	14.51
总时间/s	3885.9	2005.5	1466.8	1672.1
线性解法器时间/s	3070.6	1184.7	850	977.2
线性解法器耗时百分比/%	79.02	59.07	57.95	58.44
并行加速比	—	2.59	3.61	3.14

综上所述，MSP1-GMRES 解法器的模拟结果是可靠的；MSP1-GMRES-CUDA 具有良好的算法和并行可扩展性，且 θ 越小，并行重构串行越好，但此时总体求解效率并不一定是最高的，可以通过调整 θ 的取值，从而达到扩展性和求解效率之间的平衡。

4.6.2　SPE10 标准算例

为考察 MSP1-GMRES-OMP 解法器对模型粗化（Upscaling）方法的有效性和相态变化的适应性，引入如下 SPE10 中的第二个标准算例。

1）油田参数

SPE10 最初产生于 PUNQ 项目（目的是在准确性方面与各自的解决方案进行对比），为不含断层、无顶部结构，且具有均匀的初始水油界面的简单地质结构，但具有很强的各向异性。求解域规模为 1200×2200×170，原始网格规模为 60×220×85，网格数 112.2 万。在油藏中心位置有一口注水井，四个角落各有一口生产井，总模拟时间为 2000d。在油藏参考深度 12000ft 处，其初始压力为 8000psi（磅/平方英寸），由于油藏压力始终高于泡点压力（$P > P_b$），在整个数值模拟中只有两相（水和油）。

在标准条件下的原油密度为 53lbm/scf（磅/立方英尺）；在油藏条件下油黏度为 3mPa·s，饱和压力较低；渗透率范围为 $(0.00066 \sim 20000) \times 10^{-3} \mu m^2$，平均渗透率为 $364.52 \times 10^{-3} \mu m^2$，垂直和水平渗透率之间的比值变化范围分别为 $0.001 \sim 0.3$；平均孔隙度和最大的孔隙度分别是 0.1749 和 0.5，图 4-32 给出了 4 个样本水平层的孔隙度分布情况。

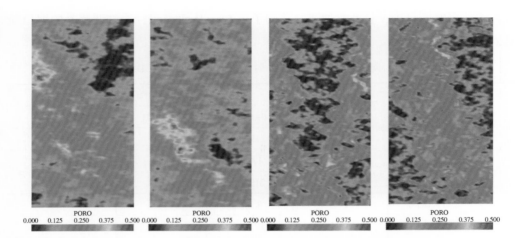

图 4-32　SPE10（Model2）4 个样本水平层的孔隙度

2）模拟结果

（1）模型粗化的有效性。

① 针对 SPE10 原始问题（110 万个网格单元，220 万个自由度），将 MSP1-GMRES 的模拟结果与 Landmark、Geoques、Chevron 和 Streamsim 的结果进行定量对比。图 4-33 给出了各解法器的日产油量和平均压力曲线，由此可见 MSP1-GMRES 与其他解法器的结果非常吻合。

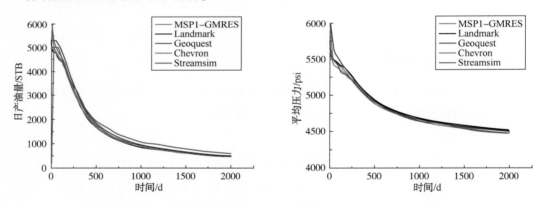

图 4-33　不同的解法器的日产油量（左）和平均压力（右）的比较

② 考察 MSP1-GMRES 对模型粗化的可靠性。图 4-34 给出了粗化模型与原始模型的孔隙度分布。

图 4-35~图 4-38 分别给出了经注水 30d、200d、800d 和 1500d 后粗化模型和原始模型对应的水饱和度分布，这些图中白色斑点表示油藏中的死网格单元。

经过粗化后"水指"现象明显消失，由此可知，原始模型储层的非均质性经粗化后减弱；在注水的过程中，几乎全部水侵在各层内呈水平流动状态，这就意味着各地层内注水速度（梯度）基本相同，且含水量增长缓慢（表明各向异性明显）；另外，原始模型可清晰观察到水侵沿着高渗透率通道流动（如死网格单元附近，由于渗透率低，未见水侵）。

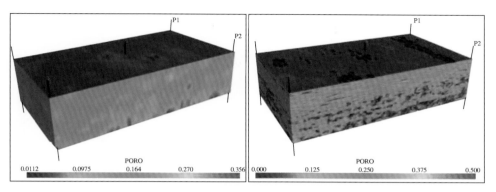

图 4-34　SPE10 模型的孔隙度：粗化模型（左）和原始模型（右）

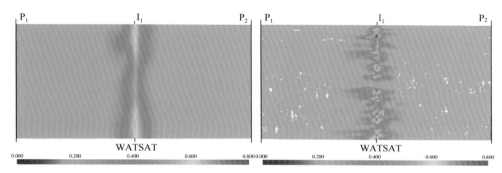

图 4-35　SPE10 注水 30d 后水饱和度分布：粗化模型（左）和
原始模型（右），其中 P_1、P_2 为生产井，I_1 为注入井

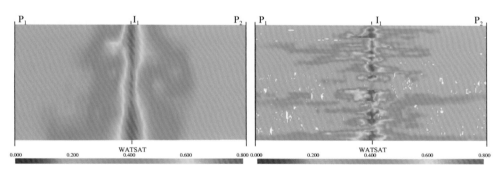

图 4-36　SPE10 注水 200d 后水饱和度分布：粗化模型（左）和原始模型（右）

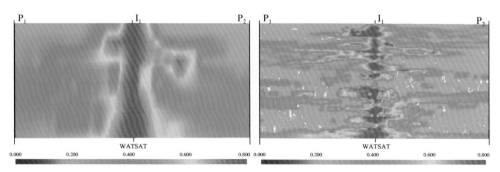

图 4-37　SPE10 注水 800d 后水饱和度分布：粗化模型（左）和原始模型（右）

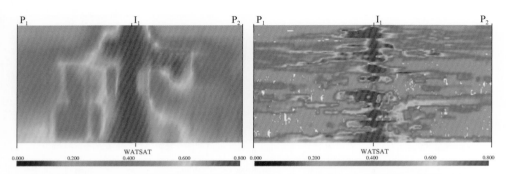

图 4-38　SPE10 注水 1500d 后水饱和度分布：粗化模型(左)和原始模型(右)

综上所述，MSP1-GMRES 解法器对模型粗化具有良好的适应性，且模拟结果与物理现象定性相符。

（2）解法器效率分析。

考察 3 种预条件子 B_{MSP1}、B_{CPR} 和 B_{DIAG} 对 SPE10 原模型求解效率的影响，表 4-13 给出了这些预条件子解法器相应的综合性能。

表 4-13　SPE10 标准算例 3 种预条件 GMRES 对比结果

预条件	时间层	牛顿迭代次数	总线性次数	平均牛顿迭代次数	平均线性步	计算时间/min
B_{CPR}	161	286	3773	1.78	13.19	53.50
B_{DIAG}	161	269	4462	1.67	16.59	59.19
B_{MSP1}	161	254	2508	1.58	9.87	41.58

从表 4-13 可见，预条件子 B_{MSP1} 的每个部分在迭代法的收敛率方面发挥着非常重要的作用。去掉 B_S 或 S，不仅平均线性迭代次数增加，同时引起非线性迭代次数的增加。虽然关于预条件子的选择对所有问题而言不是最优的，但是对于 SPE10 这个极富有挑战而言的标准算例是十分高效稳健的。

接着，将解法器 MSP1-GMRES 与商业模拟器 ECLIPSE 和 tNavigator 进行了对比实验，详细结果见表 4-14。注：表中对比实验结果由合作单位中国石油 HiSim 研发组提供，测试环境为某桌面工作站。

表 4-14　三个模拟器模拟 SPE10 的对比结果

模拟器	时间层	牛顿迭代次数	总时间/h
ECLIPSE	8361	20398	189
tNavigator	20655	2324	18
MSP1-GMRES	166	332	0.8

由表 4-14 可见，与模拟器 ECLIPSE 和 tNavigator 相比 MSP1-GMRES 在时间层、牛顿迭代次数和总时间上均具显著优势，从而表明 MSP1-GMRES 是稳健高效的。

扩展性：表 4-15 给出了时间层、牛顿迭代次数、平均线性迭代次数、总时间和并行加速比(单核墙上时间与多核墙上时间的比值)等结果。

表 4-15　实验计算环境二上 MSP1-GMRES-OMP 解法器的性能

线程数	1	2	4	8
时间层	161	161	161	161
牛顿迭代次数	254	255	254	255
平均线性迭代次数	9.87	9.88	9.88	9.89
总时间/min	59.08	41.25	32.78	32.4
线性解法器时间/min	46.13	30.28	20.82	20.42
并行加速比	—	1.52	2.22	2.26

由表 4-15 可见，对于 MSP1-GMRES-OMP 解法器的多线程与单线程，在时间层、牛顿迭代次数和平均线性迭代次数方面基本相同。由此可知，MSP1-GMRESOMP 具有良好的算法可扩展性；另外，当线程数为 8 时，加速比为 2.26，表明 MSP1-GMRES-OMP 具有良好的并行可扩展性。

（3）相态变化的适应性。

在原始 SPE10 模型（油水两相）的基础上将地层饱和压力提高为 5000psi，对油气 PVT 特性做相应修改，相渗曲线由油水两相修改为油气水三相，获得了相应的 SPE10 油气水三相算例，并进行了相应的数值实验，见表 4-16。

表 4-16　三种预条件 GMRES 求解三相 SPE10 问题的效率

预条件	时间层	牛顿迭代次数	总线性次数	平均牛顿迭代次数	平均线性步	计算时间/h
B_{CPR}	796	1253	57723	1.57	41.50	20.15
B_{DIAG}	805	2045	103249	2.54	46.34	17.47
B_{MSP1}	736	997	32829	1.35	32.92	6.60

由此可知，MSP1-GMRES 解法器对相态变化具有良好的适应性；表 4-16 同样说明，预条件子 B_{MSP1} 的每个部分在迭代法的收敛率方面发挥着非常重要的作用。

4.6.3　千万网格算例

为考察 MSP1-GMRES-OMP 对超大规模问题的适应性及相应的并行可扩展性，我们设计了一个网格规模为千万量级的机理模型，基本参数见表 4-17。

表 4-17　模型基本参数

流体类型	黑油	岩石压缩系数/psi⁻¹	56.0×10^{-5}	参考深度/ft	1580
坐标系统	笛卡尔块中心	水相黏度/(mPa·s)	0.57	参考压力/psi	190
X 网格数	400	水相压缩系数/psi⁻¹	1.004	气油界面深度/ft	1650
Y 网格数	400	水相体积系数/(bbl/STB)	20.6	油水界面深度/ft	1670
Z 网格数	60	油相泡点压力/psi	125.6	气体密度/(lbm/ft³)	0.57
原始油藏温度/℃	71.11	模拟开始时间	2005-1-1	模拟时间/d	365.25

由于网格规模达到 1000 万单元(自由度数为 3000 万),使用实验计算环境二对该模型进行数值模拟,具体实验结果如下。

图 4-39 和图 4-40 给出了 MSP1-GMRES-OMP 解法器线程数分别为 1、2、4 和 8 时,数值模拟的日产油、日产气、日产水和日含水率曲线。

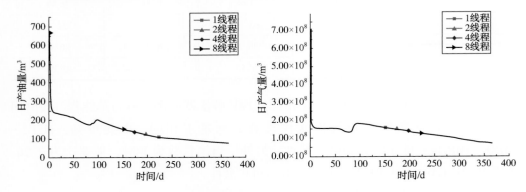

图 4-39　日产油量(左)和日产气量(右)

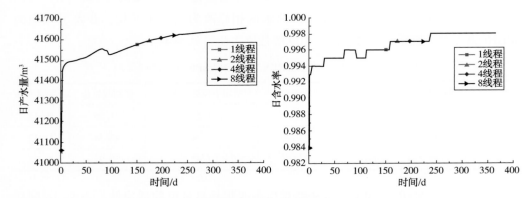

图 4-40　日产水量(左)和日含水率(右)

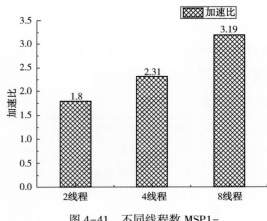

图 4-41　不同线程数 MSP1-GMRES-OMP 的加速比

由图 4-39 和图 4-40 可见,各线程的日产油、日产气、日产水和日含水率曲线高度吻合,表明并行模拟器的多线程模拟结果完全重构了单线程的结果,从而验证了并行模拟器的可靠性。

图 4-41 给出了 MSP1-GMRES-OMP 解法器线程数分别为 1、2、4 和 8 时,数值模拟的加速比柱状图。

由图 4-41 可见,并行加速比随线程数单调增加,且增幅不断扩大;特别地，在 8 线程时，加速比达 3.2 倍，表明 MSP1-GMRES-OMP 具有良好的并行可扩展性。

表 4-18 给出了 MSP1-GMRES-OMP 解法器详细的实验结果。

表 4-18　网格规模为 400×400×60 时 MSP1-GMRES-OMP 解法器性能

线程数	1	2	4	8
时间层	175	175	175	175
牛顿迭代次数	697	697	697	697
线性迭代次数	6581	6581	6581	6581
平均牛顿迭代次数	3.98	3.98	3.98	3.98
平均线性迭代次数	9.44	9.44	9.44	9.44
总时间/h	42.2	27.37	22.66	18.45
线性解法器时间/h	33.8	18.82	14.64	10.61
线性解法器耗时百分比/%	80.10	68.77	64.61	57.49

由表 4-18 可见：

① 平均牛顿迭代次数仅为 4 步，平均线性迭代次数不足 10 次，而该复杂油藏问题的网格规模为 1000 万（自由度达 3000 万），表明多阶段预条件 GMRES 法十分稳健高效。

② 多线程的时间层、牛顿迭代次数和线性迭代迭代次数相同，表明基于强连通矩阵自由度分组的多阶段法具有良好的算法可扩展性。

③ 单线程的总模拟墙上时间为 42.2h，线性时间为 33.8h，对于桌面工作站能解决这种超大规模复杂油藏问题已是非常不易的突破（由现状分析可知，传统方法对 100 万网格规模是望而却步的），且模拟时间在可接受范围之内；进一步，用 8 线程模拟时，线性时间仅为 10h，极大地提高了模拟效率。

④ 各线程线性解法器的时间占总模拟时间的主部。

4.6.4　实际缝洞型油藏算例 1

为考察 MSP-GMRES 解法器对实际缝洞型油藏数值模拟的适应性、求解效率和 OpenMP 加速效果，引入如下 sub2（30 万规模）的实际缝洞型算例。

分别采用 3 个不同解法器对上述实际油田进行数值模拟，其中，F_AMG 表示 FASP 解法器库中的 AMG 预条件 GMRES 解法器，A_CPR 表示 AMGCL 解法器库中的 CPR 预条件 BICGSTAB 解法器，F_MSP 表示 FASP 解法器库中的多阶段预条件 GMRES 解法器。

1）油田（区块）参数

油藏 sub2 区块详细模型参数见表 4-19～表 4-22。

表 4-19　实际算例 sub2 的基本参数

岩石压缩系数/bars⁻¹	4.05×10^{-5}	参考深度/m	4800
水相黏度/mPa·s	2.418×10^{-6}	参考压力/bars	580
水相压缩系数/bars⁻¹	1	油水界面深度/m	4800
水相体积系数/(m³/m³)	1.02	毛管压力 P_{cgo}/bars	见表 4-21
气体密度/(kg/m³)	0.678	毛管压力 P_{cwo}/bars	见表 4-21

表 4-20　实际算例 sub2 的地质模型描述

孔隙度	见图 4-42
各方向的渗透率/$10^{-3}\mu m^2$	见图 4-43~图 4-45

表 4-21　实际算例 sub2 分区表油、气相对渗透率与毛管压力

S_w	K_{rw}	K_{ro}	P_{cwo}/bars	S_g	K_{rg}	K_{rog}	P_{cgo}/bars
0.1	0	1	0.3	0	0	1	0
0.2	0.0275	0.5675	0.25	0.1	0	0.7	0.1
0.317	0.0675	0.29	0.2	0.2	0.05	0.48	0.2
0.426	0.1325	0.1675	0.16	0.3	0.13	0.3	0.3
0.56	0.255	0.085	0.12	0.4	0.21	0.18	0.4
0.644	0.365	0.05	0.05	0.5	0.32	0.11	0.5
0.8	0.6875	0.0175	0.03	0.6	0.45	0.06	0.6
0.9	1	0	0	0.7	0.68	0.02	0.7
—	—	—		0.8	1	0	0.8

表 4-22　实际算例 SUB2 的 PVT 关系

P_o/bars	B_o/(bbl/STB)	μ_o/mPa·s	P_g/bars	B_g/(ft³/SCF)	μ_g/mPa·s
132	1.205	7.78	1	1	0.005
592.8	1.1264	36.99	70	0.016737	0.0196
700	1.1085	43	100	0.011795	0.02356
—	—	—	200	0.006207	0.027379
—	—	—	300	0.004465	0.028388
—	—	—	400	0.00364	0.029397
—	—	—	500	0.003165	0.030406
—	—	—	600	0.002857	0.031415
—	—	—	700	0.002717	0.032424

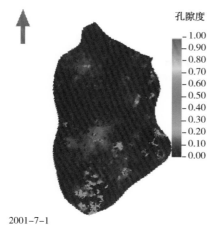

2001-7-1

图 4-42　sub2 的孔隙度

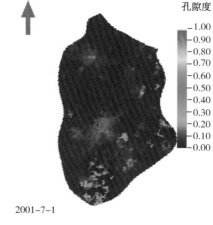

2001-7-1

图 4-43　sub2 的 x 方向的渗透率

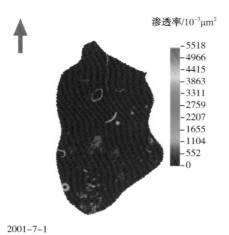

2001-7-1

图 4-44　sub2 的 y 方向的渗透率

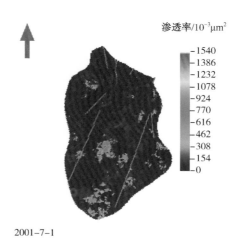

2001-7-1

图 4-45　sub2 的 z 方向的渗透率

2）串行对比实验

（1）模拟结果定性分析。

采用 F_AMG、A_CPR、F_MSP 3 个解法器对上述实际油田进行数值模拟，考察它们的对大规模实际油藏的求解效率与实用性（见图 4-46～图 4-51）。

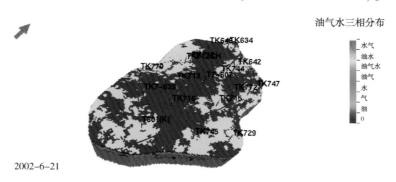

2002-6-21

图 4-46　隐压显饱（IMPES）F_AMG 对应的油气水三相分布

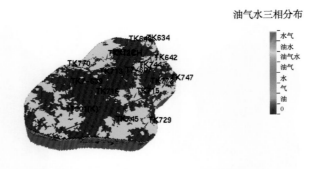

2002-6-21

图 4-47　全隐格式（FIM）A_CPR 对应的油气水三相分布

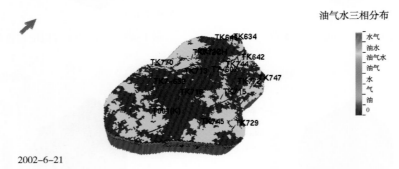

2002-6-21

图 4-48　全隐格式（FIM）F_MSP 对应的油气水三相分布

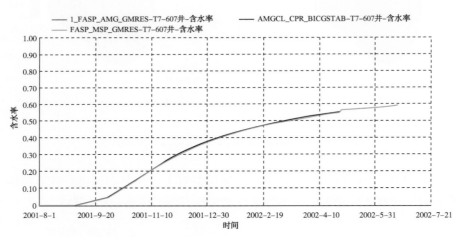

图 4-49　F_AMG、A_CPR 和 F_MSP 三种解法器
对应 T7_607 井的含水率（相对误差为 0.171%）

　　由图 4-46 至图 4-51 可见，显格式 F_AMG 解法器与 A_CPR 解法器及 F_MSP 解法器对应的油气水三相分布三维空间分布图完全吻合，且在同一口井 T7-607 下的含水率、累积产油量、累积产水量的曲线完全吻合，相对误差都<2%。由此验证了 F_MSP 解法器求解大规模实际缝洞油藏问题的正确性。接下来考察 3 种解法器的求解效率。

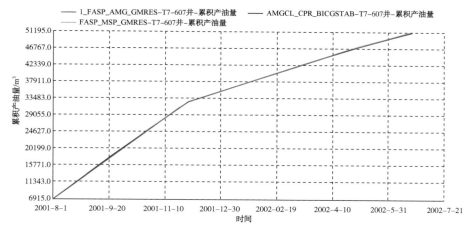

图 4-50　F_AMG、A_CPR 和 F_MSP 三种解法器
对应 T7-607 累积产油量(相对误差为 0.050%)

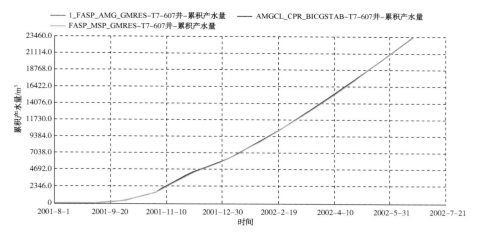

图 4-51　F_AMG、A_CPR 和 F_MSP 三种解法器
对应 T7-607 井的累积产水量(相对误差为 0.790%)

（2）模拟效率分析。

表 4-23、图 4-52~图 4-55 给出了 F_AMG 解法器、A_CPR 解法器和 F_MSP 解法器求解 sub2 30 万网格实际油藏问题对应的时间层、牛顿迭代次数、线性迭代次数和总时间等实验结果。

表 4-23　不同解法器求解 sub2 实际油藏的性能

解法器	F_AMG	F_CPR	F_MSP
时间层	563	554	537
牛顿迭代次数	2217	2277	2108
线性迭代次数	13203	19052	5092

解法器	F_AMG	F_CPR	F_MSP
平均牛顿迭代次数	3.94	4.11	3.93
平均线性迭代次数	5.96	8.37	2.42
总时间/h	1.43	1.37	0.87
线性解法器时间/h	1.01	0.84	0.33
线性解法器耗时百分比/%	70.37	61.42	37.82

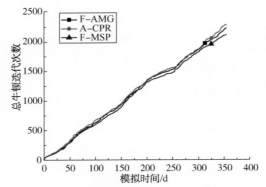

图 4-52　F_AMG、A_CPR 和 F_MSP
三种解法器对应的总牛顿迭代次数曲线

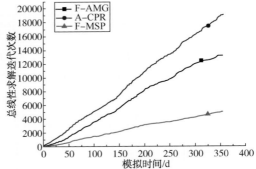

图 4-53　F_AMG、A_CPR 和 F_MSP
三种解法器对应的总线性求解迭代次数曲线

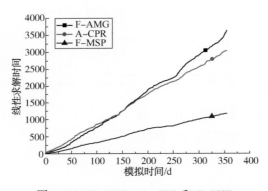

图 4-54　F_AMG、A_CPR 和 F_MSP
三种解法器对应的线性求解时间曲线

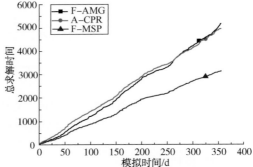

图 4-55　F_AMG、A_CPR 和 F_MSP
三种解法器对应的总求解时间曲线

　　由表 4-23 和图 4-52~图 4-55 可见，隐格式的求解时间小于显格式的时间，且隐格式中 MSP 用时最短，显著提高了单结点环境下大规模实际油藏数值模拟的效率，线性解法器提速>2 倍。

　　接下来考察 OpenMP 版 F_MSP 解法器的正确性与加速效果。

　　3）并行对比实验

　　（1）模拟结果定性分析。

　　图 4-56~图 4-62 分别给出 F_MSP 单线程和多线程求解 sub2 问题对应的油气

水三相分布、含水率、累积产油量、累积产水量。表4-24、图4-63和图4-64分别给出了 F_MSP 解法器多线程与单线程求解 sub2 问题对应的时间层、牛顿迭代次数、线性迭代次数和总时间等实验结果。

2002-6-21

图 4-56　线程 1 求解 sub2 对应的油气水三相分布

2002-6-21

图 4-57　线程 2 求解 sub2 对应的油气水三相分布

2002-6-21

图 4-58　线程 4 求解 sub2 对应的油气水三相分布

2002-6-21

图 4-59　线程 8 求解 sub2 对应的油气水三相分布

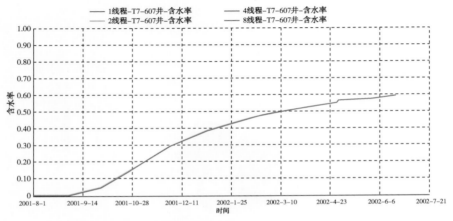

图 4-60　F_MSP 不同线程求解 sub2 对应于 T7-607 号井的
含水率（相对误差为 0.181%）

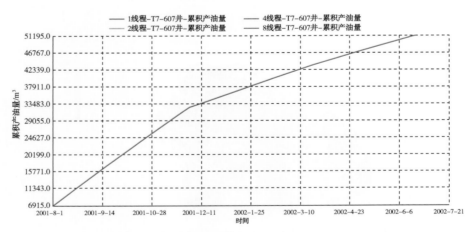

图 4-61　F_MSP 不同线程求解 sub2 对应于 T7-607 号井的
累积产油量（相对误差为 0.004%）

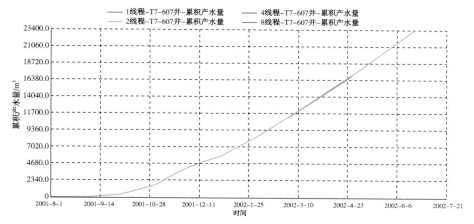

图 4-62　F_MSP 不同线程求解 sub2 对应于 T7-607 号井的累积产水量

（相对误差为 0.430%）

（2）模拟效率分析。

由表 4-24 和图 4-56~图 4-64 可见，OpenMP 版 FASP_MSP 解法器多线程计算能精准重构单线程计算的结果，且具有良好的加速比。

表 4-24　OpenMP 版 F_MSP 解法器求解 sub2 实际油藏的性能

（simulation：1 年）（表中 NT 表示线程数）

解法器	F，AMG，GMRES			
OMP_NT	1	2	4	8
时间层	529	537	527	526
牛顿迭代次数	2848	2870	2839	2815
线性迭代次数	5054	5047	4697.41	4981
平均牛顿迭代次数	5.38	5.34	5.39	5.35
平均线性迭代次数	1.77	1.76	1.65	1.77
总时间/h	1.89	1.25	1.30	0.96
线性解法器时间/h	1.42	0.95	1.02	0.78
线性解法器耗时百分比/%	74.83	75.66	78.33	81.41
线性解法器加速比	——	1.50	1.39	1.82

4.6.5　实际缝洞型油藏算例 2

为考察 MSP-GMRES 解法器的对实际缝洞型油藏数值模拟的适应性、求解效率和 OpenMP 加速效果，引入以下 S65（39 万规模）实际缝洞型算例。

1）油田（区块）参数

S65 区块详细模型参数见表 4-25~表 4-28，S65 孔隙度、渗透率情况见图 4-65~图 4-68。

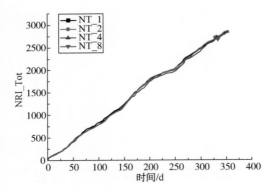

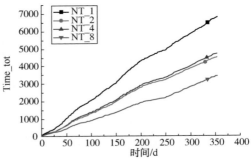

图 4-63　F_MSP 不同线程数求解 sub2　　　　图 4-64　F_MSP 不同线程数求解 sub2
对应的总牛顿迭代次数曲线　　　　　　　　对应的总求解时间曲线

表 4-25　S65 的地质模型描述

岩石压缩系数/bars⁻¹	$4.05×10^{-5}$	参考深度/m	4800
水相黏度/mPa·s	$2.418×10^{-6}$	参考压力/bars	600
水相压缩系数/bars⁻¹	1	油水界面深度/m	4750
水相体积系数/(m³/m³)	1.02	毛管压力 P_{cgo}/bars	见表 4-27
气体密度/(kg/m³)	0.678	毛管压力 P_{cwo}/bars	见表 4-27

表 4-26　S65 的地质模型描述

孔隙度	见图 4-65
各方向的渗透率/$10^{-3}\mu m^2$	见图 4-66~图 4-68

表 4-27　S65 油、气相对渗透率与毛管压力

S_w	K_{rw}	K_{ro}	P_{cwo}/bars	S_g	K_{rg}	K_{rog}	P_{cgo}/bars
0.1	0	1	0.3	0	0	1	0
0.2	0.0275	0.5675	0.25	0.1	0	0.7	0.1
0.317	0.0675	0.29	0.2	0.2	0.05	0.48	0.2
0.426	0.1325	0.1675	0.16	0.3	0.13	0.3	0.3
0.56	0.255	0.085	0.12	0.4	0.21	0.18	0.4
0.644	0.365	0.05	0.05	0.4	0.32	0.11	0.4
0.8	0.6875	0.0175	0.03	0.6	0.45	0.06	0.6
0.9	1	0	0	0.7	0.68	0.02	0.7
—	—	—	—	0.8	1	0	0.8

表 4-28　S65 的 PVT 关系

P_o/bars	B_o/(m^3/m^3)	μ_o/mPa·s	P_g/bars	B_g/(m^3/m^3)	μ_g/mPa·s
132	1.205	7.78	1	1	0.005
592.8	1.1264	36.99	70	0.016737	0.0196
700	1.1085	43	100	0.011795	0.02356
			200	0.006207	0.027379
			300	0.004465	0.028388
			400	0.00364	0.029397
			500	0.003165	0.030406
			600	0.002857	0.031415
			700	0.002717	0.032424

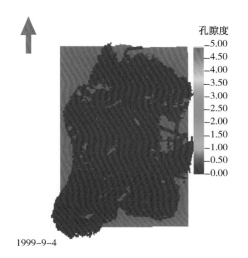

1999-9-4

图 4-65　S65 的孔隙度图

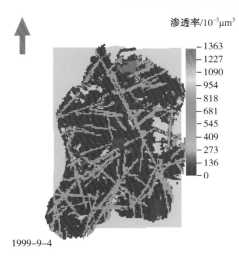

1999-9-4

图 4-66　S65 x 方向的渗透率图

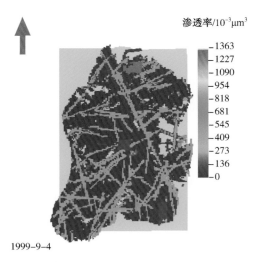

1999-9-4

图 4-67　S65 y 方向的渗透率图

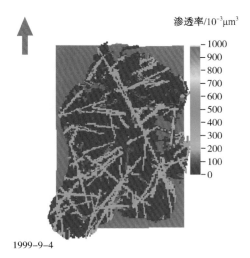

1999-9-4

图 4-68　S65 z 方向的渗透率图

2）串行对比实验

（1）模拟结果定性分析。

采用 F_AMG、A_CPR、F_MSP 3 个解法器对上述实际油田进行数值模拟，考察它们的对大规模实际油藏的求解效率与实用性（见图 4-69~图 4-74）。

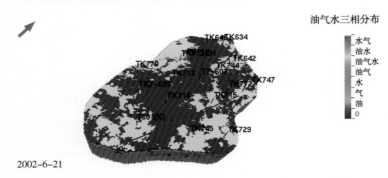

图 4-69　隐压显饱（IMPES）F_AMG 对应的油气水三相分布

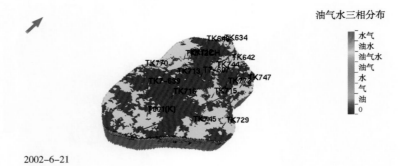

图 4-70　全隐格式（FIM）A_CPR 对应的油气水三相分布

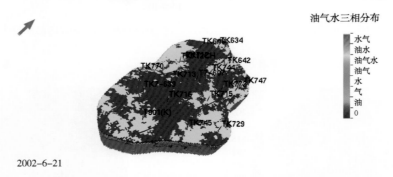

图 4-71　全隐格式（FIM）F_MSP 对应的油气水三相分布

由图 4-69~图 4-74 可见，显格式 F_AMG 解法器与 A_CPR 解法器及 F_MSP 解法器对应的油气水三相分布三维空间分布图完全吻合（相对误差<2%），且在同一口井 T7-607 下的含水率、累积产油量、累积产水量的曲线完全吻合（相对误差<2%），由此验证了 F_MSP 解法器求解大规模实际缝洞油藏问题的正确性。接下来考察 3 种解法器的求解效率。

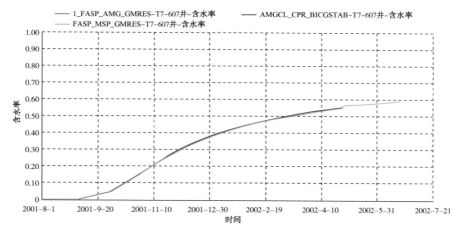

图 4-72　F_AMG、A_CPR 和 F_MSP 三种解法器对应 T7_607 井的含水率

（相对误差为 0.000%）

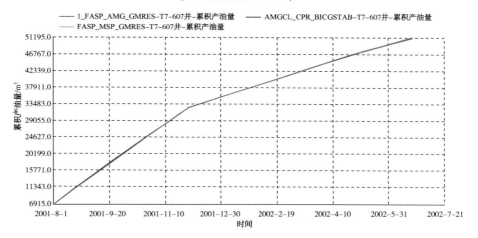

图 4-73　F_AMG、A_CPR 和 F_MSP 三种解法器对应 T7-607 累积产油量

（相对误差为 0.000%）

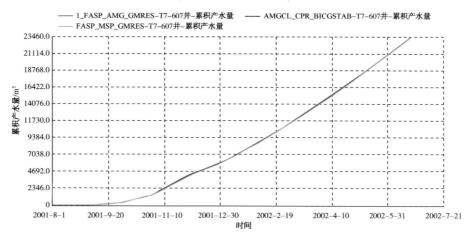

图 4-74　F_AMG、A_CPR 和 F_MSP 三种解法器对应 T7-607 井的累积产水量

（相对误差为 0.739%）

（2）模拟效率分析。

表 4-29、图 4-75~图 4-78 给出了 F_AMG 解法器、A_CPR 解法器和 F_MSP 解法器求解 S65 40 万网格实际油藏问题对应的时间层、牛顿迭代次数、线性迭代次数和总时间等实验结果。

表 4-29　不同解法器求解 S65 实际油藏的性能

解法器	F_AMG	A_CPR	F_MSP
时间层	358	1309	626
牛顿迭代次数	1096	4079	2034
线性迭代次数	3345	16367	3959
平均牛顿迭代次数	3.06	3.12	3.25
平均线性迭代次数	3.05	4.02	1.95
总时间/h	0.94	3.11	1.41
线性解法器时间/h	0.68	1.49	0.50
线性解法器耗时百分比/%	64.51	47.84	35.43

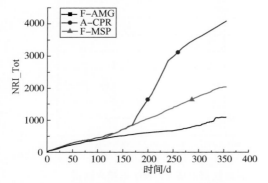

图 4-75　F_AMG、A_CPR 和 F_MSP
三种解法器对应的总牛顿迭代次数曲线

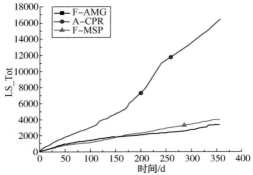

图 4-76　F_AMG、A_CPR 和 F_MSP
三种解法器对应的总线性求解迭代次数曲线

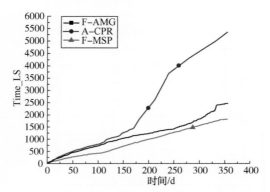

图 4-77　F_AMG、A_CPR 和 F_MSP
三种解法器对应的线性求解时间曲线

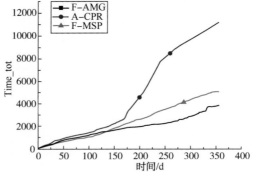

图 4-78　F_AMG、A_CPR 和 F_MSP
三种解法器对应的总求解时间曲线

由表 4-29 和图 4-75～图 4-78 可见，隐格式的求解时间小于显格式的时间，且隐格式中 MSP 用时最短，显著提高了单结点环境下大规模实际油藏数值模拟的效率，线性解法器提速>2 倍。

接下来考察 OpenMP 版 F_MSP 解法器的正确性与加速效果。

3）并行对比实验

（1）模拟结果定性分析。

图 4-79～图 4-85 分别给出 F_MSP 单线程和多线程求解 S65 问题对应的油气水三相分布、含水率、累积产油量、累积产水量。

图 4-79　线程 1 求解 S65 对应的油气水三相分布

图 4-80　线程 2 求解 S65 对应的油气水三相分布

图 4-81　线程 4 求解 S65 对应的油气水三相分布

2000-8-24

图 4-82　线程 8 求解 S65 对应的油气水三相分布

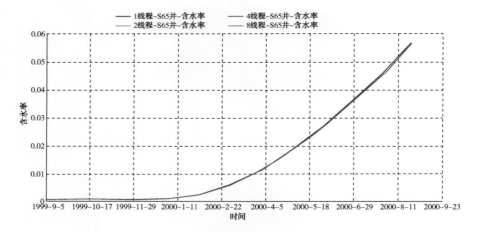

图 4-83　F_MSP 不同线程求解 S65 对应于 S65 号井的含水率

（相对误差为 1.498%）

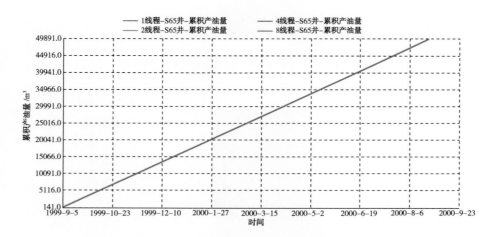

图 4-84　F_MSP 不同线程求解 S65 对应于 S65 号井的累积产油量

（相对误差为 0.000%）

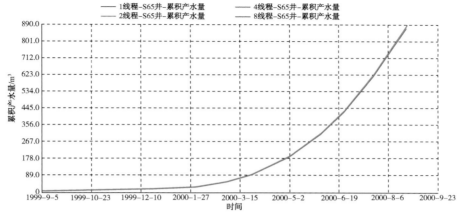

图 4-85　F_MSP 不同线程求解 S65 对应于 S65 号井的累积产水量

（相对误差为 1.208%）

（2）模拟效率分析。

表 4-30 和图 4-86、图 4-87 分别给出了 F_MSP 解法器多线程与单线程求解 S65 问题对应的时间层、牛顿迭代次数、线性迭代次数和总时间等实验结果。

表 4-30　OpenMP 版 F_MSP 解法器求解 S65 实际油藏的性能（simulation：1 年）

解法器	FASP，MSP，GMRES			
OMP_NT	1	2	4	8
时间层	338	705	750	624
牛顿迭代次数	1595	3142	3547	2838
线性迭代次数	2785	4690	4799	3672
平均牛顿迭代次数	4.72	4.46	4.73	4.55
平均线性迭代次数	1.75	1.50	1.35	1.29
总时间/h	1.76	2.02	1.63	1.01
线性解法器时间/h	1.33	1.44	1.15	0.73
线性解法器耗时百分比/%	75.74	71.55	70.04	72.44
线性解法器加速比	——	0.92	1.16	1.83

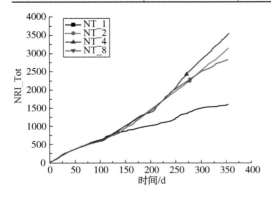

图 4-86　F_MSP 不同线程数求解
S65 对应的总牛顿迭代次数曲线

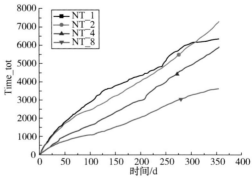

图 4-87　F_MSP 不同线程数求解
S65 对应的总求解时间曲线

由表 4-30 和图 4-79~图 4-87 可见，OpenMP 版 FASP_MSP 解法器多线程计算能精准重构单线程计算的结果，且具有良好的加速比。

4.6.6　实际缝洞型油藏算例 3

为考察 MSP-GMRES 解法器的对实际缝洞型油藏数值模拟的适应性、求解效率和 OpenMP 加速效果，引入 S74(41 万规模)的实际缝洞型算例。

1）油田(区块)参数

油藏 S74 区块详细模型参数见表 4-31~表 4-34，以及图 4-88、图 4-89。

表 4-31　实际算例 S74(41 万)的基本参数

岩石压缩系数/bars⁻¹	4.05×10^{-5}	参考深度/m	4800
水相黏度/mPa·s	2.418×10^{-6}	参考压力/bars	580
水相压缩系数/bars⁻¹	1	油水界面深度/m	4800
水相体积系数/(m³/m³)	1.02	毛管压力 P_{cgo}/bars	见表 4-33
气体密度/(kg/m³)	0.678	毛管压力 P_{cwo}/bars	见表 4-33

表 4-32　S74 的地质模型描述

各方向的渗透率/$10^{-3} \mu m^3$	见图 4-88~图 4-89

表 4-33　S74 油、气相对渗透率与毛管压力

S_w	K_{rw}	K_{ro}	P_{cwo}/bars	S_g	K_{rg}	K_{rog}	P_{cgo}/bars
0.2	0	1	0.3	0	0	1	0
0.317	0.053	0.48	0.25	0.2	0.1	0.7	0
0.426	0.125	0.27	0.2	0.4	0.2	0.4	0
0.56	0.213	0.133	0.16	0.5	0.3	0.2	0
0.644	0.288	0.068	0.12	0.6	0.4	0	0
0.8	0.5	0.02	0.06	0.7	0.7	0	0
0.9	0.7	0.01	0.03	0.8	1	0	0
1	1	0	0	—	—	—	—

表 4-34　S74 的 PVT 关系

P_o/bars	B_o/(m³/m³)	μ_o/mPa·s	P_g/bars	B_g/(m³/m³)	μ_g/mPa·s
132	1.3094	7.78	1	1	0.005
605	1.1085	12.28	70	0.016737	0.0196
			100	0.011795	0.02356
			200	0.006207	0.027379

P_o/bars	B_o/(m^3/m^3)	μ_o/mPa·s	P_g/bars	B_g/(m^3/m^3)	μ_g/mPa·s
			300	0.004465	0.028388
			400	0.00364	0.029397
			500	0.003165	0.030406
			600	0.002857	0.031415
			700	0.002717	0.032424

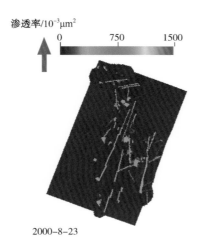

图4-88 S74 x 方向的渗透率图

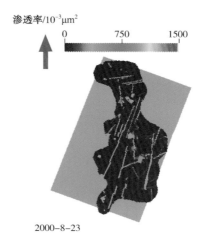

图4-89 S74 z 方向的渗透率图

2）串行对比实验

（1）模拟结果定性分析。

采用 Eclipse 以及 Karstsim 2012 年对上述实际油田进行数值模拟，考察它们对大规模实际油藏的求解效率与实用性（见图4-90~图4-93）。

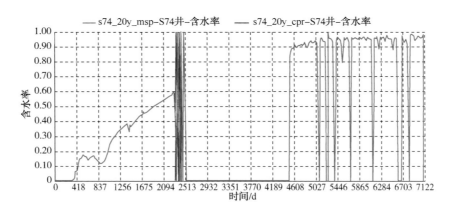

图4-90 KarstSim 对应的含水率曲线

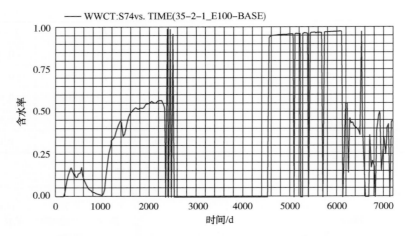

图 4-91　Eclipse2012 对应的含水率曲线

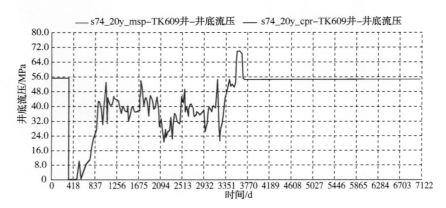

图 4-92　Karstsim 对应的井底流压曲线

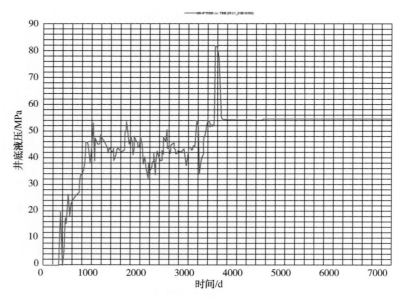

图 4-93　Eclipse2012 对应的井底流压曲线

由图 4-90~图 4-93 可见，KarstSim 与 Eclipse 相的曲线大致吻合，由此验证了 F_MSP 解法器求解大规模实际缝洞油藏问题的正确性。接下来考察两种解法器的求解效率。

（2）模拟效率分析。

表 4-35 给出了 Eclipse 以及 F_MSP 解法器和 A_CPR 解法器求解 S74 41 万网格实际油藏问题对应的时间层、牛顿迭代次数、线性迭代次数和总时间等实验结果。

表 4-35　不同解法器求解 s74 缝洞型油藏的性能

解法器	Eclipse	AMGCL+CPR	FASP+MSP
模拟天数	7190	6044.28	7101
时间层	5239	5223	13134
牛顿迭代次数	27434	121627	43654
线性步	473984	1225034	59749
线性求解/h	—	168.7	8.6
总时间/h	26	209.1	25

由表 4-35 中信息可知，无论是 F_MSP 的迭代次数还是求解时间方面都远优于 A_CPR 解法器，显著提高了单结点环境下大规模实际油藏数值模拟的效率，相比 A_CPR 提速 10 倍以上。不同解法器（CPR、MSP）与收敛精度（E-3、E-4、E-5）的对比如图 4-94~图 4-107 及表 4-36。

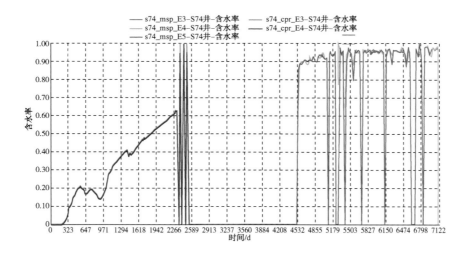

图 4-94　S74 的不同解法器（CPR、MSP）与收敛精度（E-3、E-4、E-5）的
含水率曲线（相对误差为：0.000%）

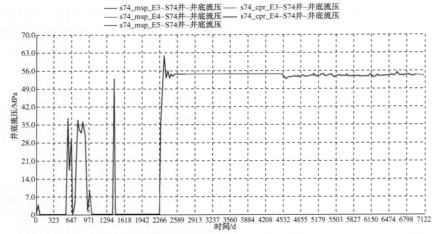

图 4-95　为 S74 的不同解法器（CPR、MSP）与收敛精度（E-3、E-4、E-5）的
井底流压曲线（相对误差为：0.000%）

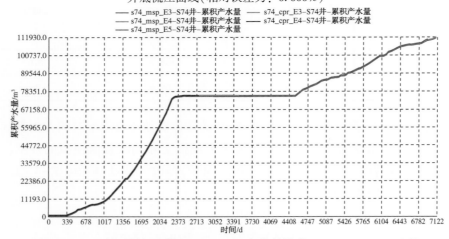

图 4-96　S74 的不同解法器（CPR、MSP）与收敛精度（E-3、E-4、E-5）的
累积产水量曲线（相对误差为：0.894%）

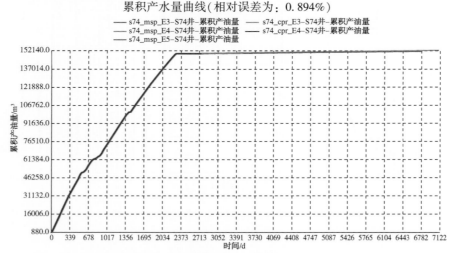

图 4-97　S74 的不同解法器（CPR、MSP）与收敛精度（E-3、E-4、E-5）的
累积产油量曲线（相对误差为：0.254%）

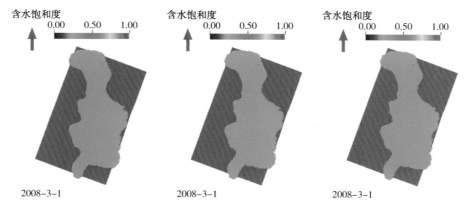

图 4-98　S74 的不同解法器（CPR、MSP）与收敛精度（E-3、E-4、E-5）的
含水饱和度对比（左图为 CPR　E-3，中图为 CPR　E-4，右图为 MSP　E-3）

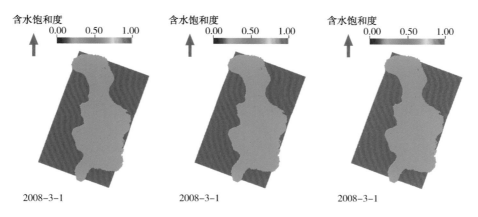

图 4-99　S74 的 MSP 解法器与不同收敛精度（E-3、E-4、E-5）的
含水饱和度对比（左图为 E-3，中图为 E-4，右图为 E-5）

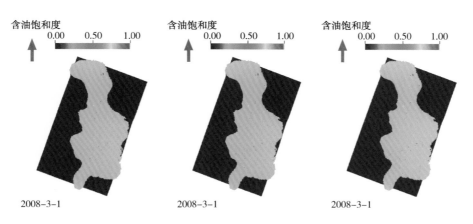

图 4-100　S74 的不同解法器（CPR、MSP）与收敛精度（E-3、E-4、E-5）的
含油饱和度对比（左图为 CPR　E-3，中图为 CPR　E-4，右图为 MSP　E-3）

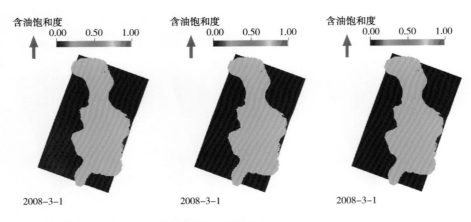

图 4-101　S74 的 MSP 解法器与不同收敛精度（E-3、E-4、E-5）的
含油饱和度对比（左图为 E-3，中图为 E-4，右图为 E-5）

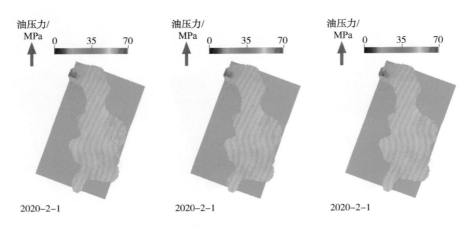

图 4-102　S74 的 MSP 解法器与不同收敛精度（E-3、E-4、E-5）的
油压力对比（左图为 E-3，中图为 E-4，右图为 E-5）

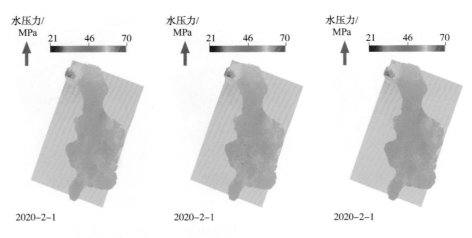

图 4-103　S74 的 MSP 解法器与不同收敛精度（E-3、E-4、E-5）的
水压力对比（左图为 E-3，中图为 E-4，右图为 E-5）

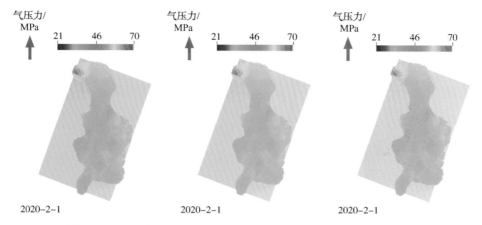

图 4-104　S74 的 MSP 解法器与不同收敛精度（E-3、E-4、E-5）的
气压力对比（左图为 E-3，中图为 E-4，右图为 E-5）

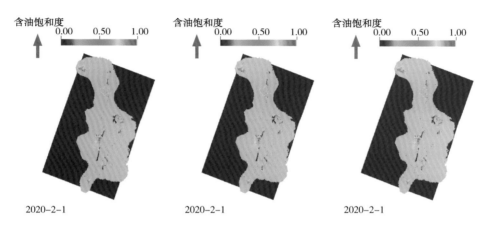

图 4-105　S74 的 MSP 解法器与不同收敛精度（E-3、E-4、E-5）的
含油饱和度对比（左图为 E-3，中图为 E-4，右图为 E-5）

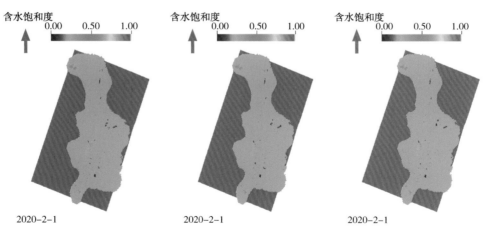

图 4-106　S74 的 MSP 解法器与不同收敛精度（E-3、E-4、E-5）的
含水饱和度对比（左图为 E-3，中图为 E-4，右图为 E-5）

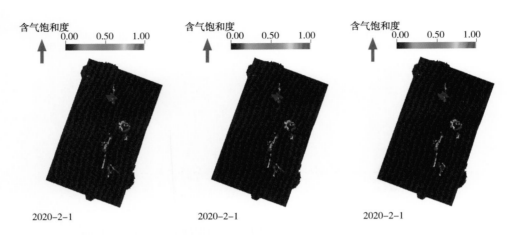

含气饱和度 0.00 0.50 1.00   含气饱和度 0.00 0.50 1.00   含气饱和度 0.00 0.50 1.00

2020-2-1   2020-2-1   2020-2-1

图 4-107　S74 的 MSP 解法器与不同收敛精度(E-3、E-4、E-5)的
含气饱和度对比(左图为 E-3，中图为 E-4，右图为 E-5)

表 4-36　A_CPR 和 F_MSP 解法器不同精度求解 S74_41w 缝洞型油藏的性能

解法器	A，CPR，BICGSTAB		F，AMG，GMRES		
OMP_NT	E-3	E-4	E-3	E-4	E-5
模拟天数	3734.1	3151.2	7101.8	7101.8	7101.8
时间层	3145	2143	16472	20574	16720
牛顿迭代次数	50888	33338	74233	93257	74117
线性迭代次数	460390	598883	167699	334773	637836
平均牛顿迭代次数	16.18	15.56	4.51	4.53	4.43
平均线性迭代次数	9.04	17.96	2.26	3.59	8.6
总时间/h	89.13	89.18	55.76(13.04)	74.27(10.64)	79.06
线性解法器时间/h	69.00	76.01	19.70(4.94)	29.92(5.04)	43.61
线性解法器耗时百分比/%	77.41	85.23	35.33	40.28	55.16

　　通过图 4-96~图 4-112 与表 4-36 可知，不同解法器 A_CPR 与 F_MSP 的物理曲线以及三维分布是吻合的，由此验证了 F_MSP 解法器求解大规模实际缝洞油藏问题的正确性，并且 F_MSP 无论是迭代次数还是求解时间方面都远优于 A_CPR 解法器，显著提高了单结点环境下大规模实际油藏数值模拟的效率。

　　3）并行对比实验

　　（1）模拟结果定性分析。

　　接下来考察 OpenMP 版 F_MSP 解法器的正确性。图 4-108~图 4-110 分别给出了 F_MSP 解法器多线程与单线程求解 S74 问题对应的含水率、累积产水量、累积产油量曲线。

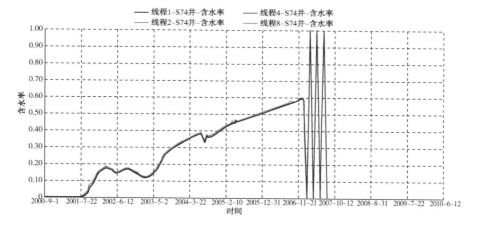

图 4-108　不同线程对应的 S74 号井含水率曲线（相对误差为：0.000%）

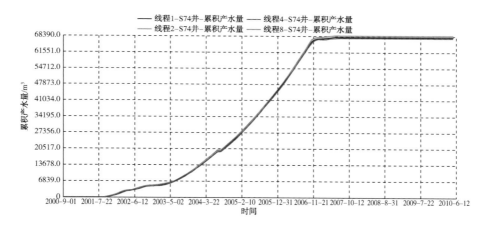

图 4-109　不同线程对应的 S74 号井累积产水量曲线（相对误差为：1.502%）

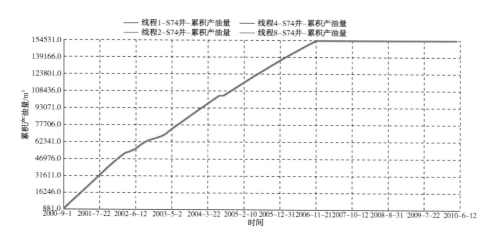

图 4-110　不同线程对应的 S74 号井累积产油量曲线（相对误差为：0.000%）

（2）模拟效率分析。

接下来考察 OpenMP 版 F_MSP 解法器的加速效果。表 4-37 和图 4-111、图 4-112 分别给出了 F_MSP 解法器多线程与单线程求解 S74 问题对应的时间层、牛顿迭代次数、线性迭代次数和总时间等实验结果（表中 OMP_NT 表示线程数）。

表 4-37　OpenMP 版 F_MSP 解法器求解 S74_41w 缝洞型油藏的性能

解法器	F，AMG，GMRES			
OMP_NT	1	2	4	8
时间层	3829	3871	3958	3875
牛顿迭代次数	12567	12611	12985	12505
线性迭代次数	17726	17714	18484	17326
平均牛顿迭代次数	3.28	3.26	3.28	3.23
平均线性迭代次数	1.41	1.40	1.42	1.39
总时间/h	6.80	5.90	4.94	4.32
线性解法器时间/h	2.42	2.35	2.52	2.33
线性解法器耗时百分比/%	35.65	39.90	51.04	53.91
线性解法器加速比		1.03	0.9614	1.04

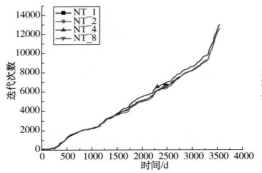

图 4-111　F_MSP 不同线程数求解
S74 对应的总牛顿迭代次数曲线

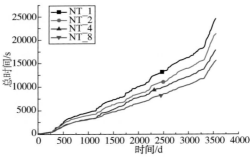

图 4-112　F_MSP 不同线程数求解
S74 对应的总求解时间曲线

由表 4-37 和图 4-111、图 4-112 可见，OpenMP 版 FASP_MSP 解法器多线程计算能精准重构单线程计算的结果（相对误为 1.523%），且具有良好的加速比（4 核情形加速比为 2.02）。

4）S74 的 220 万模拟效率

S74220 万网格规模是有 S74 41 万规模经过网格加密得到。模拟总天数 6044 天，平均时间步 0.3 天，牛顿迭代次数 2.7，线性迭代 2.4；线性时间 50.8 小时，总时间153小时。日产水率、累积产水量、日产油率、累计产油量分别如图4-113~图4-116所示。

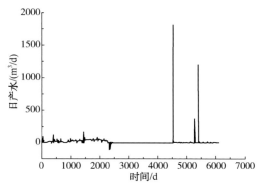

图4-113　F_MSP解法器对应的日产水率

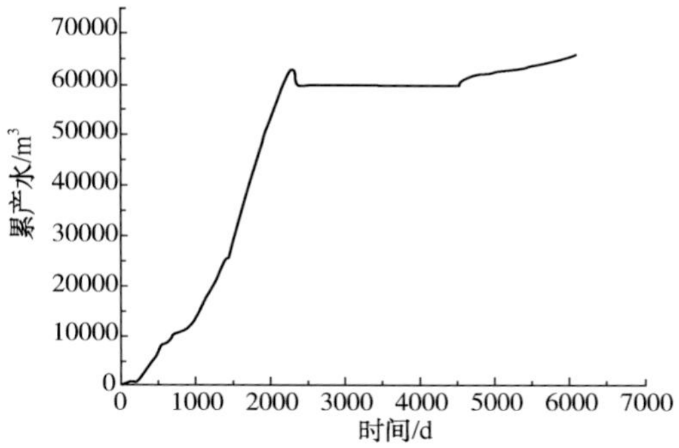

图4-114　AF_MSP解法器对应的井累积产水率

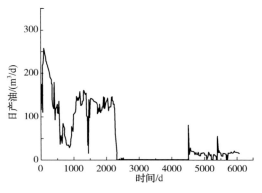

图4-115　F_MSP解法器对应的
井日产油率

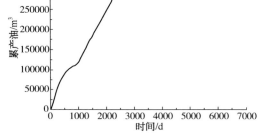

图4-116　F_MSP解法器对应的
井累积产油率

接着给出S74 220万网格问题的OpenMP并行实验，相应结果见表4-38。

表4-38　OpenMP版F_MSP解法器求解S74_220w实际油藏的性能（100d）

解法器	FASP MSP			
OMP_NT	1线程	2线程	4线程	8线程
模拟天数	100	100	100	100
时间层	299	337	345	346
牛顿迭代次数	1793	1814	1822	1786
线性迭代次数	4608	5515	5469	5374
总时间/h	5.79	3.40	2.30	1.82
线性解法器时间/h	2.26	1.43	1.11	1.08
线性解法器耗时百分比/%	39.03	42.01	48.32	59.63
线性解法器加速比	—	1.58	2.03	2.09

4.6.7　大规模实际缝洞型油藏算例

为考察 MSP-GMRES 解法器对大规模实际缝洞型油藏数值模拟的适应性、求解效率和 OpenMP 加速效果，引入以下 500 万网格规模的 S80 实际算例。

1）油田（区块）参数

S80 区块详细模型参数见表 4-39~表 4-43。

表 4-39　S80 基本参数

流体类型	黑油	岩石压缩系数/psi^{-1}	$5.500×10^{-9}$
坐标系统	笛卡尔块中心	油相压缩系数/psi^{-1}	$1.000×10^{-10}$
参考压力/psi	$6.000×10^{7}$	水相压缩系数/psi^{-1}	$2.418×10^{-10}$
水相黏度/mPa·s	$1.286×10^{-3}$	地层水的体积因子	1.018
气体密度/（lbm/ft^3）	$6.780×10^{-1}$	初始泡点压力/psi	$1.000×10^{5}$
模拟时间/d		100	

表 4-40　S80 中 rock1 油、气相对渗透率与毛管压力

S_w	K_{rw}	K_{ro}	P_{cwo}/psi	S_g	K_{rg}	K_{rog}	P_{cgo}/psi
0	0	1	0	0	0	1	0
0.105	0.011	0.887	0	1	0	1	0
0.228	0.022	0.701	0				
0.317	0.047	0.57	0				
0.426	0.083	0.391	0				
0.56	0.147	0.257	0				
0.644	0.198	0.17	0				
0.8	0.313	0.08	0				
0.92	0.625	0.032	0				
1	1	0	0				

表 4-41　S80 中 ROC11 油、气相对渗透率与毛管压力

S_w	K_{rw}	K_{ro}	P_{cwo}/psi	S_g	K_{rg}	K_{rog}	P_{cgo}/psi
0	0	1	0	0	0	1	0
0.105	0.011	0.887	0	1	0	1	0
0.259	0.022	0.701	0				
0.355	0.026	0.57	0				

S_w	K_{rw}	K_{ro}	P_{cwo}/psi	S_g	K_{rg}	K_{rog}	P_{cgo}/psi
0.455	0.045	0.45	0				
0.56	0.071	0.33	0				
0.644	0.098	0.248	0				
0.8	0.206	0.124	0				
0.92	0.57	0.032	0				
1	1	0	0				

表 4-42　实际油藏 S80 中 ROC11 油、气相对渗透率与毛管压力

S_w	K_{rw}	K_{ro}	P_{cwo}/psi	S_g	K_{rg}	K_{rog}	P_{cgo}/psi
0	0	1	0	0	0	1	0
0.1	1	0	0	1	0	1	0

表 4-43　实际油藏 S80 的 PVT 关系

P/psi	R_{so}/(SCF/STB)	B_o/(bbl/STB)	μ_o/mPa·s	B_g/(ft³/SCF)	μ_g/mPa·s
1.32×10^7	1.309	1	7.78×10^{-3}	1	1.00×10^{-5}
6.05×10^7	1.233	1	7.78×10^{-3}	1	1.00×10^{-5}

2）串行对比实验

（1）模拟结果定性分析。

分别采用 A_CPR 和 F_MSP 这 2 个解法器对上述实际油田进行数值模拟，考察它们对大规模实际油藏的求解效率与实用性（见图 4-117~图 4-119）。

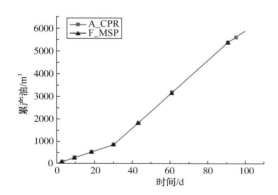

图 4-117　不同解法器对应的
井累积产油曲线（相对误差为 1.465%）

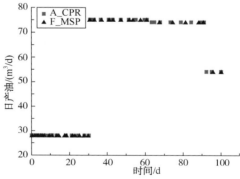

图 4-118　不同解法器对应的
井日产油曲线（相对误差为 1.485%）

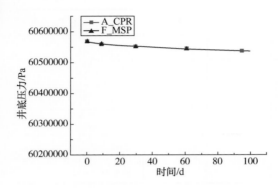

图 4-119　不同解法器对应的井井底
压力变化曲线(相对误差为 0.117%)

由图 4-117~图 4-119 可见，F_MSP解法器对应物理参数变化曲线与 A_CPR 解法器相应的曲线完全吻合(相对误差<2%)，由此验证了 F_MSP 解法器求解大规模实际缝洞油藏问题的正确性。接下来考察两种解法器的求解效率。

(2)模拟效率分析。

表 4-44、图 4-120~图 4-123 给出了 F_MSP 解法器和 A_CPR 解法器求解 S80 500 万网格实际油藏问题对应的时间层、牛顿迭代次数、线性迭代次数和总时间等实验结果。

表 4-44　不同解法器求解 S80 实际油藏的性能

解法器	A_CPR	F_MSP
时间层	41	37
牛顿迭代次数	180	170
线性迭代次数	15057	4042
平均牛顿迭代次数	4.39	4.59
平均线性迭代次数	83.65	23.78
总时间/h	14.23	3.47
线性解法器时间/h	13.52	2.82
线性解法器耗时百分比/%	95.04	81.29

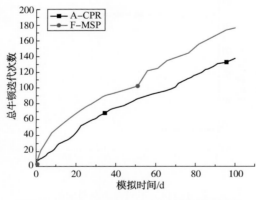

图 4-120　F_MSP 和 A_CPR 两种解法器
对应的总牛顿迭代次数曲线

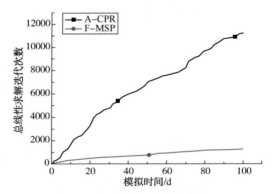

图 4-121　F_MSP 和 A_CPR 两种解法器
对应的总线性求解迭代次数曲线

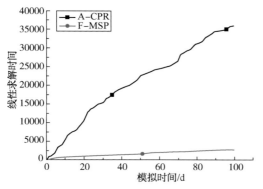

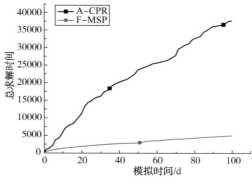

图 4-122　F_MSP 和 A_CPR 两种解法器
对应的线性求解时间曲线

图 4-123　F_MSP 和 A_CPR 两种解法器
对应的总求解时间曲线

由表 4-44 和图 4-120~图 4-123 可见，无论是 F_MSP 的迭代次数还是求解时间方面，都远优于 A_CPR 解法器。显著提高了单结点环境下大规模实际油藏数值模拟的效率，相比 A_CPR 提速 4 倍以上。

3）并行对比实验

（1）模拟结果定性分析。

接下来考察 OpenMP 版 F_MSP 解法器的正确性。图 4-124、图 4-125 分别给出了 F_MSP 解法器多线程与单线程求解 S80 问题对应的井底压力和日产油曲线。

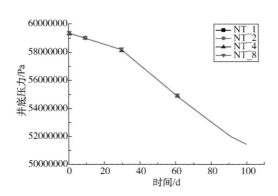

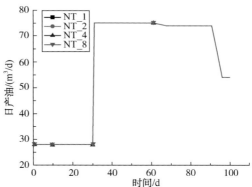

图 4-124　F_MSP 不同线程数求解 S80 对应的
1#井井底压力变化曲线（相对误差为 0.800%）

图 4-125　F_MSP 不同线程数求解 S80 对应的
井的日产油曲线（相对误差为 0.000%）

由图 4-124 和图 4-125 可见，OpenMP 版 FASP_MSP 解法器多线程计算能精准重构单线程计算的结果（相对误差<2%）。

（2）模拟效率分析。

接下来考察 OpenMP 版 F_MSP 解法器的加速效果。表 4-45 和图 4-126、图 4-127分别给出了 F_MSP 解法器多线程与单线程求解 S80 问题对应的时间层、牛顿迭代次数、线性迭代次数和总时间等实验结果。

4

高效油藏数值模拟方程求解技术

表 4-45　OpenMP 版 F_MSP 解法器求解 S80 五百万实际油藏的性能

解法器	F，AMG，GMRES			
OMP	1	2	4	8
时间层	37	37	37	37
牛顿迭代次数	170	170	170	170
线性迭代次数	4042	4068	4029	4145
平均牛顿迭代次数	4.59	4.59	4.59	4.59
平均线性迭代次数	23.78	23.93	23.7	24.38
总时间/h	3.47	2.26	1.73	1.60
线性解法器时间/h	2.82	1.89	1.49	1.38
线性解法器耗时百分比/%	81.29	83.82	86.08	86.02
线性解法器加速比		1.49	1.89	2.05

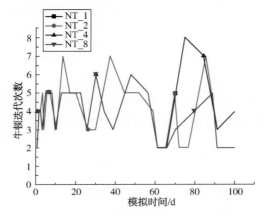

图 4-126　F_MSP 不同线程数求解 S80
对应的牛顿迭代次数曲线

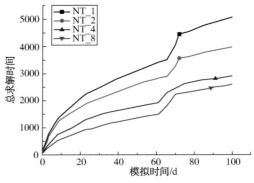

图 4-127　F_MSP 不同线程数求解 S80
对应的总求解时间曲线

　　由表 4-45 和图 4-126、图 4-127 可见，OpenMP 版 F_MSP 解法器多线程计算能精准重构单线程计算的结果，且具有良好的加速比(4 核情形加速比>2)。

　　4）S80 1000 万模拟效率

　　为了进行 1000 万网格模型的测试，我们利用已有的 500 万网格模型复制一套，通过在每个网格名字前添加一个字符，确保网格名不重复(500 万用 8 个字符作为网格命名，1000 万用 9 个字符)，把原模型和复制模型合并在一起形成一个网格数、链接数和井数都增加一倍的 1000 万网格模型。通过这样操作，形成的模型共有 9852704 个活跃网格，24447904 个有效链接。该模型是基于实际地质模型建立的，模型的孔隙度和渗透率分布来自三维地震结果。模型模拟 26 口井以混合式工作制进行生产，模拟连续采油 10 年。油田区块水平展布面积约 40km²，油藏埋深范围在 3600~5000m。这个千万网格模型保留了 S80 强非均性的特性和实际生产过程的复杂

深层碳酸盐岩缝洞型油藏新一代数值模拟技术

性，可以作为典型的一个实际千万网格案例。

由表4-46可见，OpenMP 版 FASP_MSP 解法器多线程计算能精准重构单线程计算的结果，且具有良好的加速比。

表 4-46　不同解法器求解 S80 1000 万规模的性能

解法器	AMGCL-CPR	FASP-MSP			
		1 线程	2 线程	4 线程	8 线程
模拟天数	10	100	100	100	100
时间层	12	31	31	33	33
牛顿迭代次数	45(3.7)	148(4.7)	148(4.7)	170(5.1)	165(5.1)
线性迭代次数	3658(81.3)	1225(8.28)	1225(8.3)	1239(7.3)	1334(8.0)
总时间/h	6.31	2.80(0.77)	1.64	1.32	1.25
线性解法器时间/h	5.97	1.50(0.40)	0.89	0.72	0.69
线性解法器耗时百分比/%	94.61	53.67	54.27	54.63	55.36
线性解法器加速比	—	—	1.68	2.08	2.18

综上所述，通过上述 3 个典型标准实例和 5 个实际缝洞型算例的对比实验结果表明，装备多阶段预条件解法器的新 KarstSim 软件达到了合同约定的各项技术对标的要求。

5 缝洞型油藏流线数值模拟技术

5.1 自由流—渗流耦合的流线追踪技术

5.1.1 自由流—达西流基础上的 Pollock 追踪方法

本软件实现了在自由流—达西流基础上的 Pollock 追踪方法。Pollock 流线追踪原理如图 5-1 所示。

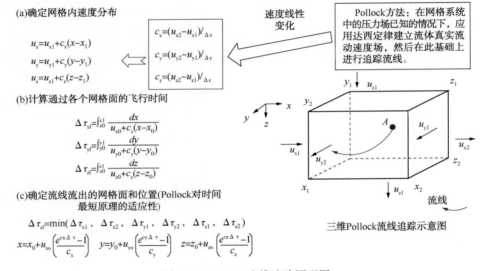

图 5-1 Pollock 流线追踪原理图

1995 年，在地下水方面的研究成果应用到石油领域的流线模型的研究中去，提出了应用流线代替流管，沿流线数值求解饱和度方程代替沿流管解析求解饱和度方程。上述两个代替很好地简化了原有的流管模型，同时扩大了研究的领域和研究深度，为现代流线模型的发展奠定了基础。自此之后，流线模型逐渐代替流管模型。

随着勘探与开发程度的加深，许多大型复杂储层需要精细的地质模型来刻画其非均质性，百万网格节点数量级的地质模型使传统的有限差分模拟方法受到极大挑战，而流线模拟方法正成为解决这一问题的利器。

流线是流体质点从注入井向生产井自然移动的通道，流线模拟将饱和度的计算由三维模型转化成沿每条流线的一维计算，具有提高计算速度、节省内存、减少网格方向效应、直观反映流体的运动轨迹、形象表征注采关系和方便确定注入流体驱替面积等优势。流线方法从早期流管方法基础上逐步发展起来，Higgins 引用流管来模拟两相驱替；Martin 利用流管方法研究了几种典型井网的二维多相不可压缩流体流动；Pollock 在地下水流动的研究中提出半解析的粒子追踪算法；DattaGupta 改进 Pollock 流线追踪技术，引入传播时间模拟非均质的示踪剂流动；Thiele 提出在二维或三维流动模型中定期更新流管或流线；Batychy 提出三维油藏中流线追踪的半解析方法，为流线模型的发展奠定了基础。此后，一些学者拓展流线模拟方法的应用，研究了辅助历史拟合、组分模拟、注水优化、注气、油藏管理、聚合物驱、微生物提高采收率及热采模拟等。基于前人的认识，本软件对 Pollock 流线追踪这一关键技术进行了详细研究，并实现了在自由流-达西流基础上的 Pollock 追踪方法。

流线数值模拟模型建立及思路：

把黑油模型与流线方法相结合构建流线数值模拟模型，假设如下：①流体为油、水两相；②油藏流体和岩石不可压缩；③渗流规律满足等温达西渗流；④忽略重力和毛管力。根据上述假设，由连续性方程、运动方程和状态方程，得到渗流微分方程，即：

$$\nabla \cdot (\lambda_o \nabla p) + q_o = \phi \frac{\partial S_o}{\partial t} \tag{5-1}$$

$$\nabla \cdot (\lambda_w \nabla p) + q_w = \phi \frac{\partial S_w}{\partial t} \tag{5-2}$$

辅助方程：

$$S_o + S_w = 1 \tag{5-3}$$

初始条件：

$$p(x, y, 0)\big|_{t=0} = p_0(x, y) \tag{5-4}$$

$$p(x, y, 0)\big|_{t=0} = S_0(x, y) \tag{5-5}$$

内边界条件：

把油井或注水井作为点汇或电源处理，边界条件(考虑为封闭边界)：

$$\frac{\partial p}{\partial n}\bigg|_G = 0 \tag{5-6}$$

将式(5-1)和式(5-2)相加并结合辅助式(5-3)得：

$$\nabla \cdot (\lambda_t \nabla p) + q_t = 0 \tag{5-7}$$

其中： $\lambda_o = K K_{ro}/\mu_o$， $K_{ro} = K_{ro}(S_w)$， $K_{rw} = K_{rw}(S_w)$

式中，p，p_0 为油藏及初始时刻油藏压力，MPa；q_o，q_w，q_t 为油、水和总体积流量，m^3/s；λ_o，λ_w，λ_t 为油、水和总流度，$\mu m^2/(Pa \cdot s)$；ϕ 为孔隙度；S_o，S_w，S_0 为含油、含水和初始饱和度；t 为时间，s；K 为绝对渗透率，μm^2；K_{ro}，K_{rw} 为油、水相对渗透率；μ_o，μ_w 为油、水黏度，$Pa \cdot s$；x，y 为坐标轴；n 为油藏外边界 G 的外法线方向。

对建立的渗流模型式(5-7)，结合初始条件和边界条件，采取流线数值模拟方法进行求解，整体思路如图5-2所示。

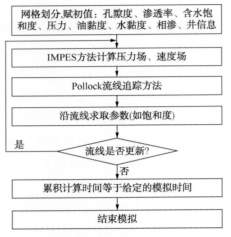

图5-2 流线模拟流程图

解释：

根据 IMPES 方法的基本思路，首先对式(5-7)采用五点有限差分格式，对离散后的差分方程组迭代求解，可计算各个网格 t_n+1 时刻的压力。

已知压力值，结合达西定律可计算各个网格边界的渗流速度 u_t；由 $v_t = u_t/\phi$ 可计算流体质点的真实速度，从而利用 Pollock 方法追踪流程生成流现场。

已知流线分布，沿每条流线计算饱和度。如果生产制度或井网变化，则需重新计算压力场和速度场，然后追踪流线和求取沿新的流线饱和度分布。这就要求每个时间步沿流线的饱和度分布映射到背景网格系统中，得到背景网格系统的饱和度分布，作为下一时间步计算压力场和速度场。

根据 Buckley-Leverett 方程水驱油理论和引入传播时间来求解沿流线的饱和度分布。

Pollock 流线追踪方法：

Pollock 流线追踪方法研究从注水井发出并收敛于生产井的流体质点在空间的运动轨迹来确定流线，其基本假设是：在无点源或点汇的网格内，流体真实速度在各个坐标方向上的分量在网格内是线性变化且与该网格内其他方向上的速度无关。考虑二维笛卡尔网格系统阐明 Pollock 流线追踪具体方法，如图5-3所示。根据基本假设，网格(i, j)内任意一点(x, y)上的流体真实速度在 x、y 方向上的速度分别为：

$$v_x = v_{x,0} + m_x(x - x_0) \tag{5-8}$$

$$v_y = v_{y,0} + m_y(y - y_0) \tag{5-9}$$

其中： $m_x = (v_{x,\Delta x} - v_{x,0})/\Delta x$, $m_y = (v_{y,\Delta y} - v_{y,0})/\Delta y$

假设某一条流线从(i, j)网格的任意位置进入该网格，从(x_e, y_e)位置穿出该网格。

由速度定义式：

$$V_x = \mathrm{d}x/\mathrm{d}t \tag{5-10}$$

将式(5-10)代入式(5-8)积分，即可确定流体质点从进口界面到达 x 方向右、左出口界面所需时间，即：

$$\Delta t_{e,x_1} = \frac{1}{m_x}\ln\left(\frac{v_{x,0}+m_x(x_e-x_0)}{v_{x,0}+m_x(x_i-x_0)}\right) \tag{5-11}$$

$$\Delta t_{e,x_2} = \frac{1}{m_x}\ln\left(\frac{v_{x,0}}{v_{x,0}+m_x(x_i-x_0)}\right) \tag{5-12}$$

二维笛卡尔网格系统 Pollock 流线追踪方法示意图如图 5-3 所示。

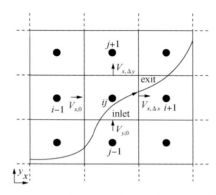

图 5-3　二维笛卡尔网格系统 Pollock 流线追踪方法示意图

同理，因 y 方向流体质点从底面进入，只能从顶面流出，所以流体质点从 y 方向到达出口界面所需时间为：

$$\Delta t_{e,y} = \frac{1}{m_y}\ln\left(\frac{v_{y,0}+m_y(y_e-y_0)}{v_{y,0}+m_y(y_i-y_0)}\right) \tag{5-13}$$

比较式(5-11)~式(5-13)，流体实际出口界面就是时间最短所确定的出口界面，即穿越改网格所需时间为：

$$\Delta t_e = \min(\Delta t_{e,x1},\ \Delta t_{e,x2},\ \Delta t_{e,y}) \tag{5-14}$$

根据穿越时间可进一步确定流体质点的出口位置 (x_e, y_e) 为：

$$x_e = x_0 + (1/m_x)\left[v_{x,i}\exp(m_x\Delta t_e)-v_{x,0}\right] \tag{5-15}$$

$$y_e = y_0 + (1/m_y)\left[v_{y,i}\exp(m_y\Delta t_e)-v_{y,0}\right] \tag{5-16}$$

通过上述方法，可以确定若干个 (x_e, y_e) 点，用平滑曲线连接发出流体质点的注水井坐标，所有计算的 (x_e, y_e) 点和流体质点到达生产井坐标就可以近似地表达出一条流线。

流线优势如下：将三维模型还原为一系列一维流线模型，具有处理更大数量级数据的计算优势；有利于加速生产动态历史拟合过程；易于确定泄油半径；对于缝洞型储集体，有利于整个油田或单元的地质模型的快速认识(见图 5-4)。

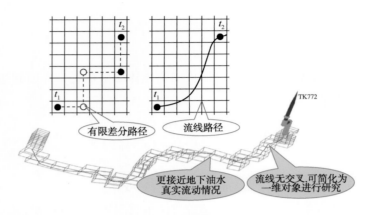

图 5-4　流线优势图

下面是以 Karstsim 输出数据为基础展开的流线追踪。

数据流程图如图 5-5 所示。

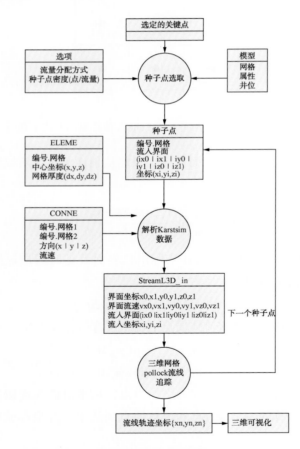

图 5-5　以 Karstsim 为基础的流线追踪数据流程图

Pollock 二维基本算法流程图如图 5-6 所示。

160

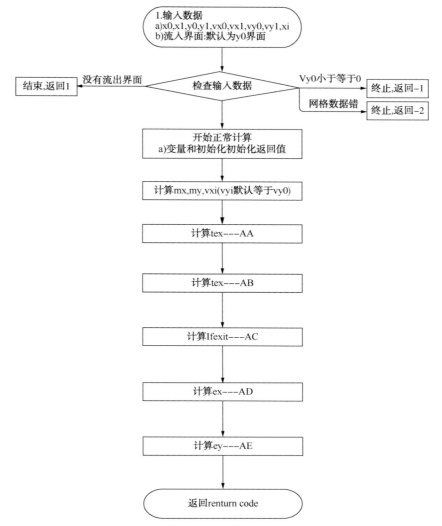

图 5-6　Pollock 二维基本算法流程图

5.1.2　井位及其周围的同心圆范围内的流线种子点选取方法

本软件实现了井位及其周围的同心圆范围内的流线种子点选取方法，并实现单井种子点情况追踪。6 种临界点作为种子点的情况如图 5-7 所示。

流线的单井种子点选择原理：对于基于油藏流动特征的流线种子点选取，原则是确认流场中的临界点。

（1）集中体现流场场特征。

（2）对于流场分布极强的导向作用，通常由临界点作为种子点生成的流线能刻画流场的绝大部分特征。

单井种子点选取界面如图 5-8、图 5-9 所示。

单井种子点情况追踪如图 5-10 所示。

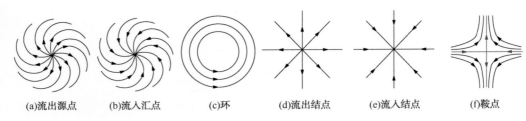

(a)流出源点   (b)流入汇点   (c)环   (d)流出结点   (e)流入结点   (f)鞍点

图5-7   6种临界点作为种子点的情况

图5-8   单井种子点选取界面图

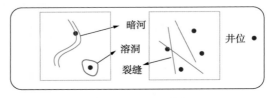

图5-9   溶洞、裂缝种子点选取图

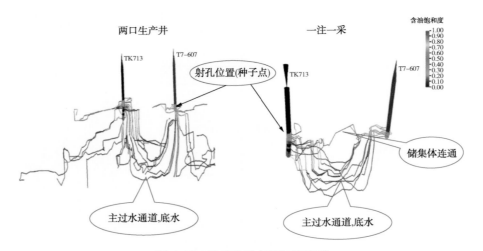

图5-10   单井种子点情况追踪图

流线可视化是矢量场可视化的重要方法之一，具有计算量小、直观、适合交互分析等特性，在工程实践中应用广泛。流线可视化的效果依赖于流线种子点的数量和位置。种子点分布一直是流线可视化领域的研究热点，为更好地表现流场结构特征，通常采用基于特征的流线种子点分布方法，但目前已有方法速度过慢，难以达到可视化实时交互的需求。软件研究了两种基于特征的流线种子点分布方法的并行加速算法，并初步设计实现了一个基于特征的流线并行可视化软件。主要工作可总结如下：①提出了一种基于相似度引导的流线种子点分布并行加速方法。该方法首先生成备选种子点集，然后各线程并行获取种子点，并积分生成流线，在相似距离的约束下，各线程生成的流线相互影响。本文提出了副本和缓存技术来避免线程间的读写冲突及等待问题，最终可得到满足相似距离约束的流线分布。实验结果表明，该方法能很好地利用单机多核的并行计算性能，可获得较高的并行加速比，有效提高流线的生成速度。②提出了一种基于信息熵的流线种子点分布并行加速方法。该方法首先由信息熵理论获得矢量场的特征区域，得到初始流线种子点，然后利用副本和缓存技术实现流线的并行生成，得到初始流线后，采用矢量场分块并行方式由已生成流线重建矢量场，进而利用条件熵获取更多的种子点，最终得到可反映矢量场特征的流线可视化方法。

种子点算法如下：

（1）直角坐标与球坐标。

这里的变化范围为 $r \in [0, +\infty]$，$\phi \in [0, 2\pi]$，$\theta \in [0, \pi]$。

（2）球坐标系(r, θ, ϕ)与直角坐标系(x_1, x_2, x_3)的转换关系为$x_1 = r\sin\theta\cos\phi$，$x_2 = r\sin\theta\sin\phi$，$x_3 = r\cos\theta$。

$x = r * \sin(\text{theta}) * \cos(\text{phi})$

$y = r * \sin(\text{theta}) * \sin(\text{phi})$

$z = r * \cos(\text{theta})$

两点式：$(x-x_0)/(x_1-x_0) = (y-y_0)/(y_1-y_0) = (z-z_0)/(z_1-z_0)$。

然后分别对 6 个正交面求交点(x_i, y_i, z_i)。

然后判断交点坐标在不在矩形范围内，在就是有效的交点，不在就放弃，如果存在多个，就不管了，取第一个就行。

最后，给出正方向的流速。

5.1.3　单井及单元的流线三维显示

本软件实现了单井及单元模块的流线三维可视化来显示，通过三维可视化来直观展示单井及单元流线追踪过程。

（1）流线显示基本流程。流线显示数据流程图如图 5-11 所示。

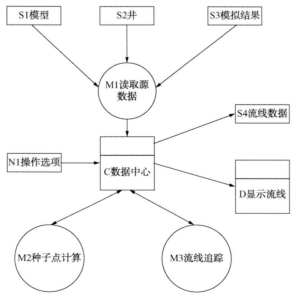

图 5-11　流线显示数据流程图

（2）单井流线图三维显示。单井流线追踪三维可视化如图5-12所示。

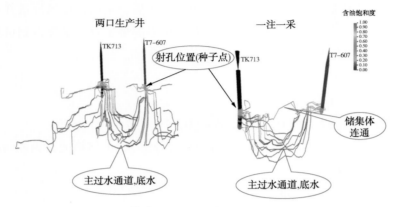

图5-12　单井流线追踪三维可视化

单井流线图显示过程描述（以DEMO数据为例）：

① 将井信息写到表单里；

② 添加读取表单的代码；

③ 在井单元【映射】里添加井的名称；

④ 进行井的显示。

单井显示如图5-13所示。

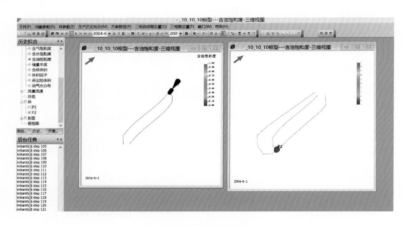

图5-13　DEMO数据单井流线显示图

区域过滤：

① 先访问当前网格的ACTNUM；

② 添加每个节点的网格编号；

③ 用编号作为下标，寻址ACTNUM的相应位置；

④ 完成流线显示，如图5-14所示。

没有网格区域部分的流线显示如图5-15所示。

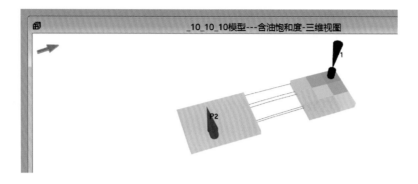

图 5-14 DEMO 数据区域过滤图

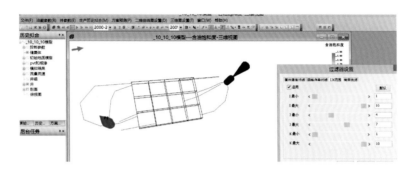

图 5-15 DEMO 数据没有网格区域的单井流线显示

有网格区域的流线图如图 5-16 所示。

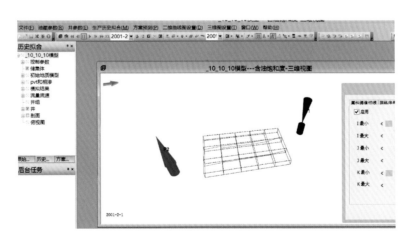

图 5-16 DEMO 数据有网格区域的单井流线显示

流线的颜色：

① 流线节点的网格编号已经有了，根据这个寻址网格的颜色；

② 网格的颜色编号数组需要给 gl-paint 的同时拷贝过来，依照次序的每一个四边形的颜色的索引（指向上边的颜色表）；

③ 流线的绘制中，根据网格编号计算地址，寻址获取颜色代号；

④ 根据颜色代号寻址颜色表，获取颜色；

⑤ 设置绘制颜色；

⑥ 添加流线的专色数据：给每条流线一个专色，用于聚类显示。

添加颜色模式（0＝网格属性，1＝专色）；缺省值为 0。

然后完成流线颜色的绘制，如图 5-17 所示。

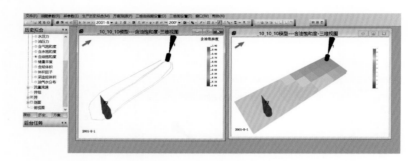

图 5-17　流线颜色的绘制

流线的粗细，平滑：

① 点击工具栏中的【准确—平滑】按钮，完成流线的平滑设置，如图 5-18 所示；

② 概念模型三维显示图如图 5-19、图 5-20 所示。

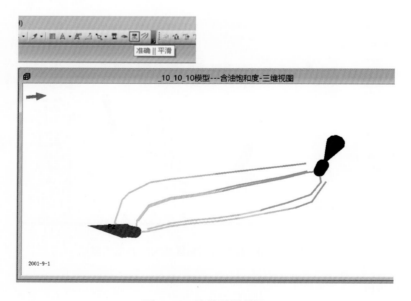

图 5-18　流线平滑设置

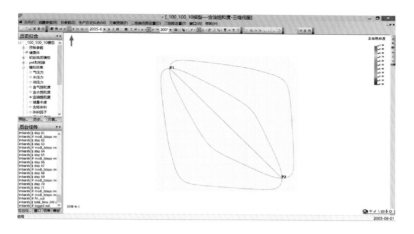

图 5-19　概念模型单井流线三维显示图

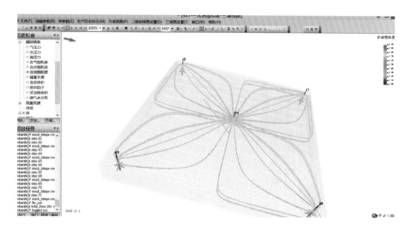

图 5-20　概念模型单元流线三维显示图

应用到 sub2 模型中各个储集体与流线显示结果如下所示。

① 裂缝与流线(见图 5-21)。

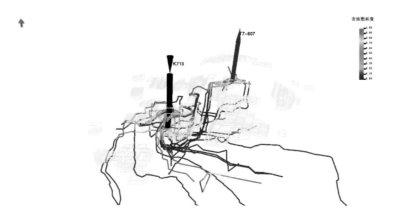

图 5-21　sub2 模型裂缝与流线三维显示图

② 溶孔与流线（见图 5-22）。

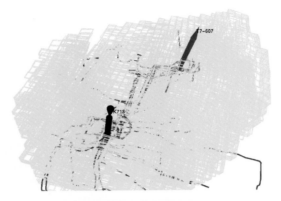

含油饱和度

图 5-22 sub2 模型溶孔与流线三维显示图

在图 5-22 中，溶孔到处都是，把流线都挡住了。

③ 溶洞与流线（见图 5-23）。

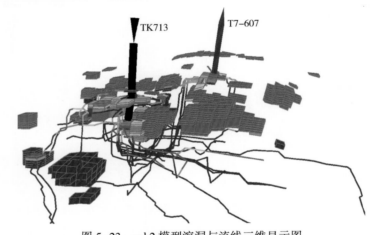

图 5-23 sub2 模型溶洞与流线三维显示图

最后射孔关闭，层位封堵的位置不出流线，完成流线的显示，效果图如图 5-24 所示。

含油饱和度

图 5-24 sub2 模型射孔未关闭三维显示图

如图 5-24 所示，完成前流线图混乱。

如图 5-25 所示，射孔关闭后流线图不再混乱。

图 5-25 sub2 模型射孔关闭后三位显示图

（3）单元流线图三维显示。

S80 南块单元流线追踪三维可视化如图 5-26 所示。

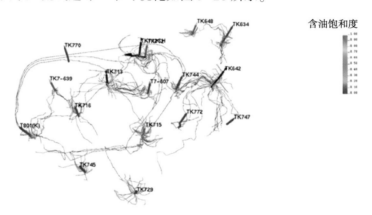

图 5-26 S80 南块单元流线追踪三维可视化

S80 南块单元井组及井列表如表 5-1 所示。

表 5-1 S80 南块单元井组及井列表

井组	井
TK713	tk713，tk712，tk712ch，tk716，t7-607，tk7-639，t801，tk745，tk715
TK642	tk642，tk634，tk747，tk722，tk744
Tk729	tk729
Tk648	tk648

（4）Pollock 方法数据选取。

S80 南部单元特点如图 5-27 所示。

① 共计 17 口井，数量适中，且为实际生产数据，适于先期项目的执行流程。

② 有注水井 3 口，易于形象地展示注水井与生产井的流动耦合关系及流动变化状态。

③ 大部分井的生产时间较长，且有转注井，便于研究油藏流场的变化过程。

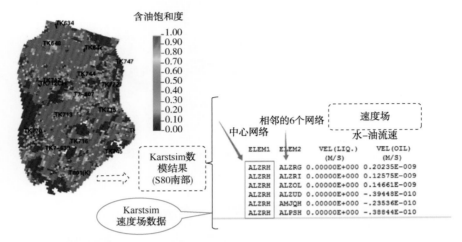

图 5-27　S80 南块三维可视化及数据特点

S80 南块单元流线追踪三维可视化正确性验证（与 Eclipse 软件对比）如图 5-28、图 5-29 所示。

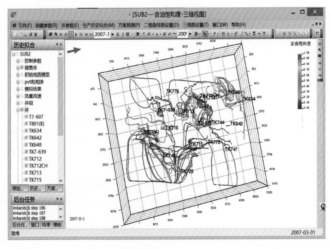

图 5-28　软件 S80 南块单元 2007 年 3 月 1 日流线追踪图

对比图 5-28、图 5-29，可见软件流线追踪结果的正确性。

单井及单元流线可视化操作过程如下：在三维视图工具栏中点击【显示/隐藏流线】按钮，如图 5-30 所示。

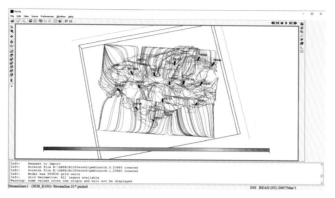

图 5-29　Eclipse 软件 S80 南块单元 2007 年 3 月 1 日流线追踪图

图 5-30　显示/隐藏流线界面

　　然后将模拟结果进行播放，流线图即可显示。为了能清楚地看到流线图，可将地质模型和网格线进行隐藏，操作步骤如下：

　　① 点击三维视图工具栏中的窗口背景设置按钮，弹出 3D 窗口设置界面，如图 5-31所示。

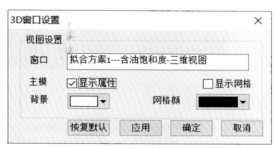

图 5-31　3D 窗口设置界面

　　② 将界面中显示属性和显示网格复选框中的对钩去掉后，点击【应用】按钮后，点击【确定】按钮，模型中的地质属性和网格将不再显示，只显示改井和改时间对应的流线图，如图 5-32 所示。

　　③ 点击播放按钮，单元流线图可随时间的变化而发生变化。图 5-33 所示为 2006-12-1 所对应的流线图。

　　在流线显示时，三维图的背景颜色和井名的字体颜色以及字体大小都可进行设置，如图 5-33 显示背景颜色为黑色，字体颜色对应自动变成白色字体。

　　背景颜色操作过程如下：

　　① 点击工具栏中的【窗口背景设置】按钮，弹出［3D 窗口设置］对话框，如图 5-34所示。

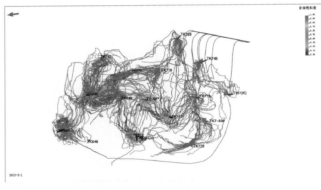

图 5-32 S80 南块单元流线追踪三维可视化

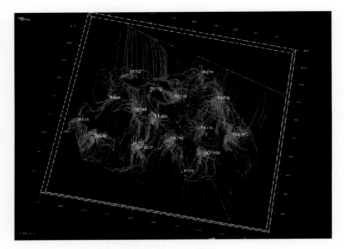

图 5-33 S80 南块单元 2009 年 12 月 1 日时间步流线追踪三维可视化

图 5-34 3D 窗口背景设置

② 点击界面中【背景】下拉框，选择要显示的背景颜色，比如黑色，如图 5-35 所示。

③ 然后点击【应用】按钮，再点击【确定】按钮，3D 视图背景颜色将变为黑色并

保存设置。

④ 在数据树中的井节点中选取要查看的单井，即可显示单井流线追踪三维图，如图 5-36 所示。

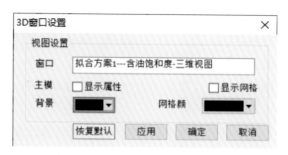

图 5-35　3D 窗口背景设置-黑色

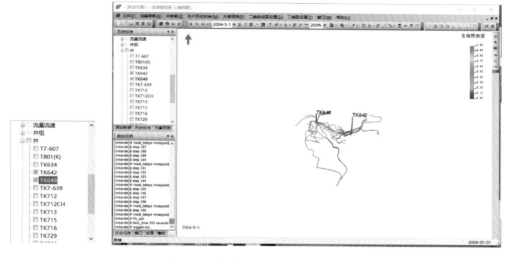

图 5-36　单井流线追踪三维可视化

如图 5-36 所示，选择显示 TK642 和 TK648 井，则三维流线显示界面中只显示此两口井的流线图。

5.1.4　注采井间流线显示及分析技术

本软件实现了注采井间流线显示及分析技术如图 5-37 所示。

油田进入中高含水阶段后，为了达到稳油控水，提高水驱采收率的目的，需要对油藏进行调整挖潜，比如井网层系调整、注采结构优化和堵水调剖。在进行调整挖潜之前，需要明确注采井间动态关系，以便分析井网存在的问题。油田经常采用的单井动态分析和示踪剂监测都存在不足之处，需要研究新的方法来表征井间注采关系，要求该方法不但有效，而且方便实用，便于大规模推广使用。本软件应用流线模型表征注采井间动态关系满足此要求。

且油田开发到了高含水后期，井网关系错综复杂，注采失衡矛盾突出。应用传统方法可以得出整个区块的注采比，但井组注采状况不是很清晰，给单井分析、措施调整造成了一定的难度。因此，利用流线模拟对井组注采关系进行了定量研究，得到了井组中水井的注水分布方向及比例以及采油井的来水方向及比例，可以进一步剖析注入水在地层中的方向、比例及产出规律，优选开发方案，从而为动态分析提供了有效的技术手段。

在三维流线视图播放前，可设置显示井的类型，如是注水井还是产油井，操作过程如下。

（1）在三维工具栏中点击【井设置】按钮，弹出井显示设置对话框，如图 5-38 所示。

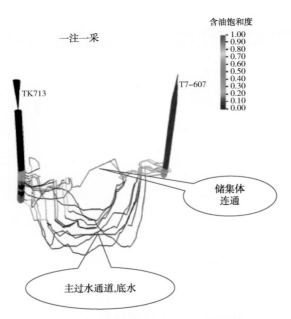

图 5-37　注采井间流线显示及分析图

图 5-38　井显示设置

（2）在【井柱显示】中，井类型便是井是注水井还是采油井的类型显示，将井类型前的复选框选中，然后点击【应用】按钮，再点击【确定】按钮，便可显示井类型。

在播放过程中选中一个注水井和一个采油井，便可完成一注一采井井间流线的显示，通过注采井间的流线可分析地质模型。

5.1.5　流线波及体积网格显示

本软件实现了流线波及体积网格的显示功能，如图 5-39 所示。

通过同时显示井的流线及波及体积网格，可直查看当前水驱规律特征。

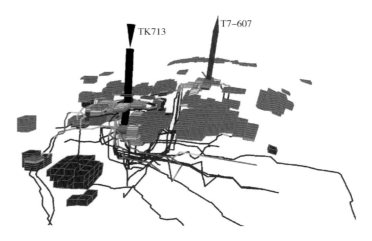

图 5-39　流线波及体积网格显示图

对于水驱开发的非均质油田，体积波及系数是一个重要的评价参数，它不但可以反映水驱体积波及状况，而且也会影响水驱油田的最终可采储量和采收率。本软件在考虑地层流体及孔隙体积影响的前提下，通过计算水驱油藏体积波及系数。为了准确、简便地预测水驱体积波及系数，本软件根据水驱油田的水驱规律特征，在前人的研究基础上，将丙型水驱曲线与威布尔预测模型相结合，得到了水驱体积波及系数与开发时间和含水率的关系式，对同类油藏开发预测提供了借鉴经验。

在前人研究的基础上，提出了水驱体积波及系数与累积产油量以及水驱体积波及系数与含水率变化的关系式；当确定了极限含水率之后，可利用该关系式预测油田的最终水驱体积波及系数和可采储量。

水驱体积波及系数定义为：天然水驱或人工注水占有的体积与含油孔隙体积之比。水驱体积波及系数是判断水驱开发效果、进行开发调整和提高采收率的重要依据。因此。利用水驱体积波及系数实现流线波及体积网格的显示功能对提高采收率至关重要。

5.1.6　多重介质储集体边界处的网格加密方法

储集体交界处速度空间变化，对速度变化大于阈值的区域进行局部网格加密，用以解决缝洞型油藏不同储集体间界面流线混乱，以及流线穿越基质问题，如图 5-40 所示。

1) 网格加密算法实现步骤

（1）基本的二维测试模型如图 5-41 所示。

其中：$v_{x_2} > v_{x_1}$；$u_{x_1} > u_{x_2}$；$v_{y_1} = v_{y_2}$；$v_{x_1} = v_{x_2}$。

在这种情形下，红线是预期的平滑后的输出。

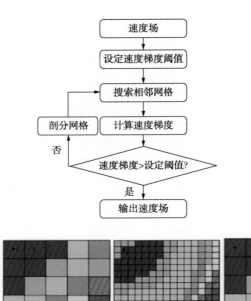

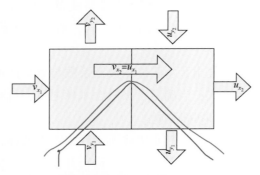

图 5-40　局部网格加密计算流程图及结果显示图

图 5-41　局部网格加密算法——基本的二维测试模型图

（2）先做一个模型数据。

（3）创建二维的基本的加密追踪模块。

（4）测试这个模块的效果。

（5）扩充为三维算法。

（6）修改流线追踪部分实际代码。

（7）用实际数据进行效果展示。

2）流线加密流程

（1）输入参数：

非加密算法的参数，但出口坐标 x_e、y_e、z_e 的类型修改为向量。

添加参数：网格加密倍数。

（2）输出 x_e、y_e、z_e，坐标点集和最终流出界面。

（3）计算不加密时的流出界面，根据流出界面，分成 5 个分支，$x+$，$x-$，$y+$，$z+$，$z-$。

（4）按照 5 个分支方向计算流出界面的相应坐标、流出界面的相应速度（见表 5-2）。

表 5-2　5 个分支方向流出界面的相应坐标和相应速度

$x+$	$x-$	$y+$	$z+$	$z-$
x_1	x_0	y_1	z_1	z_0
v_{x_1}	v_{x_0}	v_{y_1}	v_{z_1}	v_{z_0}

（5）按照虚拟的网格调用基本算法，求出加密的每一步的流出坐标。

3）流线网格加密试算

（1）$x+$分支方向加密试算见图 5-42。

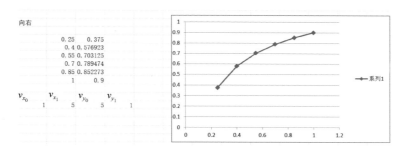

图 5-42　$x+$分支方向加密试算

（2）$x-$分支方向加密试算见图 5-43。

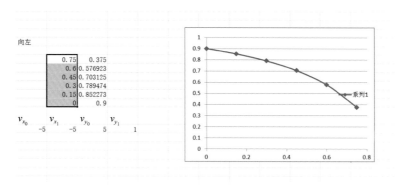

图 5-43　$x-$分支方向加密试算

（3）$y+$分支方向加密试算见图 5-44。

（4）$z-$分支方向加密试算见图 5-45。

（5）$z+$分支方向加密试算见图 5-46。

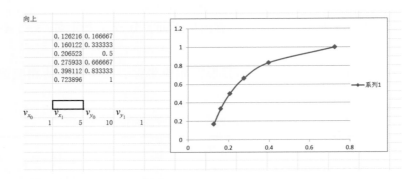

图 5-44 y+分支方向加密试算

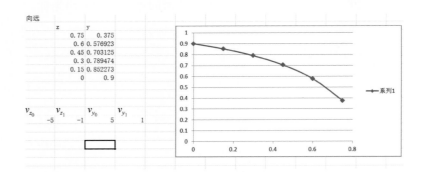

图 5-45 z-分支方向加密试算

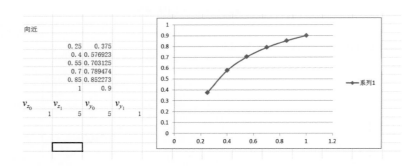

图 5-46 z+分支方向流线网格加密试算图

4）试算完成后，进行概念模型加密显示

（1）概念模型加密 1 倍显示图见图 5-47。

（2）概念模型加密 2 倍显示图见图 5-48。

（3）概念模型加密 3 倍显示图见图 5-49。

（4）概念模型加密 6 倍显示图见图 5-50。

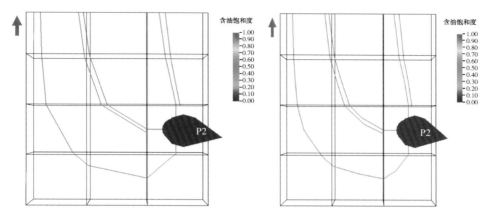

图 5-47　流线概念模型加密 1 倍显示图　　　图 5-48　流线概念模型加密 2 倍显示图

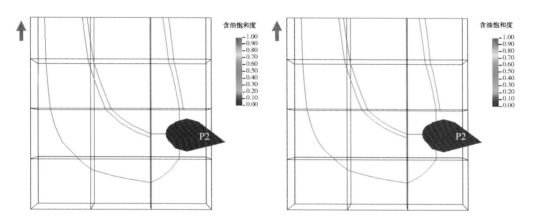

图 5-49　流线概念模型加密 3 倍显示图　　　图 5-50　流线概念模型加密 6 倍显示图

5）实际模型加密显示

（1）实际模型加密 1 倍显示图见图 5-51。

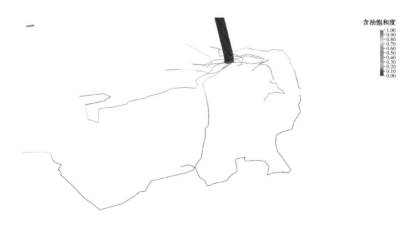

图 5-51　流线实际模型加密 1 倍显示图

（2）实际模型加密 4 倍显示图见图 5-52。

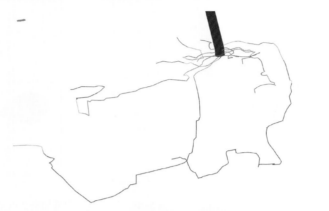

图 5-52　流线实际模型加密 4 倍显示图

（3）实际模型加密 8 倍显示图见图 5-53。

图 5-53　流线实际模型加密 8 倍显示图

（4）Sub2 全区网格细化图见图 5-54。

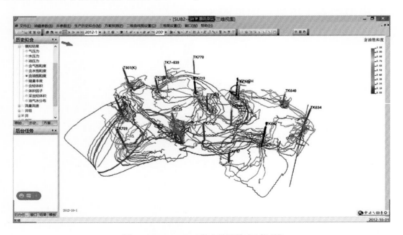

图 5-54　sub2 全区网格细化图

其中，从二维扩展到三维的过程中涉及二维坐标系和三维坐标系的旋转，其算法介绍如下。

（1）二维坐标系和基本公式见图 5-55。

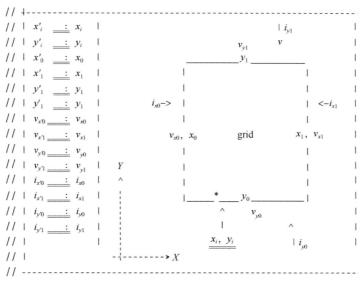

图 5-55　二维坐标系图

二维坐标系旋转：原坐标系 X-O-Y 逆时针旋转 θ 角度到新坐标系 X'-O-Y'，则新坐标系中（x'，y'）与原坐标系中的（x，y）对应关系如下：

$x'=x\times\cos\theta+y\times\sin\theta$

$y'=y\times\cos\theta-x\times\sin\theta$

θ	0°	90°	180°	270°
$\sin\theta$	0	1	0	−1
$\cos\theta$	1	0	−1	0
x'	x	y	$-x$	$-y$
y'	y	$-x$	$-y$	x

原坐标系 X-O-Y 逆时针旋转 θ 角度到新坐标系 X'-O-Y'，如图 5-56 和表 5-3 所示。

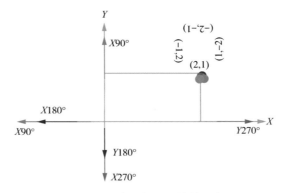

图 5-56　二维坐标系的旋转示意图

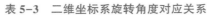

表 5-3　二维坐标系旋转角度对应关系

旋转角度/(°)	X(Z)	Y
0	2	1
90	1	−2
180	−2	−1
270	−1	2
0	2	1
−90	−1	2
−180	−2	−1
−270	1	−2

① x_y 逆时针：从 4 个起点 0°、90°、180°、270° 各旋转坐标系 90°、180°、270°，共 12 个测试(见表 5-4)。

表 5-4　x_y 逆时针旋转

编号	说明	前置	输入	预期结果	结果
6.1			内置数据 6.1	输出<结果正确>>>>	
6.2			内置数据 6.2	输出<结果正确>>>>	
6.3			内置数据 6.3	输出<结果正确>>>>	
6.4			内置数据 6.4	输出<结果正确>>>>	
6.5			内置数据 6.5	输出<结果正确>>>>	
6.6	运行 test2_xycc		内置数据 6.6	输出<结果正确>>>>	
6.7			内置数据 6.7	输出<结果正确>>>>	
6.8			内置数据 6.8	输出<结果正确>>>>	
6.9			内置数据 6.9	输出<结果正确>>>>	
6.10			内置数据 6.10	输出<结果正确>>>>	
6.11			内置数据 6.11	输出<结果正确>>>>	
6.12			内置数据 6.12	输出<结果正确>>>>	

② x_y 顺时针：从 4 个起点 0°、90°、180°、270° 各旋转坐标系 90°、180°、270°，共 12 个测试(见表 5-5)。

表 5-5　x_y 顺时针旋转

编号	说明	前置	输入	预期结果	结果
7.1			内置数据 7.1	输出<结果正确>>>>	
7.2	运行 test2_xyc		内置数据 7.2	输出<结果正确>>>>	
7.3			内置数据 7.3	输出<结果正确>>>>	
7.4			内置数据 7.4	输出<结果正确>>>>	

编号	说明	前置	输入	预期结果	结果
7.5			内置数据 7.5	输出<结果正确>>>>	
7.6			内置数据 7.6	输出<结果正确>>>>	
7.7			内置数据 7.7	输出<结果正确>>>>	
7.8	运行 test2_xyc		内置数据 7.8	输出<结果正确>>>>	
7.9			内置数据 7.9	输出<结果正确>>>>	
7.10			内置数据 7.10	输出<结果正确>>>>	
7.11			内置数据 7.11	输出<结果正确>>>>	
7.12			内置数据 7.12	输出<结果正确>>>>	

③ z_y 逆时针：从 4 个起点 0°、90°、180°、270° 各旋转坐标系 90°、180°、270°，共 12 个测试(见表 5-6)。

表 5-6 z_y 逆时针旋转

编号	说明	前置	输入	预期结果	结果
8.1			内置数据 8.1	输出<结果正确>>>>	
8.2			内置数据 8.2	输出<结果正确>>>>	
8.3			内置数据 8.3	输出<结果正确>>>>	
8.4			内置数据 8.4	输出<结果正确>>>>	
8.5			内置数据 8.5	输出<结果正确>>>>	
8.6			内置数据 8.6	输出<结果正确>>>>	
8.7	运行 test2_zycc		内置数据 8.7	输出<结果正确>>>>	
8.8			内置数据 8.8	输出<结果正确>>>>	
8.9			内置数据 8.9	输出<结果正确>>>>	
8.10			内置数据 8.10	输出<结果正确>>>>	
8.11			内置数据 8.11	输出<结果正确>>>>	
8.12			内置数据 8.12	输出<结果正确>>>>	

④ z_y 顺时针：从 4 个起点 0°、90°、180°、270° 各旋转坐标系 90°、180°、270°，共 12 个测试(见表 5-7)。

表 5-7 z_y 顺时针旋转

编号	说明	前置	输入	预期结果	结果
9.1			内置数据 9.1	输出<结果正确>>>>	
9.2	运行 test2_zyc		内置数据 9.2	输出<结果正确>>>>	
9.3			内置数据 9.3	输出<结果正确>>>>	
9.4			内置数据 9.4	输出<结果正确>>>>	

编号	说明	前置	输入	预期结果	结果
9.5			内置数据 9.5	输出<结果正确>>>>	
9.6			内置数据 9.6	输出<结果正确>>>>	
9.7			内置数据 9.7	输出<结果正确>>>>	
9.8	运行 test2_zyc		内置数据 9.8	输出<结果正确>>>>	
9.9			内置数据 9.9	输出<结果正确>>>>	
9.10			内置数据 9.10	输出<结果正确>>>>	
9.11			内置数据 9.11	输出<结果正确>>>>	
9.12			内置数据 9.12	输出<结果正确>>>>	

⑤ 界面名称枚举的旋转如图 5-57 和表 5-8 ~ 表 5-10 所示。

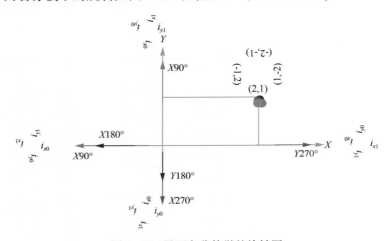

图 5-57　界面名称枚举的旋转图

表 5-8　界面名称枚举逆时针、顺时针旋转

旋转前	$i_{x_0} = 0$	$i_{x_1} = 1$	$i_{y_0} = 2$	$i_{y_1} = 3$
逆时针旋转 90°后	$i_{y_1} = 3$	$i_{y_0} = 2$	$i_{x_0} = 0$	$i_{x_1} = 1$
逆时针旋转 180°后	$i_{x_1} = 1$	$i_{x_0} = 0$	$i_{y_1} = 3$	$i_{y_0} = 2$
逆时针旋转 270°后	$i_{y_0} = 2$	$i_{y_1} = 3$	$i_{x_1} = 1$	$i_{x_0} = 0$
顺时针旋转 90°后	$i_{y_0} = 2$	$i_{y_1} = 3$	$i_{x_1} = 1$	$i_{x_0} = 0$
顺时针旋转 180°后	$i_{x_1} = 1$	$i_{x_0} = 0$	$i_{y_1} = 3$	$i_{y_0} = 2$
顺时针旋转 270°后	$i_{y_1} = 3$	$i_{y_0} = 2$	$i_{x_0} = 0$	$i_{x_1} = 1$

表 5-9　界面名称枚举旋转 (编号 10.1 ~ 编号 10.6)

编号	说明	前置	输入	预期结果	结果
10.1	运行 mtest2_id		内置数据 10.1	输出<结果正确>>>>	
10.2			内置数据 10.2	输出<结果正确>>>>	

编号	说明	前置	输入	预期结果	结果
10.3			内置数据 10.3	输出<结果正确>>>>	
10.4	运行 mtest2_ id		内置数据 10.4	输出<结果正确>>>>	
10.5			内置数据 10.5	输出<结果正确>>>>	
10.6			内置数据 10.6	输出<结果正确>>>>	

表 5-10 界面名称枚举旋转(编号 11.1~编号 11.6)

编号	说明	前置	输入	预期结果	结果
11.1			内置数据 10.1	输出<结果正确>>>>	
11.2			内置数据 10.2	输出<结果正确>>>>	
11.3	运行 mtest2_ id		内置数据 10.3	输出<结果正确>>>>	
11.4			内置数据 10.4	输出<结果正确>>>>	
11.5			内置数据 10.5	输出<结果正确>>>>	
11.6			内置数据 10.6	输出<结果正确>>>>	

（2）三维坐标系。

三维坐标系图 5-58 主要来说明坐标轴的关系。做这个变换的目的是和已经存在的二维的原理和代码统一。

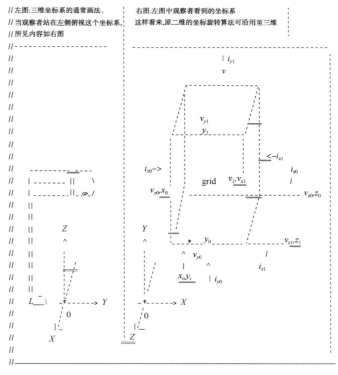

图 5-58 三维坐标系 *XY* 轴转换图

采用这个坐标系的观察角度的原因与之前二维坐标系一致。

Z 轴数据的转换：从左侧看，Z 轴被放倒的坐标系（左图）就是右图的样子。我们在转换坐标和具体计算时，只要将原有的二维算法中的 XOY 直接替换成 ZOY 就可以了（见图 5-59）。

（3）流入界面与旋转。

我们的基本计算模块总是默认：流体由 Y 的方向流入，即流入方向总与 Y 轴正方向一致。因此，其他方向流入的流体需要进行坐标系旋转至 $X'O'Y'$，以符合默认的条件。相应地，计算结果也需要反方向旋转坐标系，将数据还原回 XOY；这些旋转都是二维旋转就可以解决的。具体转换关系见表 5-11，角度逆时针为正，顺时针为负。

表 5-11　流入界面与旋转表

流入界面	旋转平面	绕轴	角度至 $X'O'Y'$/(°)	角度返回 XOY/(°)
i_{y_0}	XOY	—	0	0
i_{x_0}	XOY	Z	270	90
i_{x_1}	XOY	Z	90	270
i_{y_1}	XOY	Z	180	180
i_{z_0}	ZOY	X	270	90
i_{z_1}	ZOY	X	90	270

（4）速度的变换。

速度的变换在坐标系旋转之后，如图 5-60、表 5-12～表 5-14 所示。

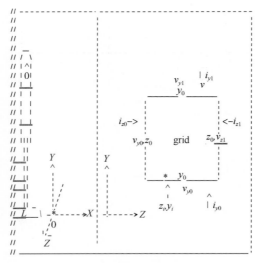

图 5-59　三维坐标系 Z 轴转换图

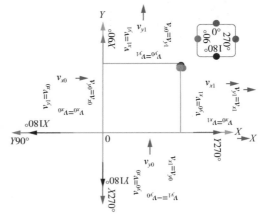

图 5-60　速度的变换示意图

界面	旋转平面	绕轴	0°	90°	180°	270°
$v_{x'0}$			v_{x0}	v_{y0}	$-v_{x1}$	$-v_{y1}$
$v_{x'1}$	XOY	Z	v_{x1}	v_{y1}	$-v_{x0}$	$-v_{y0}$
$v_{y'0}$			v_{y0}	$-v_{x1}$	$-v_{y1}$	v_{x0}
$v_{y'1}$			v_{y1}	$-v_{x0}$	$-v_{y0}$	v_{x1}
$v_{z'0}$			v_{z0}	v_{y0}	$-v_{z1}$	$-v_{y1}$
$v_{z'1}$	ZOY	X	v_{z1}	v_{y1}	$-v_{z0}$	$-v_{y0}$
$v_{y'0}$			v_{y0}	$-v_{z1}$	$-v_{y1}$	v_{z0}
$v_{y'1}$			v_{y1}	$-v_{z0}$	$-v_{y0}$	v_{z1}
$v_{y'i}$			v_{y0}			

表 5−13　XOY 平面速度的变换

变换角度/(°)	$v_{x'0}$	$v_{x'1}$	$v_{y'0}$	$v_{y'1}$
0	v_{x0}	v_{x1}	v_{y0}	v_{y1}
90	v_{y0}	v_{y1}	$-v_{x1}$	$-v_{x0}$
180	$-v_{x1}$	$-v_{x0}$	$-v_{y1}$	$-v_{y0}$
270	$-v_{y1}$	$-v_{y0}$	v_{x0}	v_{x1}

表 5−14　ZOY 平面速度的变换

变换角度/(°)	$v_{z'0}$	$v_{z'1}$	$v_{y'0}$	$v_{y'1}$
0	v_{z0}	v_{z1}	v_{y0}	v_{y1}
90	v_{y0}	v_{y1}	$-v_{z1}$	$-v_{z0}$
180	$-v_{z1}$	$-v_{z0}$	$-v_{y1}$	$-v_{y0}$
270	$-v_{y1}$	$-v_{y0}$	v_{z0}	v_{z1}

（5）界面坐标的旋转。

界面坐标的旋转可借用速度的变换。

（6）二维网格流出点计算的测试用例。

前置条件：

【A】默认 $y_i = y_0$；

所有输入数据都是由 i_{y0} 界面流入（其流入速度分量 $v_{yi} == v_{y0}$，流入坐标 $y_i == y_0$）。

【B】默认 $x_0 <= x_i <= x_1$。

前置条件由调用者保证，表格空白表示任意值（见表 5−15）。

深层碳酸盐岩缝洞型油藏新一代数值模拟技术
SHENCENG TANSUANYAN FENGDONGXING YOUCANG XINYIDAI SHUZHI MONI JISHU

表 5-15　二维网格流出点计算测试用例表

编号	输入数据						输出数据				返回码	说明
	dx	dy	v_{x0}	v_{x1}	v_{y0}	v_{y1}	界面	x_i	x_e	y_e		
20.1.1					≤0						−1	流入速度错误
20.1.2	≤0	≤0	≥0	≤0	>0	≤0					1	无流出，结束
20.1.3	≤0	>0	>0	$v_{x0}<0$ 或 $v_{x1}>0$ 或 $v_{y1}>0$							3	0网格，流出3
20.1.4	≤0	>0		$v_{x0}<0$ 或 $v_{x1}>0$ 或 $v_{y1}>0$	>0						4	0网格，流出4
20.1.5	>0	≤0		$v_{x0}<0$ 或 $v_{x1}>0$ 或 $v_{y1}>0$	>0						5	0网格，流出5
20.1.7	正常数据 $v_{x0}==v_{x1}$, $v_{x0}>0$								i_{x1}		0	正常流出
20.1.8	正常数据 $v_{y0}==v_{y1}$								i_{y1}		0	正常流出
20.1.9	正常数据 $v_{xi}==0$								i_{y1}		0	正常流出

编号	输入数据					界面 x_i	输出数据 x_e	输出数据 y_e	返回码	说明
	dx	dy	v_{x0}	v_{y0}	v_{y1}					
20.2.1			正常数据 $v_{x0}\leq0$, $v_{x1}\leq0$			左	i_{x0}		0	
20.2.2			正常数据 $v_{x0}\leq0$, $v_{x1}\leq0$			左	i_{y1}		0	
20.2.3			正常数据 $v_{x0}\leq0$, $v_{x1}\leq0$			右	i_{x0}		0	
20.2.4			正常数据 $v_{x0}\leq0$, $v_{x1}\leq0$			右	i_{y1}		0	
20.2.5			正常数据 $v_{x0}\geq0$, $v_{x1}\geq0$			左	i_{x1}		0	
20.2.6			正常数据 $v_{x0}\geq0$, $v_{x1}\geq0$			左	i_{y1}		0	
20.2.7			正常数据 $v_{x0}\geq0$, $v_{x1}\geq0$			右	i_{x1}		0	
20.2.8			正常数据 $v_{x0}\geq0$, $v_{x1}\geq0$			右	i_{y1}		0	正常计算分支
20.2.9			正常数据 $v_{x0}\leq0$, $v_{x1}\geq0$			左	$ix0$		0	
20.2.10			正常数据 $v_{x0}\leq0$, $v_{x1}\geq0$			左	i_{x1}		0	
20.2.11			正常数据 $v_{x0}\leq0$, $v_{x1}\geq0$			左	i_{y1}		0	
20.2.12			正常数据 $v_{x0}\leq0$, $v_{x1}\geq0$			右	i_{x0}		0	
20.2.13			正常数据 $v_{x0}\leq0$, $v_{x1}\geq0$			右	i_{x1}		0	
20.2.14			正常数据 $v_{x0}\leq0$, $v_{x1}\geq0$			右	i_{y1}		0	

5　缝洞型油藏流线数值模拟技术

5.2 缝洞储集体流线特征参数提取与解析技术

5.2.1 流线几何特征参数和渗流特征参数的提取及归一化功能

本软件实现了流线几何特征参数和渗流特征参数的提取及归一化功能。

流线特征提取有三步：

（1）单根流线交互选择，如图5-61所示。

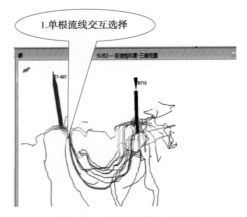

图5-61　单根流线交互选择

（2）从列表中选择流线，如图5-62所示。

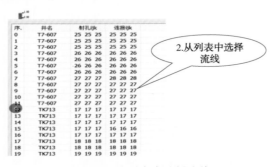

图5-62　从列表中选择流线

（3）从界面中提取特征参数。流线特征参数提取界面如图5-63所示。

图5-63　流线特征参数提取界面

井间流线参数概率统计 TK607~TK713，如图 5-64 所示。

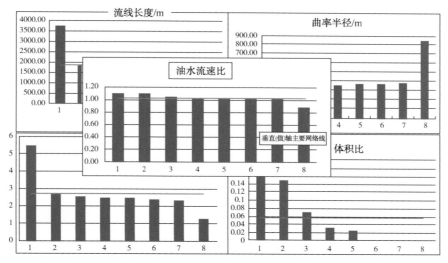

图 5-64　TK607~TK713 井间流线参数概率统计

流线可视化是流场可视化领域重要研究方法之一，具有简单直观、适合交互等特性，在工程实践中广泛应用。流线可视化可以归结为两方面的研究：一种是流线种子点分布算法；一种是流线选取算法。流线种子点分布算法依赖于种子点的数量和位置，由于无法提取预测流场的特征类型和位置，流线可视化效果难以保证流场特征的完整性。流线选取算法的优势在于，能够通过初始流线覆盖流场的全部特征，只要选取方法适当，便能准确全面地提取流场中的所有特征结构。然而，目前已有的流线选取算法普遍存在特征捕捉不全、视觉遮挡严重等问题，难以达到实际研究的需求。本软件分别研究了二维和三维的流线选取算法，完成的主要工作和取得的研究成果如下：提出了一种基于流场特征类型的二维流线聚类选取方法。首先基于二维流场中奇异点类型定义了流线的特征类别，然后生成大量流线覆盖流场区域，利用缠绕角和信息熵等方法对流线的特征类型进行了判定分类，并根据此提出了一种基于流场特征类型的流线聚类方法，保证了流线选取时的特征捕捉的完整性。

5.2.2　流场特征的密度峰值聚类方法

本软件实现了流场特征的密度峰值聚类方法。流线的聚类分析原理：密度峰值聚类算法对流场特征参数进行聚类（人工智能算法，直观反映不同开发阶段水驱油藏流场分布），如下所示。

$$\rho_i = \sum_j \chi(d_{ij} - d_c) \ (i=1,2,\ldots,n_p)$$

局部密度：

↓

最小化类内差异

$$\chi(d_j - d_c) = \begin{cases} 1(d_{ij} - d_c < 0) \\ 0(d_{ij} - d_c \geq 0) \end{cases}$$

样本分离距离：

↓

最大化类间的差异

$$\delta_{qi} = \begin{cases} \min\limits_{q_j j < i} d_{qiqj}(i \geq 2) \\ \min\limits_j d_{ij}(i=1) \end{cases}$$

聚类流程图如图 5-65 所示。

按照流程得到聚类中心点排序结果，选取序号靠前的样本作为聚类中心。

流线聚类技术思路：

（1）油水体积比（Vol_ow）：若该值较大，则代表沿该流线方向未被注入水波及的油较多。

（2）油水流速比（Vel_ow）：若该值较大，则表示沿该流线方向水驱油能力越强。

将具有类似性质的流线归为一类，从而识别出具有开发价值的油藏区域，为后期注水优化、井网层系调整、深部调剖等方案决策提供科学依据和技术支撑。

流线聚类分析成果如图 5-66 和表 5-16 所示。

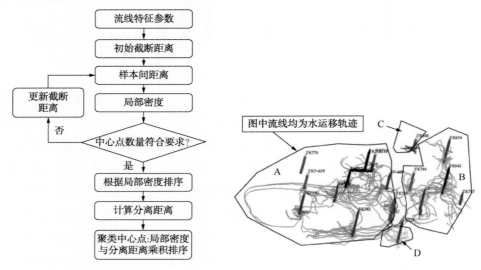

图 5-65　聚类流程图　　　　　　　　　图 5-66　聚类分析三维显示

表 5-16　流线聚类分析示意

组号	聚类中心点	聚类成员
A	TK713	TK715、TK770、TK745、TK639 等
B	TK642	TK634、TK747、TK772、TK744 等
C	TK648	TK648（孤立点）
D	TK729	TK729（孤立点）

S80 南块聚类计算结果见图 5-67。

S80 南块流线分为 4 组，流线特征相似归为同一组。这样的一组流线代表了以单井为中心的优势流场的分布状态。

5.2.3　流线解析方法

流场强度表征原理图如图 5-68 所示。

图 5-67　S80 南块聚类计算结果

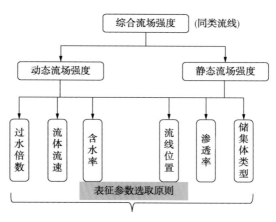

图 5-68　流场强度原理图

（1）流场多因素相互影响，相互作用；

（2）综合分析，动静结合；

（3）确定各因素的权值，对每个网格各因素进行加权后求得动静态流场强度指标；

（4）动静态流场强度加权计算，得到综合油藏流场强度。

其中：

过水倍数

$$F_{Rw(t)} = \frac{\ln Rw(i) - \ln Rw_{\min}}{\ln Rw_{\max} - \ln Rw_{\min}} \quad i = 1,\ 2,\ \cdots,\ n$$

流体流速

$$F_{Ql(t)} = \frac{\ln Ql(i) - \ln Ql_{\min}}{\ln Ql_{\max} - \ln Ql_{\min}} \quad i = 1,\ 2,\ \cdots,\ n$$

含水率

$$F_{Fw(i)} = \frac{Fw(i) - Fw_{\min}}{Fw_{\max} - Fw_{\min}} \quad i = 1,\ 2,\ \cdots,\ n$$

$F_{Fw(i)}$：流场强度隶属函数

S80 南块流场强度分析表如表 5-17、表 5-18 所示。

表 5-17　S80 南块流场强度分析表

渗透率范围/($10^{-3}\mu m^2$)	网格数	流场强度
<1000	172346	0.58
1000~1300	350	0.62
1300~1500	2	0.68
>1500	11	0.75

储集体类型	网格数	流场强度
溶洞	4332	0.71
裂缝	27202	0.81
基质	77685	0.30
流线位置	网格数	流场强度
注水井附近	351	0.97
生产井附近	294	0.95
无井区域	387	0.63

表 5-18 流场强度划分表 (已有研究)

流场级别	流场级别名称	流场强度
1	绝对优势流场	0.8 ~ 1
2	优势流场	0.6 ~ 0.8
3	流场	0.4 ~ 0.6
4	非优势流场	0.2 ~ 0.4
5	绝对非优势流场	0.0 ~ 0.2

5.3 基于流线的油藏评价指标定量表征方法

本软件形成了基于流线的油藏评价指标定量表征方法。具体功能如下所示：

（1）实现了井间连通性定量表征方法；

（2）实现了基于流线的水驱波及评价方法；

（3）实现了基于流线的缝洞油藏剩余油挖潜的方法。

5.3.1 井间连通性定量表征方法

1）原理与流程

井间连通系数：

$$\lambda = \frac{1}{\Delta p} \frac{\sum q_i}{\sum l_i} \tag{5-17}$$

井间连通变异系数：

$$CV = \frac{1}{n} \frac{\sum\limits_{i=1}^{n} (\lambda_i - \overline{\lambda})^2}{\overline{\lambda}} \tag{5-18}$$

式中，l_i 为第 i 段流线长度；q_i 为第 i 段流线的流量；Δp 为压差。

井间连通性定量表征方法流程图如图 5-69 所示。

其中，压力数据如图 5-70 所示。

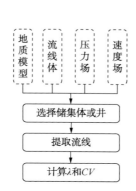

图 5-69　井间连通性定量表征方法流程图

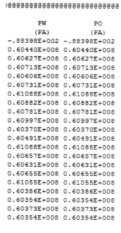

图 5-70　压力数据格式图

2）实例

流线模拟实现井间连通性定量表征的作用：

（1）流线模拟可以确定为油井供液的水井方向和油水比例，以及向水井提供给各个油井的水量，从而明确油井来水方向和油水井连通关系，量化分析油水推进情况；

（2）利用流线模拟的结果可以定量研究井组注采比，为采油措施挖潜、注入井方案调整提供依据；

（3）通过流线法研究井组注采关系发现，当注水井注入量发生改变后，对周围油井的影响很大，从水流方向和流量上都有不同程度的变化，一方面可以据此控制合理注水量，一方面也反映了复杂的地下状况，因而可以深化对油藏的认识。

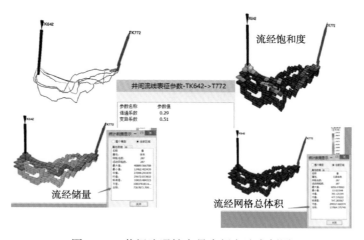

图 5-71　井间连通性定量表征方法实例图

流线表征参数界面显示操作步骤：

（1）在数据节点中的流线节点中右击，【新建】，新建流线集，并在流线集中右击，有粘贴、删除、编辑、井间流线表征参数 4 个选项，如图 5-72 所示。

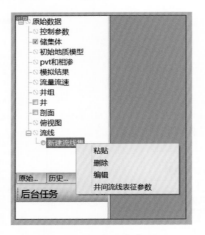

图 5-72　新建流线集界面

（2）点击选择【井间流线表征参数】，弹出井间流线表征参数显示框，如图 5-73 所示。

图 5-73　井间流线表征参数界面

5.3.2　基于流线的水驱波及评价方法

常规的水驱油藏评价都是以油藏工程为基础的，考虑的往往是静态下的地质模型，无法定量评价油藏的水驱动态、注入水分配、油井受效等问题，更不能追踪到油田的动态特征。为了实现合理、有效的动态评价水驱油藏开发效果，以流行法模拟为基础，并借助其优势提出了基于流线的水驱波及评价方法，建立相应的评价模型，实现定量化评价注采井间关系，同时结合油田实际建立流线模型，进行油田整体与井组单元分析，提出相应的调整方法，达到很好的改善水驱开发效果的目的。

1）单井流线波及储量

首先显示单井的流线，然后显示单井流线波及的网格，最后点击工具栏中/三维图右击菜单中的统计数据显示，将自动统计单井流线波及的储量，如图5-74、图5-75所示。

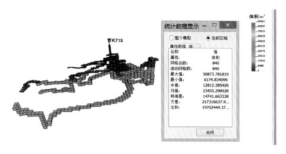

图5-74　TK713井流线波及储量图

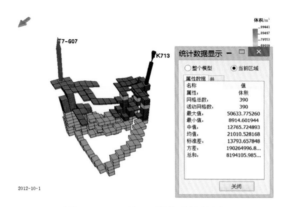

图5-75　一注一采波及储量图

2）流线波及与剩余油分布

优势流场在流体的运动过程中起主导作用，控制着剩余油的形成和分布。对于缝洞型储集体，高渗的裂缝带是主力流场，而在其边部的渗透率较低储集体，压力传导速度慢，波及程度低，剩余油饱和度比较高，如图5-76所示。

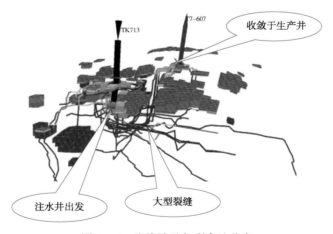

图5-76　流线波及与剩余油分布

3) 基于流线的水波及评价方法

图 5-77 所示为基于流线的水波及评价方法。

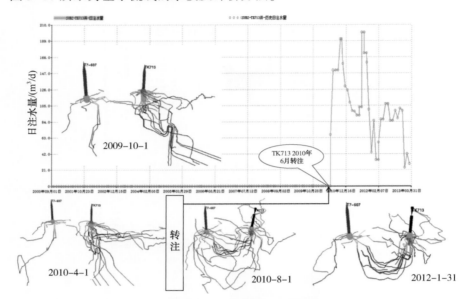

图 5-77　基于流线的水波及评价方法

4) 流线波及与注采劈分

图 5-78 所示为 TK642 井流线波及图。

注采劈分图如图 5-79 所示。

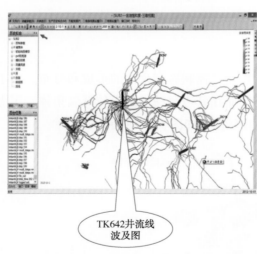

TK642注采—井间流线

TK642底水注入到流线

图 5-78　TK642 井流线波及图　　　　图 5-79　TK642 井注采劈分图

注采劈分结果如表 5-18 所示。

表 5-18　TK642 注水劈分量统计

总注入量/m³	72.00	TK772/m³	11.61
TK634/m³	27.87	底水/m³	23.23

5.3.3　基于流线的缝洞油藏剩余油挖潜的方法

目前，我国大部分油田普遍进入了开发中后期阶段，整体采油出现了高注水和高含水的特征，剩余油分布日益复杂，开发难度逐渐加大。随着对剩余油分布规律认识的加深，系统地总结剩余油的赋存模式，并有针对性地提出相应的挖潜对策，将会为许多大型油田提高采收率工作提供理论依据。本软件实现了基于流线的缝洞油藏剩余油挖潜的方法。

1）S80局部

注入水在高渗透储集体区域形成优势流场，其特点是流量大、流速高、剩余油分布低（见图5-80）。定量研究优势流场的成因和演变对于剩余油的分布判定有较大意义。

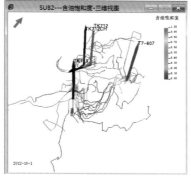

图5-80　S80局部基于流线的缝洞型油藏剩余油挖潜方法

2）S80整体

S80整体基于流线的缝洞型油藏剩余油挖潜方法见图5-81。

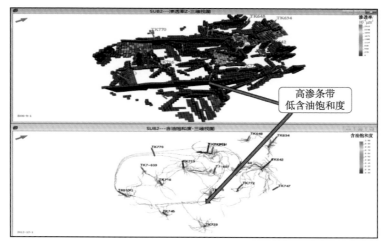

图5-81　S80整体基于流线的缝洞型油藏剩余油挖潜方法

3）驻点

驻点基于流线的缝洞型油藏剩余油挖潜方法见图 5-82。

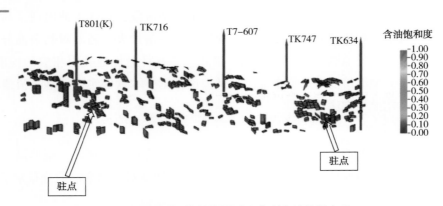

图 5-82　驻点基于流线的缝洞型油藏剩余油挖潜方法

（1）显示流速小于 10×10^{-12} m/s 的网格，近似认为表明该网格未被流线穿过。

（2）驻点是动态变化的，在所有时间步中选取驻点位置变化范围最小的区域作为剩余油挖潜的重点关注区域。

4）S80 南块流线与剩余储量分布叠加显示

S80 南块流线与剩余储量分布叠加显示见图 5-83、图 5-84。

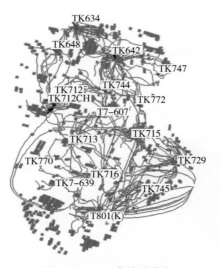

图 5-83　S80 南块流线与
剩余储量分布叠加显示

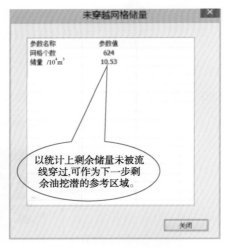

图 5-84　S80 南块未穿越
网格储量统计

5.4　缝洞型碳酸盐岩油藏水驱三维流线追踪技术与软件

本软件实现了缝洞型碳酸盐岩油藏水驱三维流线追踪技术与软件界面的搭建、

工区建立、数据管理、图形化展示及数据统计等功能，辅助用户完成缝洞型油藏流线可视化研究及定量评价工作，为下一步剩余油挖潜工作提供依据。

缝洞型碳酸盐岩油藏水驱三维流线追踪技术与软件功能如下所示：

（1）建立流线数据工区管理功能。

（2）实现了流线源数据的导入/导出功能。

（3）实现了软件内部整体数据框架的建立。

（4）实现了流线追踪三维可视化功能。

（5）实现了软件10个主要界面、5种不同窗口类型的编写。

（6）实现了8种不同图形类型展示。

5.4.1　软件主界面

软件主界面如图5-85所示。

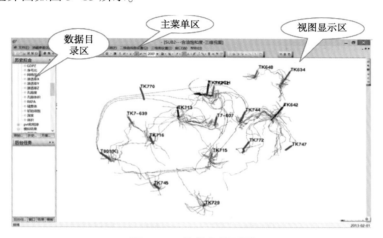

图5-85　软件主界面图

5.4.2　流线追踪三维可视化功能

在油藏工程中，油藏工程师通过追踪流线来观察油水在地质中的流动过程，能更好地指导缝洞型油藏的开发，增强数值模拟的实用性。

新建流线方法如下。

点击数据目录中拟合方案下的剖面节点，剖面节点下有流线节点，如图5-86所示。

右击，选择"创建"，如图5-87所示。

打开"流线设置"编辑界面，如图5-88所示。

在流线设置界面中，可新建流线，并对流线进行相应设置：

（1）流线的显示：填充（网格/聚类）、线型（实

图5-86　新建流线节点

线/虚线)、粗细(粗、中、细)。

(2) 只显示井间流线。

(3) 流线数据：追踪流场(油、水、液)、流量分配、网格加密。

(4) 选项：最低流速、最大时间、最多点数。

流场动态效果显示如图 5-89~图 5-91 所示。

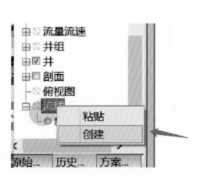

图 5-87 "创建"界面

图 5-88 流线设置界面

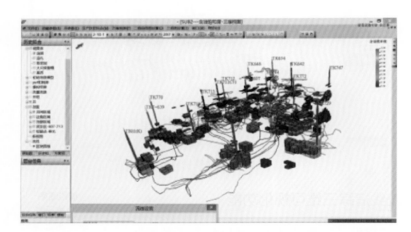

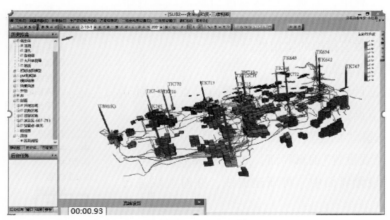

图 5-89 动态显示不同方位不同流场图

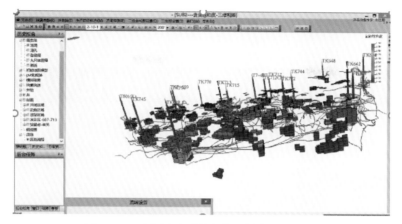

图 5-89　动态显示不同方位不同流场图(续)

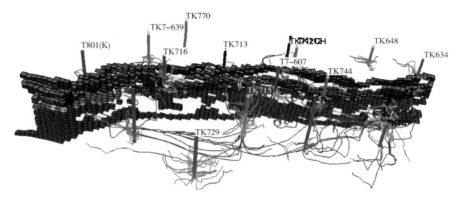

图 5-90　连井剖面附近流体运移情况

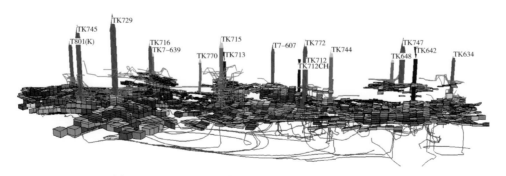

图 5-91　显示油饱和度在 0.2~0.8 的网格及流线组合

6 缝洞型油藏前后处理一体化平台

6.1 平台功能

6.1.1 不同格式的 Petrel 数据的网格、属性等数据的导入和修改

针对不同格式的 Petrel 数据体，配套修改了 Karstsim 数据导入模块，包括关键字的简写格式、属性数据的省略值格式等，保证了 Petrel 数据导入的正确性，增加了软件的数据兼容性。

Petrel 新版本导出文件的变化：

（1）ZCORN 关键字下的数据，存在简写格式；

（2）属性数据有缺省值的格式；

（3）属性数据有非标准的关键字，需要人工修改。

配套改变了 Karstsim 相应文件数据格式，完善了数据格式导入细节，使软件在导入 Petrel 新版本数据时快速、正确。图 6-1 所示为 S74 地质模型在 Petrel 和 Karster 软件中分别显示图。由对比可见，Karster 软件对于 Petrel 数据导入的正确性。

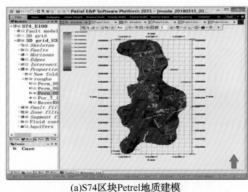
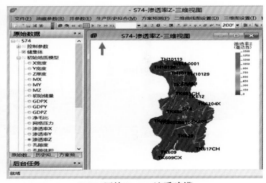

(a)S74区块Petrel地质建模   (b)S74区块Karster地质建模

图 6-1　Karster 软件兼容 Petrel 软件数据对比图

6.1.2 不同格式的生产动态数据的格式的导入和修改

针对现场生产动态数据格式的多样性，完善生产动态数据模块，兼容现场的日生产数据、月生产数据、射孔变化数据等数据文件的 Word 格式、文本格式、Excel 格式，并且支持后续追加数据的功能，保证了软件与现场数据的匹配。

兼容的现场数据和格式如图 6-2 所示。

(a)现场日生产数据文本格式

(b)月生产数据Word格式

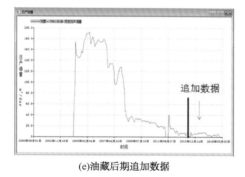

(c)储量数据Excel格式

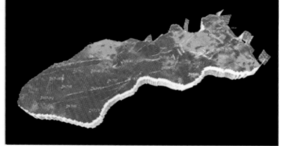

(d)井射孔数据表格形式

(e)油藏后期追加数据

(f)现场数据格式及三维显示图

图 6-2　Karster 软件兼容的现场数据及格式

6.1.3　Karstsim 百万网格模拟接口文件

为了支持"Karstsim 百万网格版本"的模拟器程序，对模拟器接口文件进行了 10 项改进，以支持动态分配内存以及并行程序。改进之前，可支持 67 万网格数据计算，改进后理论上可支持 1000 万网格。表 6-1 所示为具体修改内容表。

表 6-1　Karstsim 百万网格模拟接口文件具体修改内容

修改编号	说明备注
1	扫描并记录 ROCKS 数据区域的编号的次序
2	支持 Mop 变量与牛顿迭代主变量增量的自动选取

修改编号	说明备注
3	扫描并记录单元编号的次序
4	单元编号字符串改成 5 个字母，连带修改井单元的起始编号
5	在 Eleme 单元数据区域中，岩石编号改为序号（原为编号字符串）
6	在 Conne 数据区域后添加单元数据的索引标识，和索引内容
7	在 Gener 数据区域后添加井单元的索引表
8	在 Incon 数据区域后添加单元数据的索引表
9	改变 Svpara 数据的次序，使之与单元数据次序一致
10	在 Trcon 数据区域后添加单元数据的索引

6.1.4 千万网格三维可视化功能

大规模数据快速导入及三维可视化技术，采用汇编代码转换二进制数据、霍夫曼编码压缩技术快速导入。导入 1020 万网格地质模型，数据量为 5.6GB，耗时为 50s，如图 6-3 所示。

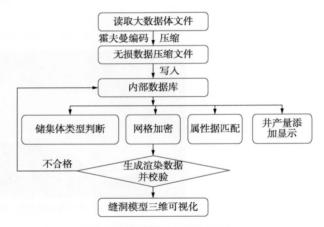

(a)大规模数据快速导入流程图

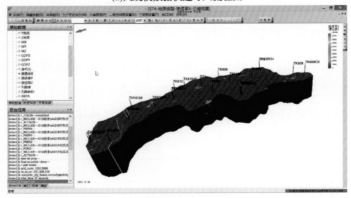

(b)千万网格模型三维显示

图 6-3　大规模数据快速导入流程及显示结果

6.1.5　实现油藏多个平衡区功能

针对缝洞型油藏存在多个初始油水界面，特别是断溶体油藏油柱高度达 400 多米，建立局部封闭多平衡区模拟计算方法，实现单井生产历史有效拟合。如图 6-4 所示为 TK743 井附近初始油水界面和对应日产水量拟合图。

在该井附近调整平衡区，如图 6-5 所示。

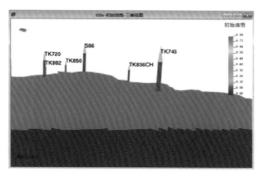

图 6-4　单一平衡区　　　　　　　　　　图 6-5　平衡区调整界面

调整平衡区后，TK743 井附近油水界面如图 6-6 所示。

6.1.6　收敛性差或不收敛网格的搜索定位功能

针对缝洞型油藏存在多个不收敛网格影响模拟计算速度的问题，实时读取 Karstsim 输出数据，找到收敛性慢或不收敛网格，并按收敛时间由长到短进行排序，同步显示网格的编号、传导系数、孔隙体积的级差等属性。图 6-7 所示为收敛性统计图。

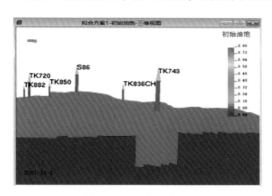

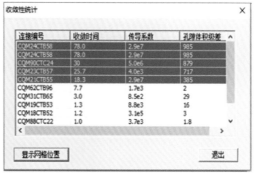

图 6-6　多个平衡区　　　　　　　　　　图 6-7　收敛性统计图

6.1.7　不同时间节点的重启模拟功能

针对模拟过程中可能出现的突发状况导致模拟中断的现象，设置了不同时间节点的重启功能，节省模拟时间。

拟合：追加后续生产数据。预测：储层改造需要调整参数。突发事件：断电等。模拟中断重启过程如图 6-8 所示。

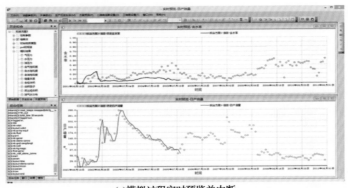

(a)模拟过程实时预览并中断

(b)中断重启设置

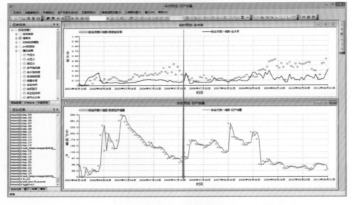

(c)重启后模拟过程

图 6-8　模拟—中断—重启过程图

模拟过程中实时观察拟合效果，误差大时可随时中断重启，大大节省模拟时间。

6.1.8　条件丰度图显示功能

针对不同条件下的不同剩余油储量，完善了条件丰度图显示功能，方便不同井点、区域、不同阈值地区的剩余储量的显示。图 6-9 所示为不同区域、不同过滤条件下的储量丰度图。

通过对不同区域、不同井点、不同过滤条件下的储量丰度图的统计，可随时查看各区域剩余分布，方便后期开采。

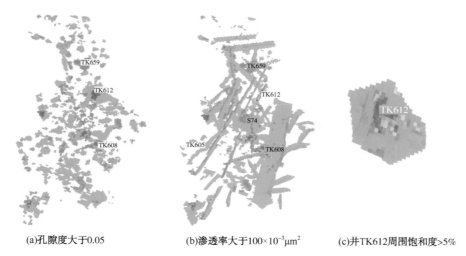

(a)孔隙度大于0.05　　　(b)渗透率大于$100×10^{-3}μm^2$　　　(c)井TK612周围饱和度>5%

图 6-9　不同区域、不同过滤条件下的储量丰度图

6.1.9　模型测距功能

为了方便查看模型中各位置的距离，在剖面拾取操作过程中，增加了实时显示当前两点的距离的功能，方便直观查看井间距离，如图 6-10 所示。

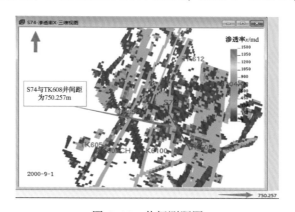

图 6-10　井间测距图

6.1.10　属性过滤功能

储集体、各种数据阈值过滤、网格过滤等可任意组合，方便查看各种条件下的油藏剩余储量，如图 6-11 所示。

6.1.11　属性参数的交互式修改功能

为了方便快速地修改油藏参数，添加了局部区域参数修改功能，便于对拟合不好的井区域进行重新拟合。以下所示为局部参数修改前含水率拟合效果图[见图 6-12(a)]、参数修改界面图[见图 6-12(b)]和参数修改后含水率拟合效果图[见图 6-12(c)]。

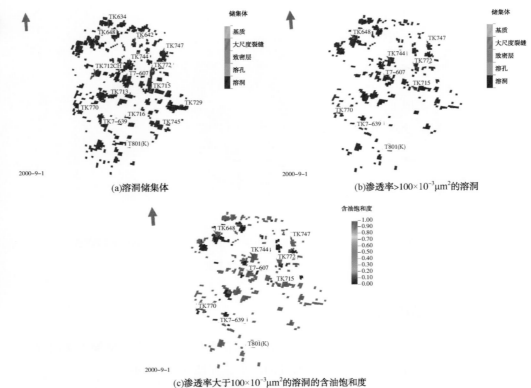

(a)溶洞储集体   (b)渗透率>$100×10^{-3}μm^2$的溶洞

(c)渗透率大于$100×10^{-3}μm^2$的溶洞的含油饱和度

图6-11　交叉属性过滤

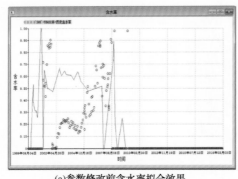

(a)参数修改前含水率拟合效果

(b)对局部区域进行参数交互修改

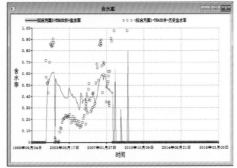

(c)参数修改后含水率拟合效果

图6-12　属性参数交互式修改

通过参数修改前后的含水率拟合曲线，可以看出，对某些区域进行属性参数交互式修改可提高拟合效果。

6.1.12 基于剩余油储量丰度的潜力区域分析功能

本软件初步实现了洞顶、边角、井间和层间剩余油的识别与显示统计功能，便于油藏潜力区域的分析，如图 6-13 所示。

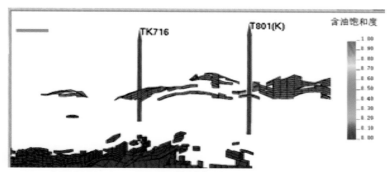

(a)顶部剩余油剖面图

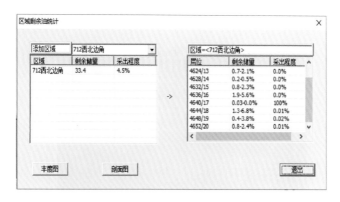

(b)TK712西北边角区域剩余油层位分布统计

(c)S80南块洞顶剩余油储量丰度图

(d)S80南块井间剩余油储量丰度图

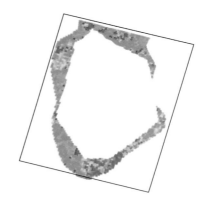

(e)S80南块边角剩余油储量丰度图

图 6-13　潜力区域剩余油储量丰度及统计

6.2 应用效果

以 S74 模型为例（S80 南部、S80 北部、T615 均有应用实例文档）。

（1）基础数据的建立与分析（见图 6-14 ~图 6-16）。

（2）拟合计算与结果显示（见图 6-17 ~图 6-19）。

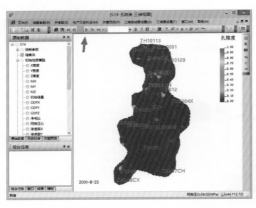

图 6-14　地质模型——孔隙度

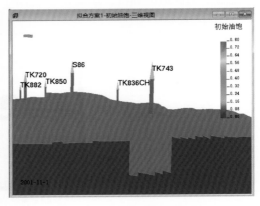

图 6-15　多平衡区油水界面

图 6-16　局部参数修改

图 6-17　拟合计算

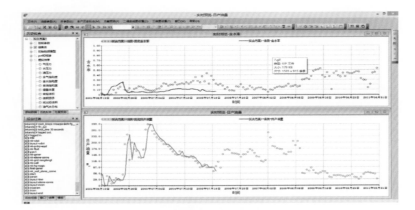

图 6-18　拟合计算过程中断

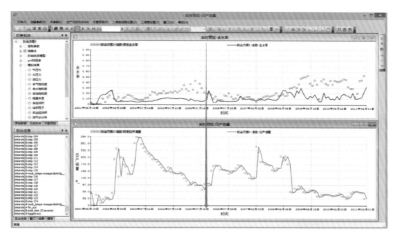

图 6-19 拟合计算中断后重启

（3）三维可视化与剩余油分析（见图 6-20~图 6-31）。

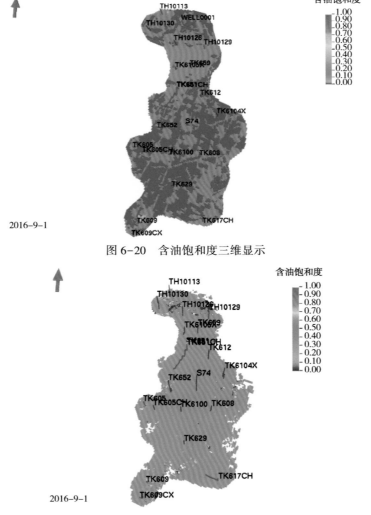

图 6-20 含油饱和度三维显示

图 6-21 孔隙度>0.01 的含油饱和度

图 6-22　储量丰度图

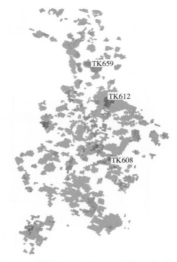

图 6-23　孔隙度大于 0.05 的储量丰度图

图 6-24　渗透率大于 $100 \times 10^{-3} \, \mu m^2$ 的储量丰度图

图 6-25　顶部储量丰度

图 6-26　井间区域储量丰度

图 6-27　边角区域储量丰度

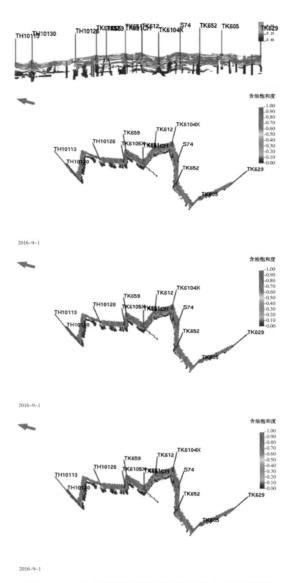

图 6-28　连井剖面和剖面拉直后的含油饱和度

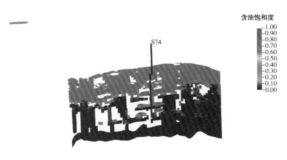

图 6-29　S74 单井区域剩余油

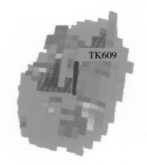

TK609

2016-9-1

图 6-30　单井区域储量丰度

图 6-31　测井间距离

（4）多方案制订与优化（见图 6-32~图 6-34）。

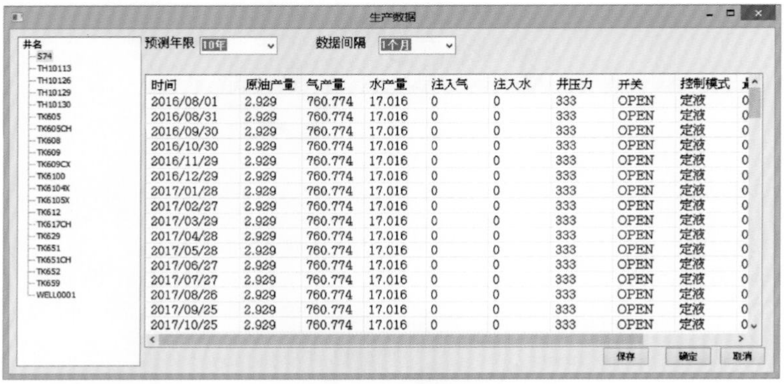

图 6-32　预测条件设置

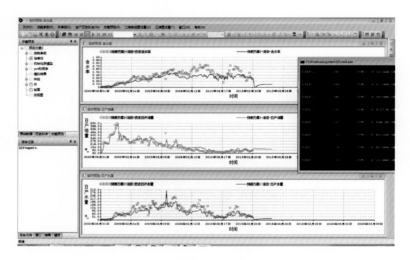

图 6-33　预测计算与实时预览

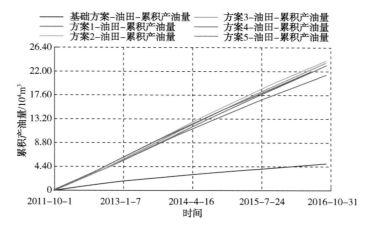

图 6-34 多方案对比优化

［1］康志江，塔河缝洞型碳酸盐岩油藏渗流特征［J］．石油与天然气地质，2006，26（5）：634-640.

［2］张抗，塔河油田的开发及其地质应用［J］．石油与天然气地质，1999，20（2）：120-124.

［3］Abdassah D, Ershaghis I. Triple-porosity system for representing naturally fractured reservoirs, SPE Form. Eval. , 1986, 1：113-127.

［4］Clossman P J. Aquifer model for fissured reservoirs［J］. Society of Petroleum Engineers Journal, 1975, 15：5(05)：385-398.

［5］Heeremans J C, Esmaiel T E H, van Kruijsdijk C P J W. Feasibility study of WAG injection in naturally fractured reservoirs, SPE-100034, Presented at the 2006 SPE/DOE Symposium on Improved Oil Recovery, Tulsa, Oklahoma, April 22-26, 2006.

［6］Hidajat I, Mohanty K K, Flaum M, et al. Studdy of Vuggy carbonates using NMR and X-ray CT scanning［J］. SPE Reservoir Evaluation & Engineering, 2013, 7(5).

［7］Kazemi H. Numerical simulation of water imbibition in fractured cores［J］. Soc. Pet. Eng. J. 1979. 323-330,

［8］Kazemi H. Pressure Transient Analysis of Naturally Fractured Reservoirs with Uniform Fracture Distribution［J］. SPEJ, 451-462. Trans. , AIME, 246, 1969.

［9］Kossack C. A methodology for simulation of vuggy and fractured reservoirs, Pruess, K. , GMINC-A mesh generator for flow simulations in fractured reservoirs, Report LBL - 15227, Berkeley, California：Lawrence Berkeley National Laboratory, 1983.

［10］Rivas-Gomez. Numerical simulation of oil displacement by water in a vuggy fractured porous medium, SPE-66386, Presented at the SPE Reservoir Simulation Symposium, Houston, Texas, 11-14, February, 2001.

［11］Warren J E, Root P J. The behavior of naturally fractured reservoirs［J］. Soc. Pet. Eng. J. , 245-255, Trans. , AIME, 228, 1963.

［12］Wu Y S. A virtual node method for handling wellbore boundary conditions in modeling multiphase flow in porous and fractured media, Water Resources Research［J］. 2000b, 36(3)：807-814.

［13］Wu Y S, Haukwa C, Bodvarsson G S. A Site-Scale Model for Fluid and Heat Flow in the Unsaturated Zone of Yucca Mountain, Nevada. Journal of Contaminant Hydrology［J］. 1999, 38(1-3)：185-217.

［14］Wu Y S, Pruess K. A multiple-porosity method for simulation of naturally fractured petroleum reservoirs［J］. SPE Reservoir Engineering, 1988(3), 327-336.

［15］Wu Y S, Ge J L. The transient flow in naturally fractured reservoirs with threeporosity systems, Acta, Mechanica Sinica, Theoretical and Applied Mechanics, Beijing, China 1983, 15（1），81-85.

［16］陈月明，等．油藏数值模拟基础［M］．东营：石油大学出版社，1989.

［17］葛家理．现代油藏渗流力学原理［M］．北京：石油工业出版社，2003.

［18］Barenblatt G E, Zheltov I P, Kocina. Basic concepts in the theory of seepage of homogeneous liquids in fissured rocks, Soviet J App Math and Mech, 1960, 24(5)：1285-1303.

［19］Hill A C, Thomas G W. A New Approach for Simulating Complex Fractured Reservoirs, SPE Middle East Oil Technical Conference and Exhibition, 11-14 March 1985.

［20］Mao Bai, Derek. Multiporosity/multipermeability approach to the simulation of naturally fractured reservoirs［J］. Water Resources Research, 1993, 29(6)：1621-1633.

［21］Wu Y S, Liu H H, Bodvarsson G S. A triple-continuum approach for modeling flow and transport processes in fractured rock［J］. Journal of Contaminant Hydrology, 2004, 73(1/4)：145-179.

［22］Kang Zhi-jiang, Wu Yu-shu, Modeling multiphase flow in naturally fractured vuggy petroleum reservoirs, SPE 102356, 2006.

［23］Pruess K, Narasimhan T N. Practical Method for Modeling Fluid and Heat Flow in Fractured Porous Media. 1982.

［24］Liu J, Bodvarsson G S, Wu Y S. Analysis of flow behavior in fractured lithophysal reservoirs［J］. Journal of Contaminant Hydrology, 2003, 62(Apr/May)：189-211.

［25］Chien M C H, Wasserman M L, Yardumian H E, et al. The Use of Vectorization and Parallel Processing for Reservoir Simulation［C］// Spe Symposium on Reservoir Simulation. 1987.

［26］Barua J, Home R N. Improving the performance of parallel（and serial）reservoir simulators［J］. SPE, 1989, 18408(10)：6-8.

［27］Zhang K W Y S P. User's guide for TOUGH2-MP-a massively parallel version of the TOUGH2 code ［Z］. Lawrence Berkeley National Laboratory, Berkeley, CA：2008.

［28］曹建文，潘峰，姚继锋，等．并行油藏模拟软件的实现及在国产高性能计算机上的应用［J］．计算机研究与发展，2002，（08）：973-980.

［29］曹建文，刘洋，孙家昶，等．大规模油藏数值模拟软件并行计算技术及在 Beowulf 系统上的应用进展［J］．数值计算与计算机应用，2006，（02）：86-95.

［30］舒继武，赵金熙，归丽忠，等．一类大规模油藏数值模拟问题的有效并行计算［J］．电子学报，1999，（11）：91-93.

［31］王宝华，吴淑红，韩大匡，等．大规模油藏数值模拟的块压缩存储及求解［J］．石油勘探与开发，2013，（04）：462-467.

［32］李毅．缝洞型碳酸盐岩油藏并行版模拟器及大规模精细油藏模拟的研究［R］．北京师范大学，硕士论文，2015.

［33］Demidov D. AMGCL：an Efficient, Flexible, and Extensible Algebraic Multigrid Implementation ［J］. 2018.

［34］Balay. Petsc users manual revision 3.8, Report, Argonne National Lab.（ANL），Argonne, IL, 2017. Trilinos project website：https：//trilinos. github. io.

［35］Moortgat J. Adaptive implicit finite element methods for multicomponent compressible flow in hetero-

参考文献

geneous and fractured porous media[J]. Water Resources Research, 2017, 53(1): 73-92.

[36] Coats K H, Nielsen R L, Terhune M, et al. Simulation of Three-Dimensional, Two-Phase Flow In Oil and Gas Reservoirs[J]. Society of Petroleum Engineers Journal, 1967, 7(4): 377-388.

[37] Gaucher D H, Lindley D C. Waterflood Performance in a Stratified, Five-Spot Reservoir-A Scaled-Model Study[J]. Journal of Petroleum Technology, 1960.

[38] Wu Y S, Huyakorn P S, Park N S. A vertical equilibrium model for assessing nonaqueous phase liquid contamination and remediation of groundwater systems[J]. Water Resources Research, 1994, 30(4): 903-912.

[39] George Karypis and Kirk Schloegel, PARMETIS-Parallel Graph Partitioning and Sparse Matrix Ordering Library Version 4.0, University of Minnesota, Department of Computer Science and Engineering, report, 2013.

[40] Narasimhan T N, Witherspoon P A. AN INTEGRATED FINITE DIFFERENCE METHOD FOR ANALYZING FLUID FLOW IN POROUS MEDIA[J]. Water Resources Research, 1976, 12(1): 57-64.

[41] Camacho-Velazquez, R., Vasquez-Cruz, M., Castrejon-Aivar, R., Arana-Ortiz, V., Pressure transient and decline-curve behavior in naturally fractured vuggy carbonate reservoirs[J], SPE Reservoir Eval, 2005, 8: 95-112.

[42] Tek M R, Coats K H, Katz D L. The Effect of Turbulence on Flow of Natural Gas Through Porous Reservoirs[J]. Journal of Petroleum Technology, 1962, 14(07): 799-806.

[43] Brandt A, McCormick S F, Ruge J W, Algebraic multigrid(AMG) for automatic multigrid solution with application to geodetic computations. Tech. Rep., Institute for Computational Studies, Colorado State University, 1982.

[44] Ludmil, Zikatanov, Jinchao, et al. Algebraic multigrid methods[J]. Acta Numerica, 2017.

[45] Bui Q M, Elman H C, Moulton J D. Algebraic Multigrid Preconditioners for Multiphase Flow in Porous Media, SIAM J. Sci. Comput., 2017, 39(5): S662-S680.

[46] Ruge J, K Stüben. Efficient solution of finite difference and finite element equations[J]. Multigrid Methods for Integral & Differential Equations, 1985: 169-212.

[47] Bulgakov V E. Multi-level iterative technique and aggregation concept with semi-analytical preconditioning for solving boundary-value problems[J]. Communications in Numerical Methods in Engineering, 1993, 9(8): 649-657.

[48] Notay Y. An aggregation-based algebraic multigrid method[J]. Electronic Transactions on Numerical Analysis Etna, 2010, 37.

[49] Wan W L, Smith T F C B. An Energy-Minimizing Interpolation For Robust Multigrid Methods[J]. Siam J. sci. comput, 2006, 21(4).

[50] Chang Q S, Huang Z H. Efficient algebaic multigrid algorithms and their convergence[J]. SIAM J. Sci. Comput., 2002, 24(2): 597-618.

[51] Brannick J, Falgout R D. Compatible relaxation and coarsening in algebraic multigrid[J]. SIAM J. Sci. Comput, 2010, 32(3): 1393-1416.

[52] Brezina M, Ketelsen C, Manteuffel T, et al. Relaxation-corrected bootstrap algebraic multigrid

（rBAMG）［J］，Numer. Linear Algebra Appl. ，2011，19（2）：178−193.

［53］ Cleary A J，Falgout R D，Henson V E，et al. Coarse−grid selection for parallel algebraic multigrid ［J］，Lecture Notes in Computer Science 1457，Springer Verlag，New York，1998，104−115.

［54］ Henson V E，Yang U M，Boomer A M G. A parallel algebraic multigrid solver and preconditioner ［J］，Applied Numerical Mathematics，2002，41：55−177.

［55］ Sterck H D，Yang U M，Heys J J. Reducing complextity in parallel algebraic multigrid preconditioners［J］，SIAM J. Mat. Anal. Appl. ，2006，27（4）：1019−1039.

［56］ Yang U M. On long−range interpolation operators for aggressive coarsening［J］，Numer. Linear Algebra Appl. ，2010，17：453−472.

［57］ Mo Z Y，Zhang A Q，Cao X L，et al. JASMIN：a parallel software infrastructure for scientific computing［J］，Front. Comput. Sci. China. 2010，4（4）：480−488.

［58］ 徐小文，莫则尧，安恒斌. 求解大规模稀疏线性代数方程组序列的自适应［J］. AMG 预条件策略，中国科学：信息科学，2016，46（10）：1411−1420.

［59］ Xu X W，Mo Z Y. Algebraic interface based coarsening AMG preconditioner for multi−scale sparse matrices with applications to radiation hydrodynamics computation［J］. Numer. Linear Algebra Appl. ，2017，24（2）：1099−1506.

［60］ JXPAMG：并行代数多层网格解法器软件包，available at http：//math. xtu. edu. cn/solver/jx-pamg/，2018. PHG：Parallel Hierarchical Grid，available athttp：//lsec. cc. ac. cn/phg/index. htm.

［61］ Park J，Smelyanskiy M，Yang U M，et al. High−performance algebraic multigrid solver optimized for multi − core based distributed parallel systems ［C］// International Conference for High Performance Computing，Networking，Storage & Analysis. IEEE，2015.

［62］ Bienz A，Gropp R，Olson L N，et al. Reducing Parallel Communication in Algebraic Multigrid through Sparsification［J］. SIAM Journal on Scientific Computing，2015，38（5）.

［63］ Falgout R D，Schroder J B. Non−Galerkin Coarse Grids for Algebraic Multigrid［J］. Siam Journal on Scientific Computing，2014，36（3）：C309−C334.

［64］ Bell N，Garland M. Cusp：Generic Parallel Algorithms for Sparse Matrix and Graph Computations，Version 0. 5. 1，https：//cusplibrary. github. io，2015.

［65］ Chamberlain R D，Franklin M A，Tyson E J，et al. Application development on hybrid systems ［C］// Proceedings of the ACM/IEEE Conference on High Performance Networking and Computing，SC 2007，November 10−16，2007，Reno，Nevada，USA. ACM，2007.

［66］ Brodtkorb A R，Dyken C，Hagen T R，et al. ，State of the art in heterogeneous computing［J］. Scientific Programming，2010，18（1）：1−33.

［67］ Chen Z X，Huan G R，Ma Y L. Computational methods for multiphase flows in porous media，SIAM，vol. 2，2006.

［68］ Sheldon J W，Zondek B，Cardwell W T. One−dimensional，incompressible on−capillary，two−phase fluid flow in a porous medium［J］，Trans. SPE AIME，1959（216）：290−296，1959.

［69］ Stone H L，Garder Jr A O. Analysis of gas−cap or dissolved−gas reservoirs［J］. Trans. SPE AIME 1961（222）：92−104.

[70] Douglas Jr J, Peaceman D W, Rachford Jr H H. A method for calculating multi−dimensional immiscible displacement[J]. Trans. SPE AIME, 1959(216): 297−306.

[71] MacDonald R C. Methods for Numerical Simulation of Water and Gas Coning[J]. Society of Petroleum Engineers Journal, 1970, 10(04): 425−436.

[72] Feng C, Shu S, Xu J, et al. A Multi−Stage Preconditioner for the Black Oil Model and Its OpenMP Implementation. Domain Decomposition Methods in Science and Engineering XXI, LNCSE, 2014, 98: 141−153.

[73] Xiaozhe H U, Jinchao X U, Zhang C S. Application of auxiliary space preconditioning in field−scale reservoir simulation−Dedicated to Professor Shi Zhong−Ci on the Occasion of his 80th Birthday[J]. Science China(Mathematics)(12): 15.

[74] Bui, Quan, M, et al. Algebraic multigrid preconditioners for two−phase flow in porous media with phase transitions[J]. Advances in Water Resources, 2018, 114(Apr.): 19−28.

[75] 曹建文. 大规模油藏数值模拟并行软件中的高效求解及预处理技术[D]. 北京：中国科学院（博士论文），2002.

[76] 赵国忠，尹芝林，吴邕. 大庆油田 PC 集群大规模油藏数值模拟[J]. 西南石油学院学报，2003，25(6): 35−39.

[77] Sun J, Cao J. Large scale petroleum reservoir simulation and parallel preconditioning algorithms research, Science in China Press, 2004, 47(1): 32−40.

[78] Pavlas, Joe E. Fine−Scale Simulation of Complex Water Encroachment in a Large Carbonate Reservoir in Saudi Arabia[J]. Spe Reservoir Evaluation & Engineering, 2002, 5(05): 346−354.

[79] Dogru A, Fung L, Middya U, et al. A next−generation parallel reservoir simulator for giant reservoirs, In SPE Reservoir Simulation Symposium, 2009.

[80] Wu S, Xu J, Feng C, et al. A multilevel preconditioner and its shared memory implementation for a new generation reservoir simulator[J]. Petrol. Sci. 2014, 11: 540−549.

[81] FASP: Fast Auxiliary Space Preconditioning, available at http://fasp.sourceforge.net, 2018.

[82] Wang K, Liu H, Luo J, et al. Efficient CPR−type preconditioner and its adaptive strategies for large−scale parallel reservoir simulations[J]. Comput. Appl. Math., 2018, 328: 443−468.

[83] 冯春生. 异构并行多水平法及油藏数值模拟应用[M]. 湘潭：湘潭大学出版社，2018.

[84] Telishev A, Bogachev K, Shelkov V, et al. Hybrid Approach to Reservoir Modeling Based on Modern CPU and GPU Computational Platforms, In SPE Russian Petroleum Technology Conference (2017, October), 2017.

[85] Hayder E, Baddourah M A. Challenges in High Performance Computing for Reservoir Simulation (SPE 152414) 74th EAGE Conference & Exhibition. 2012.